- 中山大学马克思主义学院"意识形态教育与传播研究"团队经费资助

- 广东第二师范学院教授博士科研专项"高校维护国家文化安全:问题与对策研究"(2014ARF12)和广东省高等学校思想政治教育研究会重点项目"全球化背景下高校维护国家文化安全研究"(2015SZY006)资助

罗希明
王仕民 著

教育安全论
——基于国家文化安全的视域

中山大学出版社
·广州·

版权所有　翻印必究

图书在版编目（CIP）数据

教育安全论：基于国家文化安全的视域/罗希明，王仕民著．—广州：中山大学出版社，2018.3
ISBN 978-7-306-06308-3

Ⅰ.①教… Ⅱ.①罗…②王… Ⅲ.①安全教育学 Ⅳ.①X925

中国版本图书馆CIP数据核字（2018）第041827号

出版人：	徐　劲
策划编辑：	李海东
责任编辑：	李海东
封面设计：	曾　斌
责任校对：	刘丽丽
责任技编：	何雅涛
出版发行：	中山大学出版社
电　　话：	编辑部 020-84110283，84113349，84111997，84110779
	发行部 020-84111998，84111981，84111160
地　　址：	广州市新港西路135号
邮　　编：	510275　　　传　真：020-84036565
网　　址：	http://www.zsup.com.cn　E-mail:zdcbs@mail.sysu.edu.cn
印　刷　者：	广东省农垦总局印刷厂
规　　格：	787mm×1092mm　1/16　18.75印张　310千字
版次印次：	2018年3月第1版　2018年3月第1次印刷
定　　价：	56.00元

如发现本书因印装质量影响阅读，请与出版社发行部联系调换

内 容 提 要

　　经济全球化对我国高等教育来说，既是机遇，也是挑战。在经济全球化的过程中，国际教育文化交流暗流汹涌，文化霸权的阴影时隐时现。全球发展不平衡加剧，霸权主义、强权政治和新干涉主义有所上升，高等教育安全面临的形势不容乐观。

　　高等教育是培养国家栋梁之材的重要场所，是文化知识的前沿阵地，捍卫国家文化安全，高等教育责无旁贷。高等教育与文化存在着天然的联系，高等教育在捍卫国家文化安全上能发挥独特的作用。

　　国家文化安全是指一个国家的文化生存状态。它是以国家文化生存与发展为基础的集合，一种由这种集合形成的动力结构规定并影响一个国家文化生存与发展的全部合法性与合理性的集合体。它既是客观的存在，也是主观的心理感受。教育安全是指作为国家主权组成部分的教育主权和教育尊严神圣不可侵犯问题。一个国家或民族的独特文化对国民来说具有特殊的意义，不仅塑造了人们的价值观和思维方式，也是人们的情感的归依和安身立命之所在。在全球化浪潮的冲击下，民族文化安全问题日益突出。这是一个很现实的问题，也是一个理论问题。

　　作为文化的产物和文化的引领者，高等教育已经历史地成为文化传承创新的主要策源地和文化精神的培育中心。正是依托文化这一功能，高等教育成为捍卫国家文化安全的堡垒，对优秀传统文化进行传承，对外部文化进行选择，并且在执守着文化批判的同时，孜孜不倦地予以文化创新，为民族国家的文化提供活水源头。

　　本书对国内学者和国外学者对国家文化安全、教育安全的研究进行综述，就国家文化安全的学说和理论进行梳理，对高等教育维护国家文化安全的意义进行分析，并对国家文化安全特别是高等教育安全的历史进行论述，从高等教育安全的一个侧面和视域对国家文化安全问题进行探讨。本书从理论和实践的高度，对高等教育的文化责任和文化使命进行系统分析和研究,特别是对知识分子和青年学生的文化责任进行深入研究。

本书适合教育工作者和高等学校在校学生阅读,也可供从事文化、安全、教育、管理等工作的人员研究参考。

作者简介

罗希明,女,广西梧州人,博士,广东第二师范学院教育学院教师。曾就读华南师范大学文学院,获哲学硕士学位;中山大学教育学院,获管理学博士学位。目前主要从事教育经济与管理、院校管理、德育理论与方法研究。作为主要成员参与国家社会科学基金项目和教育部人文社会科学项目四项,主持广东省高等学校思想政治教育研究会重点项目"全球化背景下高校维护国家文化安全研究"(2015SZY006)和广东第二师范学院教授博士科研专项"高校维护国家文化安全:问题与对策研究"(2014ARF12)。在《哲学研究》《求实》等刊物发表论文近10篇,其中有论文被《新华文摘》和《中国社会科学文摘》转载(论点摘要)。

王仕民,男,湖北云梦人,博士,中山大学马克思主义学院教授、博士生导师,兼广东省高等学校思想政治教育研究会副秘书长、教育部马克思主义工程专家、广东思想政治工作专家、广州市重大行政决策论证专家、广东省思想政治理论课教学指导委员会委员。目前主要研究领域为思想政治教育理论与方法、德育理论与方法、文化与心理健康理论与方法等。承担国家社会科学基金项目"社会主义核心价值体系认同的文化回归研究"、教育部人文社会科学项目"当代文化视野中的大学生心理健康教育"、全国教育科学规划·教育部重点项目"德育功能发展研究"等。出版主要著作有《德育文化论》《德育功能论》《心理治疗方法论》《思想政治教育心理学概论》《文化视域:大学生心理健康教育》等;参著《现代思想政治教育学》《思想政治教育方法论》《思想政治教育学原理》《大学生思想政治教育理论与实践》等。在《中国社会科学》《哲学研究》《马克思主义研究》《中山大学学报》《武汉大学学报》《学术研究》等刊物发表论文80多篇,论文被《新华文摘》、人大复印资料和《光明日报》全文转载或论文摘编多篇。

序

　　教育安全问题是国家文化安全的一个重要方面。经济全球化对我国教育而言是一个发展机遇，也带来了一系列挑战。过去，人们对国家文化安全，特别是教育安全问题关注不是很多；甚至有不少人认为，经济全球化必然带来文化的全球化，而教育属于文化范畴，势必也会走向全球化。由此，国内一些学校在中外合作办学过程中，片面追求所谓的"原汁原味"，引进了一些不该引进的东西，丢失了办学的底线，忘记了办学的原则，使中外合作办学偏离了我国办学的方向，这已经引起教育主管部门的高度重视。

　　近些年来，高等教育的安全问题被越来越多的学者所关注。不少学者投入大量精力从事教育安全研究，取得了丰硕的成果。《教育安全论——基于国家文化安全的视域》，就是这方面研究的杰作。教育安全问题不仅仅是一个理论问题，更是一个现实问题。在国家文化安全的视域中，研究教育安全问题具有重要意义。

　　本书在总结前人研究的基础上，对安全、国家安全、国家文化安全、教育安全进行系统梳理，并对国内学者和国外学者对国家文化安全、教育安全问题的研究成果进行系统综述，就国家文化安全的学说和理论进行探索，对高等教育维护国家文化安全的意义进行分析，并对国家文化安全特别是高等教育安全的历史进行论述，从高等教育安全的一个侧面和视角对国家文化安全问题进行探讨，从理论和实践的高度对高等教育的文化责任和文化使命进行系统分析和研究，特别是对知识分子和青年学生的文化责任进行了深入研究。

　　本书从经济全球化、网络信息技术的发展，特别是高等教育面临的形势等方面对国家文化安全的影响进行系统而全面的分析。经济全球化打开了中国的文化大门，文化已经从经济发展的后台走到了经济发展的前台。伴随着网络信息技术的发展，西方文化凭借其科技优势对发展中国家进行不断的文化渗透，国家文化安全的形势不容乐观。而高等教育也随着高等教育国际化的步伐走向了国际舞台，高等教育不可避免地成为文化安全的前沿阵地，高等教育的安全与国家文化安全达到高度统一。

本书在研究的过程中，从文化和教育两个维度进行安全问题的系统研究。研究文化安全，显然不能离开教育；研究教育安全，也不能脱离文化这个主线：两者是一个问题的两个方面。作者较好地把文化与教育结合起来，紧紧围绕安全问题进行研究，可以让我们保持一个清醒的头脑，以迎接中国文化面临的挑战。

中国文化必须走出去，学习别人的先进经验。世界上没有一个国家对自己国家的文化安全不重视的，只是重视的程度大小问题。有的国家很想重视，但可能力不从心；有的国家很重视，但可能不得法；有的国家既重视，并且很得法，效果非常明显。这就需要学习，需要借鉴。本书选取了美国、日本、印度三个国家维护国家文化安全特别是高等教育维护国家文化安全的经验进行分析、比较和研究，希望对维护我国国家文化安全问题有一定的参考价值。

最后，从高等教育应对国家文化安全的策略上、战略上提出了研究的思路和相应的措施。中国文化面对文化霸权主义、文化帝国主义，既不可退缩、忍让，也不可盲目乐观，掉以轻心，而应该以严肃负责的态度认真对待。高等教育对自己民族的文化应该有一种自信，也应该有一种自觉。高等教育在继承中国传统文化的基础上，应该学习和借鉴西方的优秀文化，为我所用，为中华民族的腾飞做出自己的贡献。

文化随着社会经济、政治、科技的发展不断发展，新的文化样态还将涌现，各种文化对教育的影响将是一个永恒的课题。罗希明博士和王仕民教授即将出版的专著《教育安全论——基于国家文化安全的视域》，填补了国内这方面研究的空白，这一研究成果的取得可喜可贺！然而，这仅仅只是研究的开始，还有更多、更新的问题需要学者们去研究。也希望作者在此研究成果的基础上，进一步深化研究，力争取得更大、更新的成果。也希望有更多的教育工作者、安全工作者去深入研究，推进国家文化安全研究，特别是教育安全问题研究。

今天的中国，经济发展已经引起了世界的广泛关注。文化是综合国力的重要方面，文化是软实力，中国的文化理应走向世界。当我们经济腾飞的时候，文化也应该腾飞！教育也应该腾飞！文化强国，势在必行。

陈昌贵

2017年12月10日于中山大学康乐园

自 序

党的十八大以来,以习近平同志为核心的党中央统筹国内和国际两个大局,牢牢把握发展和安全两件大事,从治国理政的战略高度和全局出发,全方位推动国家安全工作。从成立中央国家安全委员会,到颁布实施新的《国家安全法》,为国家安全构筑了牢固防线。

习近平总书记在中央国家安全委员会第一次会议上发表重要讲话指出:要准确把握国家安全形势变化新特点新趋势,坚持总体国家安全观,走出一条中国特色国家安全道路。总体国家安全观的提出,体现了我们党面向未来、面向世界的大视野、大思路、大战略,对于维护我国主权、安全和发展利益,保障实现"两个一百年"目标,实现中华民族伟大复兴的中国梦具有重大指导作用。

国家安全是指国家政权、主权的统一和领土完整,人民福祉、经济社会可持续发展和国家其他重大利益相对处于没有危险和不受内外威胁的状态,以及保障持续安全状态的能力。国家安全的根基在人民、力量在人民。习近平总书记指出:国家安全工作一切为了人民、一切依靠人民。这充分反映了人民在整体国家安全体系中的核心地位和主体地位。以人民安全为宗旨,保障好人民群众的生命财产安全,保障好人民生存发展的基本条件,让全体人民分享发展成果和权利,我们就能获得人民群众的支持,维护国家安全就有了可靠的力量源泉。人民安全高于一切,这是总体国家安全观的精髓所在。只有坚持总体国家安全观,以人民安全为宗旨,一切为了人民,一切依靠人民,走中国特色国家安全道路,把国家安全教育同培育和践行社会主义核心价值观、同社会主义法治教育结合起来,不断激发广大人民群众中蕴藏的强大正能量,汇聚起维护国家安全的磅礴之力,才能实现国家的长治久安。

国家文化安全是指国家观念形态的文化(如民族精神、价值理念、信仰追求等)生存和发展不受威胁的客观状态。国家文化安全是国家安全的重要方面，其中教育安全又是文化安全的核心部分，必须引起高度重视。教育事关千家万户，与广大人民群众的利益息息相关。实现中华民族伟大复兴的中国梦，必须保证人民群众安居乐业，国家文化安全是头等大事，教育安全更是处于最前线。"安不忘危，盛必虑衰。"以国家文化安全为契机，以教育安全为突破口，切实增强广大人民群众的国家安全意识，夯实国家安全的社会基础，是我们每一个中国人的共同责任。

"利莫大于治，害莫大于乱。"国家文化安全是国家生存的基础，教育安全是国家发展的前提，也是人民幸福安康的基础、中国特色社会主义事业的重要保障。"心无备虑，不可以应卒。"当前，外部环境不稳定、不确定因素增多，我国改革发展稳定任务艰巨繁重，面临诸多矛盾叠加、风险隐患增多的紧迫形势，国家文化安全提到议事日程。习近平总书记指出："当前我国国家安全内涵和外延比历史上任何时候都要丰富，时空领域比历史上任何时候都要宽广，内外因素比历史上任何时候都要复杂，必须坚持总体国家安全观，以人民安全为宗旨，以政治安全为根本，以经济安全为基础，以军事、文化、社会安全为保障，以促进国际安全为依托，走出一条中国特色国家安全道路。"[①] 这就需要每一个人保持清醒的头脑，把安全问题铭记心中，防患于未然。

任何一个国家在提升本国经济、军事等硬实力的同时，提升本国文化软实力也是更为特殊和重要的。中国正在积极寻求提升自身文化软实力，以及中国文化的吸引力，充分展现中国文化魅力，为树立良好的中国形象而努力。文化从表面上看，确乎很"软"，却是一种不可忽略的伟力。没有文化的人类历史是无法想象的，任何民族都离不开文化；任何个体无法脱离文化，个体总是需要认同某种文化，没有文化的个体是不可能的。大到国家、民族，小至每一个历史时空的个体，都需要文化。人的存在本身就是文化的存在，文化环抱着每一个人迈向自己的未来。个体通过自己的作用承担起所属文化的职责，并将自己所属的文化发扬光大；任何文化的选择不是轻松随意的，也不是盲目的；一个民族的发展，总是伴随着文化的繁荣，文化链条的断裂总是伴随着民族的灾难。一个民族没有文化，国民就没有归宿，心灵就无法安放；没有文

---

① 《习近平谈治国理政》，外文出版社 2014 年版，第 200～201 页。

化,民族就没有凝聚力,文化身份认同就必然出现问题。文化问题空前重要。由此,国家分裂是民族凝聚力下降的表征,而民族凝聚力的提升正需要文化。

市场经济体制的逐步建立,释放了巨大的物质财富,带来了经济的空前繁荣,极大地解放了生产力;同时也产生了一定的副作用,诸如媒体频频曝光的唯利是图、见死不救、掺杂使假、坑蒙拐骗之类公然践踏伦理底线的事件,的确折射出人们道德感衰弱的征兆。社会信任的危机,严重妨碍着人们之间的交往。利己主义、拜金主义、实用主义、极端个人主义思潮在一定范围的蔓延,侵蚀着人们的价值观。这些消极现象日益严重,不仅挑战整个社会的公序良俗,败坏了社会信用体系,而且妨碍了社会关系的有机整合。作为现代人的我们,身处一个似乎过分崇尚物质的时代,不假思考很容易造成"物质巨人、精神侏儒"的畸形人格。中国的经济崛起成为一个不容忽视的事实,但身处当代世界之中的中国,其未来处境并非可以高枕无忧。近些年来,中国经济日渐崛起令世人瞩目,与之相匹配的文化魅力和影响则亟待拓展。

反观历史,我们不难发现,现代化的狂飙突进使得每一个被卷入其中的人,都不得不经历一场脱胎换骨式的深刻变革。现代化在消解民族的片面性和狭隘性的同时,也日益瓦解着民族的文化个性。文化的断裂导致了文化认同危机,这恰恰造成国人对文化身份的焦虑。不能不承认,文化上的自我迷失,成为文化上的自我殖民化的重要心理原因。

罗素说得好:我们的文明的显著长处在于科学的方法,中国文明的长处则在于对人生归宿的合理解释。在确立健全的人生观方面,中华优秀传统文化能够提供丰富的资源,这是中国文化的独特优势之所在。一个人如果缺乏健全的人生观,就像一只断了线的风筝一样,只能随波逐流、随风飘荡,处于无根状态,无处安身立命,内心世界因此无法得到充实。

文化软实力其实并不"软",它甚至从根本上影响着硬实力,这就是文化软实力的辩证法。一个国家的国际竞争力,无疑要靠硬实力来支撑,但也要靠文化软实力的有效配合。因为,从历史的长时段看,只有软实力才是恒久起作用的力量。着眼于人类的未来发展,看一个国家文化软实力的真正优势之所在,既要着眼于它对提高国家的国际竞争力有何贡献,还要着眼于它对整个人类的未来前景能够提供怎样的智慧和启迪。正是在这个意义上，中华优秀传统文化对于我们国家文化软实力的不断提升显示出自身的突出优势。

中国文化不仅是东方的，而且正在成为世界的。新世纪中国文化不仅是中国的，也应该"走出去"而成为人类的和世界的。每个时代的思想家都有其自身文化立场，并进而形成自己的文化身份，众多思想家互动形成大国文化身份的价值认同。中国文化正在成为国际上受尊重的文化实体，并由东方向西方传播而成为人类新的文化。我们必须冷静思考人类的未来是否可以将东西方文化中精神相通的要素整合起来，在相互理解的基础上，消除文化误读，发现差异性文化之间的心灵相似性，在真正的文化整体创新中，拿出巨大的心智和勇气着手解决人类共同面临的精神问题。

在西方现代性统治世界的过程中，整个东方文化整体上却是丧失了自己的声音，丧失了主动支配自己的能力，而只能沦为西方现代性的边缘或附庸。人们一方面在忘记中国自身的传统，另一方面对西方这一他者总是雾里看花、琢磨不透。向西方学习并没有获得西方人或者西方文化的内在特性，反而往往通过西方抹去了中国的传统文化。当前，在大众媒体的炒作和平面化中，文化成为某些人装点门面的标签，却少有能够担当"天下"的大气象者，这意味着中国文化在新一轮文化竞争中有可能处在不利的地位。事实上，文化殖民、语言殖民、精神失衡是当代最大的文化病症。

中国人在文化上的归依，不能不追根溯源，回到我们自己的优秀传统文化上来。对文化之根的自觉追寻和接续，是我们重新揭橥自己的文化本根性的契机，它无疑是实现文化认同的内在基础和获得文化归属感的不可替代的依据。离开了这样一种文化共识的根基，中华民族的凝聚力和向心力就没有着落。因为"民族"首先是一个文化的概念，而不是地域学或人种学的概念。如果一个民族所特有的文化传统荡然无存了，那么这个民族其实也就名存实亡了。作为独特的文化标志，一个民族的文化传统构成该民族的文化基因和原型，它为整个民族力量的整合奠定基础。中华优秀传统文化为全天下所有中华儿女达成文化共识提供了一个平台。从某种意义上说，中华民族的伟大复兴，应该是中华民族文化的全面复兴。就此而言，中国传统文化的优秀精华，无疑是中华民族文化软实力的最深刻的根源和最丰厚的土壤。正是在它的基础上达成的文化认同，才能使中华民族在世界历史舞台的博弈中胜出，巍然屹立于世界民族之林。

中华优秀传统文化不啻是打开现代人在心灵上无家可归从而陷入精神困顿难题的一把钥匙。在现代性的内在矛盾日益显露的今天，中华优秀传统文化恰恰变成了拯救的希望之所在。它不仅是中华民族应对未来挑战的力量源泉，而且是人类文明规避风险、走向健全发展的一个重要力量源泉。在今天的历史背景下，中华优秀传统文化已成为一种拯救之道和智慧之源。传统文化作为一种正能量，需要我们深入发掘和弘扬其优秀成分，进一步彰显其在国家文化软实力中的突出优势。

安全，对一个国家意味着强大，对一个人意味着生命。实际上，国家安全是具体的、细微的，它与每个人密切相关，渗透在日常生活里。只有国家安全，个人才有保障；只有个人为安全付出，国家才能建立安全的钢铁长城。我国自古就有"安而不忘危，存而不忘亡，治而不忘乱"的传统。国家安全与每一个公民息息相关，维护国家安全，人人有责，人人可为。"教人者，当观其力量如何，不可以概施也。"国家安全教育，特别是教育安全问题，必须纳入国民教育体系，采取人们喜闻乐见的形式，做到教育入耳入脑入心，把教育安全落到实处。只要每个人都付出努力，全社会都动员起来，就能布下天罗地网、筑起铜墙铁壁，防范化解各类安全风险。

安全意识要提高，安全教育要跟上。毕竟，国家安全不是一个人、两个人就能捍卫起来的，需要全社会的力量、成体系的建设。大数据时代和互联网时代，给人们生活带来便利的同时，个人安全问题也陷入尴尬局面。维护国家安全就是要补足短板，每个公民都是国家安全的主角，在这个问题上绝对没有"局外人""旁观者"，也不容有半点迟疑、半步妥协。每个人都要强化安全意识，掌握基本安全技能，既维护好自身的合法权益，又为集体、为国家的安全贡献自己的力量。

作者于 2017 年 7 月 10 日

目　录

绪　论 …………………………………………………………… (1)
　　一、问题的缘起 ………………………………………… (1)
　　二、基本概念 …………………………………………… (9)
　　三、文献综述 …………………………………………… (11)

第一章　前提与反思：国家文化安全的理论与历史演进 ……… (24)
　第一节　国家文化安全的历史与学说 ……………………… (24)
　　一、文化安全的历史演变 ……………………………… (24)
　　二、国家文化安全的特征 ……………………………… (28)
　　三、国家文化安全的学说 ……………………………… (31)
　第二节　国家文化安全理论 ………………………………… (34)
　　一、国家文化安全的现实主义理论 …………………… (35)
　　二、国家文化安全的自由主义理论 …………………… (38)
　　三、国家文化安全的建构主义理论 …………………… (42)
　第三节　研究教育安全的意义 ……………………………… (45)
　　一、拓宽了国家文化安全研究领域 …………………… (46)
　　二、拓宽了高等教育研究领域 ………………………… (47)
　　三、维护国家文化安全 ………………………………… (49)

第二章　典型与极端：文化安全问题的教育视域 ……………… (51)
　第一节　教会大学对中国教育主权的侵蚀 ………………… (51)
　　一、教会大学文化使命的掠夺性 ……………………… (52)
　　二、教会大学对中国教育主权的侵略性 ……………… (57)
　　三、中国知识分子对教育主权收回的抗争 …………… (62)

第二节　中华人民共和国成立初期高等教育的文化隐忧 …………………………………………………………… (73)
　　一、高等教育"弃美学苏"教育模式的文化困境 ……… (73)
　　二、高等教育"学苏"模式的文化样态 ……………… (78)
　　三、高等教育"学苏"模式的文化隐患 ……………… (86)
第三节　改革开放时期高等教育的文化样态 …………… (91)
　　一、高等教育从封闭到开放的文化图景 ……………… (91)
　　二、高等教育开放格局的形成与深化 ………………… (94)
　　三、开放时期高等教育的文化安全忧思 ……………… (99)

第三章　追求与使命：高等教育的文化责任 …………… (106)
第一节　高等教育文化责任的历史追求 ………………… (106)
　　一、知识分子文化责任的历史回眸 …………………… (107)
　　二、高等教育文化责任的传统 ………………………… (110)
　　三、高等教育文化责任的时代内涵 …………………… (113)
第二节　高等教育文化责任的现实诉求 ………………… (117)
　　一、高等教育传承创新传统文化的责任 ……………… (117)
　　二、高等教育引领社会主义核心价值观的责任 ……… (127)
　　三、高等教育在文化"走出去"中的责任 …………… (133)
第三节　高等教育文化主体的文化责任 ………………… (141)
　　一、高等教育的文化意义与文化使命 ………………… (142)
　　二、高校知识分子的文化责任 ………………………… (145)
　　三、青年学生的文化责任 ……………………………… (148)

第四章　挑战与困境：国家文化安全面临的现实 ……… (151)
第一节　经济全球化对国家文化安全的挑战 …………… (151)
　　一、经济全球化打开了文化封闭的大门 ……………… (151)
　　二、文化从后台走向前台 ……………………………… (154)
　　三、西方强势文化对中国文化的渗透 ………………… (156)
第二节　网络信息对国家文化安全的挑战 ……………… (159)
　　一、网络成为西方国家向中国进行文化渗透的主要载体
　　　………………………………………………………… (160)

二、西方国家对网络话语权的操控与渗透 ………… (163)
　　三、西方国家通过网络对中国的煽动与颠覆 ………… (166)
第三节　高等教育安全关涉国家文化安全 ………… (170)
　　一、传统与主流价值观的迷失 ………… (171)
　　二、高等教育文化生态的"西化"倾向 ………… (172)
　　三、教育主权遭受侵蚀危及国家文化安全 ………… (181)

第五章　借鉴与参考：美国、日本和印度维护文化安全的举措
　　　　………… (188)
第一节　美国维护国家文化安全的方略 ………… (188)
　　一、把国家文化安全纳入国家发展战略 ………… (188)
　　二、以全球视野保证美国国家文化利益 ………… (194)
　　三、对国外教育输入做出严格限制 ………… (198)
第二节　日本维护国家文化安全的谋略 ………… (204)
　　一、把国家文化安全提升到"文化立国"的高度 …… (205)
　　二、注重日本民族文化的传统与传承 ………… (209)
　　三、在教育中注重并贯彻"国家意识"的培育 ………… (212)
第三节　印度维护国家文化安全的策略 ………… (216)
　　一、以教育独立与发展为"大国"梦想铺路 ………… (217)
　　二、打造精英型高等教育，占据文化领先优势 ………… (220)
　　三、保持文化与教育的民族特性 ………… (224)

第六章　应对与策略：高等教育维护国家文化安全 ………… (226)
第一节　自觉与自信：高等教育维护文化安全的理念 …… (226)
　　一、中国高等教育的文化自觉 ………… (227)
　　二、中国高等教育的文化自信 ………… (232)
　　三、构建高等教育新型文化安全观 ………… (237)
第二节　高等教育的文化安全管理机制 ………… (239)
　　一、建立高等教育发展顶层设计的管理机制 ………… (240)
　　二、高等教育领域文化安全的预警、监控、应对机制
　　　　………… (243)
　　三、国际教育合作的壁垒和准入机制 ………… (246)

第三节　高等教育维护国家文化安全的举措 …………（249）
　一、高等教育维护国家意识形态的安全 …………（249）
　二、高等教育维护国家传统文化的安全 …………（254）
　三、高等教育培养和提升国家文化的创新力和传播能力
　　　…………………………………………………（258）

参考文献 ………………………………………………（266）

后记 ……………………………………………………（277）

绪　　论

一、问题的缘起

文化安全问题，特别是教育安全问题，是一个日益突出的问题。习近平总书记指出："增强忧患意识，做到居安思危，是我们治党治国必须始终坚持的一个重大原则。我们党要巩固执政地位，要团结带领人民坚持和发展中国特色社会主义，保证国家安全是头等大事。"① 胡锦涛同志强调："当今世界正在发生深刻复杂变化，和平与发展仍然是时代主题。世界多极化、经济全球化深入发展，文化多样化、社会信息化持续推进，科技革命孕育新突破，全球合作向多层次全方位拓展，新兴市场国家和发展中国家整体实力增强，国际力量对比朝着有利于维护世界和平方向发展，保持国际形势总体稳定具备更多有利条件。同时，世界仍然很不安宁。国际金融危机影响深远，世界经济增长不稳定不确定因素增多，全球发展不平衡加剧，霸权主义、强权政治和新干涉主义有所上升，局部动荡频繁发生，粮食安全、能源资源安全、网络安全等全球性问题更加突出。"② 这就深刻地阐明了国家安全、国家文化安全面临的形势不容乐观，高等教育在新时期可以而且能够在维护国家文化安全方面发挥作用并有所作为。

（一）全球化时代，国家文化安全问题凸显

全球化是当下时代的一个重要背景和现实语境。曼纽尔·卡斯特说："我们的世界，以及我们的生活，正在被全球化与认同的冲突性趋

---

① 《习近平谈治国理政》，外文出版社2014年版，第200页。
② 《胡锦涛文选》第3卷，人民出版社2016年版，第650～651页。

势所塑造。"① 全球化尽管是指经济的全球化,但也不是不涉及政治和文化等方面,特别是在网络信息技术条件下,全球化更是在一个广泛的意义上被应用。它使世界的经济逐步实行了一体化,物质的交换突破了传统的范围,并进而使各个国家的政治互相影响,使任何一条信息都可能因为接上了因特网而高度交流融通,也使世界各国的文化向外界敞开了大门。在立体网状的全球化进程中,文化受到经济全球化的影响一样引人注目,但与文化影响相伴相生、如影随形的国家文化安全问题却没有引起人们足够的关注。发达国家利用经济上的强势裹挟着西方文化进行对外输出,欠发达国家往往对这样的强势文化缺乏拒绝的话语权而照单全收,甚至以一种拥抱"现代化"的姿态对其热情地张开双臂。文化的安全性问题也就不期而至。胡锦涛同志指出:"现在,世界总的趋势是趋向缓和,但天下并不太平,霸权主义和强权政治依然是和平与发展的主要障碍。西方敌对势力不愿意看到中国统一和强大,对我国实施西化、分化战略没有也不会改变。"② 这就要求我们时刻保持清醒头脑,把国家安全、国家文化安全和教育安全牢记心中。

美国的好莱坞是世界的"造梦之都",奥斯卡奖成为世界影人的最高奖项,肯德基、星巴克与中国的故宫和意大利的斗兽场、日本的富士山比邻而居。与此同时,许多小国家的地方色彩正在逐步消退,那些特有的民俗节日、仪式、服装、饮食慢慢式微,要不在不久的将来彻底消失,要不在政府的资金"输血"下如同活化石般被展示,却失去了鲜活的生命力。对这种现象,俞可平认为,全球化推进了全球资本主义体系,奴役了落后国家的人民,使其在经济、政治与文化上依附于发达国家,陷入一种"后殖民状态"。③ 印度学者盖尔·奥姆韦德认为:全球化乃是世界的"麦当劳化",它对神圣的印度文化发起了进攻,多样的民族文化形式被其抹杀,并且为单一、商业化和个人化的资本主义文化所代替。④

---

① [美]曼纽尔·卡斯特:《认同的力量》,夏铸九、黄丽玲等译,社会科学文献出版社2003年版,导言第2页。
② 《胡锦涛文选》第1卷,人民出版社2016年版,第212页。
③ 俞可平:《全球化与政治发展》,社会科学文献出版社2003年版,第65页。
④ [德]赖纳·特茨拉夫:《全球化压力下的世界文化》,吴志成等译,江西人民出版社2001年版,第116页。

一个国家或民族的独特文化对国民来说具有特殊的意义，不仅塑造了人们的价值观和思维方式，也是人们的情感和安身立命之所在。用英国人伊格尔顿的话来说："文化不仅是我们赖以生活的一切，在很大程度上，它还是我们为之生活的一切。"① 因此，文化对于一个民族和一个国家来说，是一种能够凝聚和整合民族和国家一切资源的根本力量，这种力量任何形式的消解和丧失，都将影响一个民族和国家的生存安全。从根本上讲，对国家文化安全的关注不仅是基于对国家文化生存本身存续状态的关怀，更是基于对国家安全的重要性而提出来的。

其实，中国的国家文化安全问题早已有之。鸦片战争之后，中国在遭遇"数千年来未有之变局"的同时，传统文化也在与西方文化的正面对碰中遭遇巨大的撕裂和迷失，国家文化安全岌岌可危。如陈独秀就曾说，"无论政治学术道德文章，西洋的法子和中国的法子，绝对是两样，……若是决计革新，一切都应该采用西洋的新法子"②。陈独秀的想法并不是个例，很能代表当时以及之后一大批国人的思想，而这种贬中扬外的文化思潮在当今不但没有散尽，反而随着文化的高扬在我们的社会生活中像阳光下的阴影一样挥之不去。

改革开放以来，中国经济的快速增长获得了全世界的广泛认同，而文化似乎一直难以获得应有的名分，文化认同问题一直困扰着中国的知识界。特别是在所谓现代性的讨论中，中国不少学者认为：中国文化的现代性完全是"他者化"的，提出要以"中华性"取代"现代性"。③西方不少学者也在反思"现代性"，甚至批评"现代性"造成的分裂感、疏离感、意义感丧失和精神家园失落的问题，从而引发了全球性的对传统文化的"乡愁"（nostalgia）。④ 这种在全球化背景下发生的以物化和技术为特征的文化，"不仅无法有效地解决文化认同问题，而且还

---

① ［英］特瑞·伊格尔顿：《文化的观念》，方杰译，南京大学出版社2003年版，第151页。
② 《陈独秀文选》，林文光选编，四川文艺出版社2009年版，第125页。
③ 张法等：《从"现代性"到"中华性"——新知识型的探寻》，《文艺争鸣》1994年第2期。
④ Roland Rodenston, "After Nostalgia？Wilful Nostalgia and the Phases of Globalization", in: B. S. Turner, ed., *Theories of Modernity and Post Modernity*, London: Sage Publications, 1990, p. 51.

导致人们自我认同的困惑：自我的被异化甚至自我的丧失"①。一个民族的文化出现了认同问题，这不仅仅是一个文化的安全问题，更是一个民族的存亡问题。"要把一个被旧文化统治因而愚昧落后的中国，变为一个被新文化统治因而文明先进的中国"② 时，就强调了一个根的问题，即文化的民族性问题。民族文化在全球化浪潮的冲击中，安全问题日益突出。这是一个很现实的问题。

（二）高等教育在捍卫国家文化安全上的特殊作用

高等学校是培养国家栋梁之地，也是被称为"社会的良心"的知识分子聚集地，捍卫国家文化安全，高等教育责无旁贷。而且，由于高等教育与文化存在着天然的联系，高等教育在捍卫国家文化安全上能发挥出独特的作用。

在《大学的使命》一书中，西班牙学者奥尔特加认为，"文化是生活必不可少的一部分，是我们生存的一个方面"③，并呼吁将文化系当作大学及高等教育的核心。其实，从古到今，从东方到西方，高等教育与文化都始终处于一种血脉相连的紧密联系中。在中国，无论是西汉刘向在《说苑·指武》中的"圣人之治天下也，先文德而后武力。凡武之兴，为不服也；文化不改，然后加诛"，还是晋代束晳《补亡诗》中说："文化内辑，武功外悠"，都体现了文化的最初之意，即"以文教化"的意思，而教化的落脚点是人。从一定意义上说，文化学即是人学，文化与人息息相关。在中国的古代典籍中，《大学》也点出了高等教育的本质所在。《大学》开篇道："大学之道，在明明德，在亲民，在止于至善"，这三个层次通过层递关系强调了对人的一种道德关注。以人本身为目的，通过对人的培育，实现其完善，从而实现整个社会和国家的一种更好的完善，这就是高等教育的本质所在。高等教育以其对高密度的人才资源、学术资源、科研资源的聚集，有效地为人才培养提供了一定的文化环境和文化资源。

近年来，高等教育的文化功能在我国被越来越多的学者所关注。潘

---

① 崔新建：《文化认同及其根源》，《北京师范大学学报》（社会科学版）2004 年第 4 期。

② 《毛泽东选集》第 2 卷，人民出版社 1991 年版，第 663 页。

③ ［西班牙］奥尔特加·加塞特：《大学的使命》，徐小洲、陈军译，浙江教育出版社 2001 年版，第 87 页。

懋元先生认为，高等教育的基本功能是文化功能，即文化传递、文化选择和文化创造的功能。① 高等教育学的传统观点认为，现代大学的三大功能是人才培养、科学研究和社会服务。宋永忠先生认为：文化功能可列为相对于高等教育传统的三大职能之外的"第四职能"，从而引领社会文化发展。它不是大学的新功能，而是大学本初功能认识的一种回归。② 作为文化的产物和文化的引领者，高等教育已经历史地成为文化传承创新的主要策源地和文化精神的培育中心，并与所在国家的时代节拍、兴衰起落紧紧相连。在德国，洪堡大学的崛起铸就了德国的崛起，洪堡精神不仅成为德国的骄傲，也使德国成为当时世界学术的朝圣中心。在美国，"先有哈佛，后有美利坚"，哈佛在300多年的办学历程中培养出了8位美国总统、34名诺贝尔奖获得者，其多年来综合教育指标一直居于世界第一，哈佛的校训也成为美国学术界的一个注脚："与柏拉图为友，与亚里士多德为友，更要与真理为友。"在中国，北京大学、清华大学等高校的学人在新文化运动中的慷慨高歌，西南联大师生在抗日艰难时刻对文化的薪火相传，留给我们的是高等教育在时代大潮中所能奏响的最强音。我国"985"和"211"等一批重点院校，以及现在提倡的"双一流"大学，因为高素质学术人员的高度密集，也是引领社会文化方向的晴雨表。由此可见，文化功能既是高等教育天然的社会功能，也是高等教育的责任所在。

正是依托文化这一功能，高等教育成为捍卫国家文化安全的堡垒，对优秀传统文化进行传承，对外部文化进行选择，并且在执守着文化批判的同时，孜孜不倦地进行文化创新，为一个民族国家永续不断的文化源头活水提供可能。

经济全球化对我国高等教育是一个机遇，也是一个挑战。在经济全球化的过程中，国际教育文化交流暗流汹涌，文化霸权的阴影时隐时现。无论是"冷战"前还是"冷战"后，高等教育领域始终是文化争夺的突破口、桥头堡和前沿阵地。甚至可以说，军事政治上的"冷战"

---

① 封海清：《西南联大的文化选择与文化精神》，华中科技大学博士学位论文，2005年，第20页。

② 宋永忠：《发挥大学在社会文化建设中的引领作用》，《南京师大学报》（社会科学版）2011年第2期。

虽然已经成为历史，文化上的"冷战"却从未结束，并有越演越烈之势。发展中国家在接受西方高等教育的"橄榄枝"时，同时接受的不只是善意的援助、教育服务的互惠，也可能还有隐于其后的价值观、文化观与制度模式的强势输入。对外教育文化交流早已是国外公共外交的重要组成部分，也被视为"思想外交"或"观念外交"，蕴含在其中的特定价值观在"教育"的外壳下容易以一种"润物细无声"的态势对受教育者进行观念上潜移默化的置换。富布莱特教育基金的创始人富布莱特曾直言不讳地说："教育实质上是国际关系的基本因素之一——就其对战争或和平的意义来说，它完全与外交和军事力量同等重要。"[①]显然，教育也不是一块"净土"，文化渗透无时无刻不在发生着，文化安全关涉教育。

我国的高等教育现在总体上还处于弱势。当今，实行全方位的高等教育国际化已成了一种时代的必然选择。如果因为害怕竞争和不利思想的导入，再退回去封闭式地发展我国高等教育只能是自我萎靡。我国高等教育从弱到强，必须在一个开放的国际环境中发展壮大，通过与全世界的强手合作、强手竞争、强手竞技方能实现凤凰涅槃。我国高等教育国际化战略的提出，中外合作办学项目从低水平合作到高水平合作的渐次推进都体现了一种"海纳百川，为我所用"的气魄。但是，在具体推进过程中，如果没有一种文化上的自觉意识，一种"自信"确立的文化方向，那么在向课程国际化、师资国际化、语言国际化、评判标准国际化等一系列国际化指标看齐靠拢的过程中，很可能会自觉或不自觉地陷入高等教育依附性发展的陷阱中，成为西方教育模式的东方式附庸。

同时，中国高等教育学界在文化上存在一定的空心化、庸俗化和泡沫化现象；如果我们不能很好地面对和处理这些负面现象，就难以在中国复兴的历史征程上实现国内大学向世界一流大学的跨越，难以培育出一种真正自信和健旺的文化精神与全球顶尖大学进行风云对话，难以发挥大学特有的文化传承、选择、创新和引领作用。尤其在高等教育国际化进程中，文化安全问题日益突出。如何在西方文化霸权"温柔"的

[①] Philip H. Coombs, *The Fourth Dimension of Foreign Policy: Educational and Cultural Affairs*, New York: Harper and Row, 1964.

陷阱中明晰我国高等教育的文化方向、捍卫国家文化安全，在高等教育国际化成为一个国家战略的同时，兼顾"国际化"与"民族化""本土化"的平衡，使我国高等学校在提升国际化水平的同时保持明晰、鲜活的"中国特性"，是一个不容回避的时代课题。

（三）国家文化安全的时空图景

国家文化安全并不是一个什么新鲜的词语，只是过去似乎离我们很遥远，现在却似近在咫尺。苏联的分崩离析不仅仅是一个经济问题，看上去是一个政治问题，而实际上更是一个文化问题。在文化上的颠覆传统和全盘西化、价值观上的混乱缺失、意识形态的多元化倾向、民族文化冲突等，应该说是苏联解体的内在因素。改革开放之前、计划经济时代的中国，对文化安全严防死守，对意识形态高度重视，全国上下保持高度的警惕性，国家文化安全固若金汤。改革开放之后，中国的文化大门逐步打开，中国人的眼前突然一亮，花花世界，繁花似锦，各种各样的文化样态使人耳目一新。在所谓"现代""后现代""现代性""转型""解构""建构"等一系列繁华而嘈杂的噪音面前，在各种各样的媒体，包括平面的、立体的、主流的、非主流的等有意或无意地推波助澜下，有些人似乎迷失了方向，没有了主见，缺失了精神，生存中呈现迷茫，发展中呈现焦虑。那些曾经拥有的、生命中不可或缺的、为之追求的、引以为傲的传统的、思想的、精神的、意识形态的等等都受到不同程度的"糟蹋"，结果是人没有了精神的支柱，行动没有了方向，茫茫然而不知所措。一些曾经天经地义的、无需争论的、放之四海皆准的事情今天却是一个问题，需要全民"公决"。诸如"该不该给老人让座""该不该扶"等怎么会成为今天中国的问题，这本身就是问题的问题。表面上看，这似乎不是一个文化安全问题，其实是文化安全更加深层的问题。人们对文化安全往往不以为然，大凡都会觉得不至于天翻地覆，泱泱大国、文明古国，任凭风吹浪打，我自巍然不动。然不知"千里之堤毁于蚁穴"①。其所谓时者，事也！

几千年来的中华大地，真是发生了翻天覆地的变化，历史在无情地进行着大规模的、彻底的改变。我们曾经看到过的、记忆仍然犹新的东西，现在却眼睁睁地看着它们在我们的眼前渐渐消失。熊培云先生有一

---

① 原文见《韩非子·喻老》："千丈之堤，以蝼蚁之穴溃；百尺之室，以突隙之烟焚。"

本书，即《一个村庄里的中国》，写出了时代的命运。故乡从哪里来，中国向何处去？"假如一棵树来写自传，那也会像一个民族的历史"（纪伯伦语），"我刚刚离开我的摇篮，世界已经面目全非"（夏多布里昂语），"我曾经因为自己在乡间自由无拘的生长而骄傲于世，无论漂泊到怎样的天涯水涯、异国他乡，终有一方灯火可以眺望，一片土地可以还乡。然而，因为这些古树的逝去，我不得不承认自己时常无限伤感"。"如今每当我在城里看到哪个地方突然多了一棵古树，我首先想到的便是……这是谁的故乡被拐卖到了这个角落？而我的故乡又被那些唯利是图的家伙拐卖到了何方？在贩奴船里，它是生是死？"作者发出"谁人故乡不沦陷？"① 这就是无可奈何的感叹！中华民族历史悠久，传统文化丰富厚重，割断历史必成罪人，忘却过去则失去支撑。国家文化何去何从，其意深远！

在这个时代，在中国，千千万万个追梦的普通人，构成了这个时代最美的画卷，塑造了这个时代的群像。梦想有多远、目标有多高，追逐就有多长、力量释放就有多久。当下的中国，改革进入了深水区，发展走上了快车道，每个人的个性张扬，每个人的天赋释放，每个人的价值实现，推动着历史向前！这股力量，势不可挡！中国的复兴和崛起已经成为举世瞩目的不争现实。然而，"中国的现代化进程不可能在短期内完成，期间甚至可能遇到意想不到的困难；而在国际体系中，尤其在政治、安全和思想领域中国远非处于主动地位，甚至还需要去努力化解所谓'崛起困境'"②。诚然，中国的和平崛起不可能一帆风顺，我们对此需要保持清醒。无论世道何以变化，任凭前路何等艰辛，中国的发展都不会放慢脚步！擦亮眼睛，保持本色，立足传统，春暖花开！中华民族赖以生存和发展的文化，就会焕发青春活力！这是我们民族的根！它是我们民族的灵魂！它是凝心聚力的兴国之魂、强国之魄！任时光匆匆流逝，只要我们的文化存在，只要我们的根系发达，我们的国家、民族就必然会富强，中华民族就一定会腾飞！

---

① 熊培云：《一个村庄里的中国》，新星出版社 2011 年版，第 3、8、9 页。
② 唐晋：《大国崛起》，人民出版社 2006 年版，第 3～4 页。

二、基本概念

（一）国家文化安全

国内许多学者都给出了"文化安全"的定义，代表性的观点有以下几种。潘一禾认为文化安全是人们认为自己所属"国家—民族"的基本价值和文化特性不会在全球化大势下逐渐消失或退化的安全感，具体指政治文化和社会管理制度上的安全感、传统文化和独特价值体系上的安全感、民族语言和信息传播上的安全感、国民教育体系和国民素质上的安全感，主要指文化特性不受威胁。① 朱传荣认为文化安全是指一个主权国家保证文化的性质得以保持、文化的功能得以发挥、文化利益不受威胁和侵犯的功能状态，其核心是意识形态与价值观念。② 与朱传荣观点相似的是张骥等，在研究文化安全时主要也是从意识形态角度着手。③ 涂成林等认为国家文化安全语境中的文化是指不同民族、国家和制度相对应的个性文化，分为意识形态和民族文化两个层次，关切的是国家文化利益是否受到损害，文化主权是否被侵犯。④ 胡惠林认为文化安全是关于一个国家以文化生存与发展为基础的集合，一种由这种集合形成的动力结构规定并影响一个国家文化生存与发展的全部合法性与合理性的集合体。同时，它既是客观的存在，也是主观的心理感受。⑤ 综上述，我们认为文化安全是指国家观念形态的文化生存和发展不受威胁的客观状态。文化安全的核心为价值观安全和代表中国民族特色的文化安全。

（二）文化自觉

"文化自觉"最初是费孝通于1997年提出，"所谓文化自觉是指生活在一定文化中的人对其文化有自知之明，明白它的来历、形成过程，

---

① 潘一禾：《文化安全》，浙江大学出版社2007年版，第28页。
② 朱传荣：《试论面向21世纪的中国文化安全战略》，《江南社会学院院报》，1999年第1期。
③ 张骥等：《中国文化安全与意识形态战略》，人民出版社2010年版。
④ 涂成林、史啸虎：《国家软实力与文化安全研究》，中央编译出版社2009年版，第32页。
⑤ 胡惠林：《中国国家文化安全论》，上海人民出版社2005年版，第20页。

所具有的特色和它发展的趋向……自知之明是为了加强对文化转型的自主能力，取得决定适应新环境、新时代时文化选择的自主地位"①。文化自觉的发展历程是："各美其美，美人之美，美美与共，天下大同。"总体来看，费孝通"文化自觉"命题的提出主要是源于全球化时代背景下，生活在一定文化中的人，对如何保持民族特色和多元文化之间张力的思考，目的是倡导一种"和而不同"的文化理念。

对于文化自觉，我们认同张冉的提法，即"文化自觉是人的主体自觉性在文化发展上的体现，是文化主体在文化实践、文化反省、文化创造中所体现出来的一种文化意识和心态，即对自身文化的自知、自省和自我超越意识"②。同时，文化自觉作为一种理性的自觉、理性的文化认知，它是一定历史条件下的阶级、集团、个人对社会发展的文化构建、文化选择、文化发展的理性思考与实践，它以观念、意识、认知的形式对文化的发展起着价值引导的作用。

（三）教育安全

教育安全，其基本内涵是指作为国家主权组成部分的教育主权和教育尊严神圣不可侵犯，个性化的教育传统和教育选择应该而且必须得到尊重。③金孝柏认为，教育安全是维护本国教育主权的一系列制度的总和④；何伟强认为，教育安全是一种客观上不存在威胁，主观上不存在恐惧的状态⑤；王璐茜、王凌认为，教育安全指某一国家、民族、地域或文化的教育自身发展，受到外部或内部挑战、侵蚀而带来的涉及国家民族安全的各类教育问题或教育危机⑥。

教育安全既是一个国家的安全命题，也是一个文化命题。教育安全涉及一国基本的政治、经济、文化利益，作为文化安全的一个基本范畴和重要内容，一直为世界各国特别是广大发展中国家所重视。教育安全

---

① 费孝通：《反思·对话·文化自觉》，《北京大学学报》（哲学社会科学版）1997年第3期。
② 张冉：《文化自觉论》，华东师范大学博士学位论文，2010年。
③ 殷杰兰：《全球化背景下中国教育安全问题思考》，《黑龙江社会科学》2004年第1期。
④ 金孝柏：《教育主权初论》，《国际商务研究》2004年第6期。
⑤ 何伟强：《关于美国国家教育安全战略的政策解读与思考》，《浙江教育学院学报》2010年第5期。
⑥ 王露茜、王凌：《我国的教育安全及其困境思考》，《教育科学论坛》2012年第2期。

是国家安全的基础,离开了教育安全,国家整体安全无从谈起。学者们从不同的立场、角度去探讨和阐述教育安全的内涵。有些学者从政治立场来解释教育安全,把教育安全与教育主权、国家主权联系在一起;有些学者则从学科角度去阐释,试图用相关学科涉及的教育安全的问题来诠释教育安全的内涵。虽然学者们对教育安全的概念尚未有统一的完整的准确的定义,但可以看出给教育安全做界定的着眼点主要落在来自国家内部和外部对本国教育安全乃至国家安全的冲击与威胁上。随着互联网时代的到来,我国教育安全遭遇到了和传统上不一样的挑战。

三、文献综述

根据研究对象,文献资料的搜寻围绕着关键词"文化安全"和"教育安全"展开。在计算机检索方面,主要对中国期刊网中的期刊全文数据库、万方数据库中的学位论文库、ERIC 和 PROQUST 数据库进行文献检索。选取这些数据库作为资料来源具有一定的代表性。

(一) 关于国家文化安全的理论研究

国外学者对文化安全的关注是随着他们对国家安全的研究而延伸开的。在 20 世纪中叶,西方学者开创了现代意义上的安全研究。早期,学者们关注的重点是军事安全、政治安全,这个时期的研究也称为传统安全的研究。代表作有:哈罗德·拉斯威尔的《世界政治和个体安全困境》(1965),罗伯特·巴奈特的《超越战争:日本的综合国家安全观》(1984),巴瑞·布赞的《欧洲安全程序回顾》(1990),彼德曼·戈尔德的《国家安全和国际关系》(1990)。早期对传统安全的研究中,文化对于国家安全的意义基本被忽视。虽然有个别学者已经隐约地意识到在军事和政治安全之外,还有别的事物可能对国家利益构成威胁,如罗伯特·基欧汉和约瑟夫·奈在合著的《权力与相互依赖》(1977)中探讨了"非物质性权力"在国家安全中的作用。但这种声音显得还很弱小。

"冷战"结束后,曾经的超级大国苏联的轰塌,并没有使西方世界迎来想象中威胁的终结,而"9·11事件"的发生更使西方世界感到威胁的迫近甚至如影随形。全球化的发展超乎人们的预料,使"冷战"多年来建立的传统安全模式趋于失效,西方学者开始超越军事安全、政治安全之外寻找安全因子，即是对非传统安全的研究。这时期的主要著作有：大卫·鲍德温的《安全研究与战争的终结》（1995），巴瑞·布赞的《新安全论》（1997），查洛特·布莱斯顿的《"冷战"后的安全模式》（2002），克雷格·斯奈德的《当代安全与战略》（2001），亚历山大·温特的《国际政治的社会理论》（1990），约翰·汤姆林森的《文化帝国主义》（1999）、《全球化与文化》（2002），萨义德的《文化与帝国主义》（1993），彼得·卡赞斯坦的《国家安全的文化：世界政治的规范与认同》（1996）。

总的来看，西方学者基本没有直接使用"文化安全"一词，但他们却从以下多个角度对文化与国家安全的关系进行了讨论：

一是在国家安全体系中研究文化的本质、原因和结果。现实主义、自由主义与建构主义、西方马克思主义在不同论著中都对此进行过深入研究。如西方马克思主义理论家特瑞·伊格尔顿认为，文化在本质上是实践，是生产，文化研究的根本目的不是为了解释文化，而是为了实践地改造和建设文化。亚历山大·温特认为国际关系中的文化是指不同国家行为体经过国家间互动、社会学习而共同拥有的国际规范、国际制度和国际规则，它包括国际法、国际机制、国际惯例和国际共识等知识标准。

二是文化对国家安全战略决策的作用研究。研究战略文化的学者们认为，战略决策的产生不只是一个以客观物质环境为归依的理性取向，而是决策者受文化传统、历史因素局限之下的行为体现。正如美国学者伊萨克·克莱因所指出的，战略决策是对战争的一种主观判断。他们特别对军事战略决策和大国不同战略决策中的文化因素进行了大量的剖析。如科林·格雷的《策略研究与公共政策》（2003）、亚当·伯茨曼的《外国决策的文化背景》（2013）等研究了文化在国家决策中的作用。

三是研究文化规范及组织文化对国际安全的作用。这种研究范式主要体现在建构主义理论中。如罗伯特·沃克的《内与外：作为政治理论的国际关系》、彼得·卡赞斯坦等主编的《国家安全的文化：世界政治的规范和认同》（2009）等运用文化认同原理分析指出国家的安全环境不仅依赖于物质内容，也深受文化和制度内容的影响。

四是对全球文化和文化帝国主义进行研究，倡导全球范围内的道德规范、价值观念。这类著作比较多，福山的《历史的终结》（1988）、罗斯诺的《世界混乱：变革与延续的理论》（1990）以及亨廷顿的《文明的冲突》（2010）、约翰·汤姆林森的《文化帝国主义》（1999）、萨义德的《东方学》（1978）和《文化与帝国主义》（1993）等在广义上都属于这个研究范围。

值得注意的是，西方学者对文化与国家安全的研究闪现出智慧的光芒，具有一定的深刻性。有的学者力图秉持批判和客观的态度。萨义德认为对西方文化生活的理解，霸权这一概念必不可少。萨义德在《文化与帝国主义》中指出，在帝国扩张的过程中，文化扮演了非常重要的角色；他的《东方学》研究的是在东方主义话语背后体现出来的东西方关系，即一种权力关系，一种支配关系。费舍斯通对文化的考察强调了后现代主义对全球化理论的正面影响，认为严抛弃传统的二分法概念，不要只是简单地把全球化的结果分为两种对立的状态，如同质与异质、整合与解体、统一与多样等。他从历史发展的角度把世界体系的变动与文化身份的周期相结合，认为现在的全球体系已经无法维持一元文化逻辑，多种文化体系并存是全球化的必然结果。但由于西方学者的立场和自恃为"强势文化"的代言人，在相对客观的论述和自省中，他们观点中的"西方中心主义"思想仍如草蛇灰线般若隐若现。如果我们在研读上述文献时不注意持有一种时时反思的精神，很可能会不自觉地陷入对自己文化不自信的陷阱中。

随着国际学界从传统安全向非传统安全研究领域的扩展，我国的学者也特别注意到了文化对于国家安全的重要意义。1999年，林宏宇在《国家安全通讯》第8期发表《文化安全：国家安全的深层主题》，首次提出"文化安全"概念，被学界认为是国内研究此问题的起点。"文化安全"在某种程度上可以说是具有中国特色的词，因为这个概念的完整提出和使用都在中国。而且，文化安全的概念在我国一经提出就很快得到接受。也许，把文化和国家安全相提并论对于中国人并不陌生，这触及和唤醒了中国近代史上通过文化启蒙民智、通过文化救亡图存的民族记忆，也与当下中国由于相当长一段时间内综合国力与文化发展处于弱势，对外来文化既防备又迎合、对传统文化既拥抱又彷徨的心态合拍。

胡惠林的《中国国家文化安全论》（2005）是我国关于国家文化安

全的第一本专著,他在书中对文化安全的定义、历史演变和文化安全涉及的几个微观层面进行了详细的论述,形成了一个相对完备的文化安全研究体系。此后,文化安全的研究在我国成为一股热潮,大量的专著、学位论文陆续出现,研究主题不断增加。具代表性的著作主要有:胡惠林的《中国国家文化安全论》(2005),曹泽林的《国家文化安全论》(2006),潘一禾的《文化安全》(2007),戴晓东的《加拿大:全球化背景下的文化安全》(2007),于炳贵、郝良华的《中国国家文化安全研究》(2007),张骥等的《中国文化安全与意识形态战略》(2010)。从不同侧面涉及文化安全的著作还有:阎学通的《中国国家利益分析》(1997),王逸舟的《全球化时代的国际安全》(1999),陆忠伟的《非传统安全论》(2003)等。

  关于文化安全的概念归属,国内有几种有代表性的看法。一种看法认为文化安全是哲学范畴。李金齐认为文化安全是指对文化主体生存权利、生存方式、文化成果的认同、尊重和保护,是对人类文化生存、发展水平和进步程度的一种反映,是指作为文化核心的价值观念的合法生存和合理发展。[①] 另一种看法认为文化安全是政治范畴。一些研究人员认为文化安全势必关系到这个国家的政治文化、政治意识和政治制度安全。潘一禾认为当代国家体系中的文化安全主要指政治文化安全,包括基本政治价值观和社会管理制度两个主要方面。[②] 还有人把文化安全看作国际关系范畴。如韩源认为文化安全的深层原因是国家间的文化利益矛盾,文化安全的威胁来源首先是存在文化扩张和文化渗透的国家。[③] 更多的学者认为文化安全是个复杂的概念,既是历史的又是现实的,既是哲学的又是政治的,是一种战略,还是一种价值和理念。

  总的来说,国内的文化安全研究仍然呈现出升温的态势,这和我国的国情发展和社会关注重点的转变互为呼应。我国在经济实力不断增强后,开始意识到文化建设的短板,这几年在政府层面也大力加强文化建设,尤其是文化产业的建设。但国内的文化安全研究和国外相比,在理论上显示出明显的弱势。虽然多个学者从概念上、实质上、特征上试图

[①] 李金齐:《文化安全释义》,《思想战线》2007年第3期。
[②] 潘一禾:《当前国家体系中的文化安全问题》,《浙江大学学报》2005年第2期。
[③] 韩源:《国家文化安全引论》,《当代世界与社会主义》2008年第6期。

去界定文化安全，但说法众多。国外对于文化与国家安全的研究，出现了一些一经提出就在国际上引起强烈反响的概念，如福山关于文化的历史终结论、亨廷顿的文明冲突论、约瑟夫·奈的软实力说理论和美国近年来频频在各国游说所采用的巧实力说理论。这些理论虽然都有着提出者们特定的立场，不能被完全迁移至别国并解释一切文化与国家的现象，但这些理论无论是从系统性还是形象性来说，都体现了自己的独特性和一定的深刻性，从而引起世界许多学者的共鸣与兴趣。反之，我国的文化安全研究的理论构建缺乏这种能引起别的学者的兴趣并愿意继续研究下去的理论。于是，我国文化安全的现状研究就呈现出一种虽然众声喧哗，却没有中心音调的景象。

（二）国外关于高等教育与国家安全、文化安全问题的研究

国外虽然没有文化安全的直接概念，但把教育与文化联系起来，并与国家利益、国家安全挂钩的研究不少。如由罗伯特·布鲁姆编辑的《美国文化事务与对外关系》，其中收录了几篇论文，对美国在海外的教育、科学和艺术活动与国际关系的处理之间的关系进行了探讨。其中霍华德·E. 威尔逊的《教育、对外政策和国际关系》一文中认为教育是对外政策的一部分，文中以美国于 1938—1961 年开展的国际教育为例，探讨美国国际教育在美国国际关系中起到的作用。

富布莱特中国项目是美国对华官方文化外交中影响最大的项目，在美国研究富布莱特项目的学术著作不少，同时该项目的有关年度报告也是研究该项目必须阅读的资料。沃尔特·约翰逊和弗兰西斯·柯里根合写的《富布莱特项目：历史的回顾》，详尽介绍了该项目创立的背景、主要目的、项目在世界上主要合作国家的开展情况、美国人参与项目的有关情况以及项目的主要意义等，为研究该项目提供了背景知识和国际视野。涉及美中富布莱特项目开展的情况有费慰梅的《美国在中国的文化试验：1942—1949》，该书详细介绍中国是第一个与美国政府签订富布莱特项目合作协议的国家，1948—1950 年近两年内该项目在中国内战正酣之时的特定历史背景下仍然取得了不菲的成绩。美籍华裔学者许光秋博士的论文《1979 年至 1989 年期间美国富布莱特学者对中国学生在意识形态和政治上的影响》，是目前唯一一篇从政治和意识形态角度探讨教育交流项目对中国学生的影响的文章。

美国对福特基金会在美国对外文化关系中的角色以及与中国之间的

教育文化互动有不少成果，值得借鉴。其中，埃德华·H. 伯曼的著作《卡耐基、福特和洛克菲勒基金会对美国外交政策的影响：慈善中的意识形态》和弗兰西斯·赛敦的著作《发展中的基金会的角色》，对基金会在美国外交政策制定，特别是在文化外交中的角色进行了详尽的分析，为研究福特基金会与美国对华文化外交提供了思想基础和理论依据。哈佛大学江忆恩教授的报告《中国国际关系研究：福特基金会资助项目的回顾与选择》（2002），运用大量数据、图表说明福特基金会对中国国际关系学科的发展和人才培养的贡献，并对中国国际关系学科的现状、主要成就以及存在的问题和努力方向也进行了全面介绍和分析。

同时，随着高等教育全球化的兴起，国外学界也对高等教育全球化做出了几种解读，把高等教育的发展方向与文化利益、国家利益相联结。第一种强调全球化的同质化趋势，主要由新自由主义理论支持者和部分批判理论者组成。同质化论者对全球化的理解中，隐含一种普遍的观点：国与国的界限和各国制度的差异界限趋于模糊，甚至消失。高等教育全球化被看作在全球经济一体化的影响下世界各国高等教育的边界模糊和趋同发展。而从批判理论的视角看，全球化在本质上是西方资本主义的全球扩张，经济上表现为全球市场化，出现一个为经济利益驱动的全球性高等教育市场。第二种认为全球化导致异质化趋势和多样化发展。这一类理论重视分析世界高等教育发展不平等的根源。此外，从多元文化维度出发的全球化理论也重视强调全球化的异质化特征，认为全球化恰恰导致文化的多样化发展。后殖民主义理论者和依附论者承认最初的大学作为全球性机构，在学生、教授、语言和知识这些方面表现出普遍化的特性，同时也认可现阶段全球化的经济、技术、科学、政治和文化等因素对高等教育产生了显著影响；但在他们看来，世界各地不同的学术机构所受到的全球化的影响并不一样，在许多方面反而使高等教育已有的不平等加剧。在依附论者看来，处于中心地位的强势大学在科研、教学、大学的组织类型和发展方向以及知识的传播方面居于领导地位，弱势的高等学校则因资源匮乏和学术地位低微只能处于从属地位。全球化对商业的追逐使世界学术机构之间的结构性依附加剧，加深高等教育世界体系中的不平等。在这个不平等的体系中，跨国公司、跨国传媒，包括少数居于领先地位的大学成为新的新殖民主义者，它们对商业利润的追求加大了各国高等教育之间的差距,使第三世界发展中国家的高等教育处于边缘化状况。第三种将本土(地方)或者民族国家纳入高等教育全球化的分析框架内,重视对高等教育全球化的同质和异质方面进行分析。代表性的理论有同质异构理论、主权—交流理论、全球国家地方能动模式、地方—全球轴理论。

布莱恩·L.尤德等对八所中国大学的高等教育全球化问题进行研究,采纳了维拉提出的同质异构理论,探究为何不同国家的大学在全球化进程中呈现出明显共性,而一个国家或者不同国家的大学之间却存在差异性和独特性。该论文通过对全球化展开多维分析,将民族国家的层面纳入研究中,阐述不同的全球压力如何对大学组织的变化发挥作用,大学如何对全球压力实施战略性回应以及对全球压力的本土化过程。

一臣堪汉对日本高等教育全球化问题进行研究,提出解析日本高等教育全球化的一个分析框架,该分析框架既强调全球化对高等教育产生的影响——推进高等教育商品化,又强调本土政治文化力量对全球化影响力的制约、修改、调整和采纳。

瓦利玛通过芬兰的个案证明国家化、地方化和全球化是相互联系的过程。在芬兰,高等教育国家化建立起一个在文化层面对高等教育的理解,这是与其他国家竞争的要素。地方化一方面指高等教育机构支持本土社区和各省获取社会和经济利益;另一方面,地方社区和各省给高等教育提供支持,以期望从由这种支持带来的科学资本中获益。

(三)国内关于教育安全与国家安全、文化安全问题的研究

早期,我国一些学者在对文化的研究中会涉及教育问题,或者在对教育的研究中提及文化的作用,对文化与教育之间的关系进行直接研究的很少。钱穆算是这个领域开风气之先者,他的《文化与教育》成为这个领域早期的代表作。直到 20 世纪 80 年代后期,我国学者才对文化与教育之间的关系进行了深入探讨。1988 年,由傅维利、刘民编著的《文化变迁与教育发展》一书在四川教育出版社出版后,国内研究教育与文化关系的作品陆续增加。代表作品有:肖川的《教育与文化》(1990),顾明远主编的《民族文化传统与教育现代化》(1998),石中英的《教育学的文化性格》(1999),张应强的《文化视野中的高等教育》(1999),许美德、潘乃荣主编的《东西方文化交流与高等教育》(2003),顾明远的《中国教育的文化基础》(2004)等。到目前,对教

育和文化关系的研究，尤其是对高等教育与文化关系的研究在我国呈现出繁荣的局面，期刊论文、学位论文都很多，研究的角度也呈现出多样化的特点。

杨连生等认为大学文化研究在我国已经形成一股思潮，并将其发展分为四个阶段：起始阶段、预热阶段、正规化阶段和全面发展阶段。1999—2000年，对大学文化的研究处于刚刚起步的状态，研究的主要方向从大学文化素质教育和校园文化逐渐转向大学文化，大学文化的概念从大学理念、大学精神、文化素质教育和校园文化的研究中逐渐演化脱离出来；2001—2003年，这一阶段的研究大多集中在对国外大学文化的介绍和评述，对中国传统大学文化的挖掘、梳理上，有的学者开始探索大学文化的定义、特征、功能等理论问题；2004—2006年，学者们对大学文化的基本内涵、构成要素、大学文化建设等多个方面进行了不同程度的研究；2007—2009年，研究向纵深方向发展，学者们开始关注大学文化辐射研究、人才培养、创新思想、先进文化、科学发展观、思想政治教育、和谐社会、学科教学、大学管理、高校竞争力等都成为受到关注的研究方向。[①]

虽然高等教育对国家和民族发展的意义早已成为共识，但从国家安全或文化安全角度去分析在我国还算是一个较新的视角。第一个在我国把"教育"和"安全"放在一起讨论的学者是程方平。作为中央教育科学研究所的著名学者，他敏锐地觉察到教育对于国家安全有着不可替代的基础作用，早在2001年就提出"教育安全"一词。他认为在涉及西部发展和国家发展、国家安全时，诸多"安全"中最为关键的因素便是人的问题，包括人的各类需求、思想观念、智能才干、民族特点、宗教习俗等，及其相互间的差异与矛盾。这些看似无形的因素与各级各类教育均有紧密关联，并可能引发内心或行为的动荡与冲突。[②] 他于2006年发表的《教育：国家安全的基础——关于"教育安全"的思考》一文，更是强调在对国家安全的关注中长期以来被忽略的一种最重要的"安全"就是"教育安全"，试图通过"教育安全"这一特殊角度的思考，真正提升教育在国家发展和国家安全方面的地位和作用，

---

① 杨连生、赵亚平、王剑：《中国大学文化研究述评》，《文化学刊》2010年第6期。
② 程方平：《论西部开发中的教育安全问题》，《教育研究》2001年第9期。

将人们从"消费"和"产业"的视角中解放出来,认识到教育更重要的价值。① 程方平对教育"安全"功能的强调具有开创意义,给予了其他学者很大的启发。但是,他所提出的教育安全含义非常广,包括教育的方针政策、法律法规、政府职能、改革策略、教材教法、考试评估、学校管理、教师质量、国际交流、出国留学、教育产业、教育结构、经费投入、均衡发展、公平公正和教育方面的政府公信力等一系列问题,也即是对教育可能出现的问题几乎无所不包,这样,在后继研究中可能会因为没有具体的焦点而出现困难。

与程方平一样,用了"教育安全"一词,从教育角度研究教育与国家安全问题的,还有殷杰兰等人。殷杰兰主要从全球化角度思考教育安全,认为经济全球化将进一步导致教育全球化,在此背景下,有关教育安全的问题日益凸显出来。②

李军在博士学位论文里把中国在教育国际交流中所面临的教育安全问题作为研究对象,力图对教育国际交流中的国家教育安全进行理论分析和构建,总结中国在教育国际交流中面临的教育安全问题,分析教育交流过程中影响中国教育安全的因素,寻找维护中国教育安全的措施与对策。③ 从教育国际交流的角度进行研究的还有王蘋和汤燕④、邝艳湘⑤等。

潘一禾在专著《文化安全》中,特辟一章谈论当代中国的国民教育体系安全问题,认为国民教育体系的变革成败关系到国家的文化安全,其安全问题主要体现在国民教育体系的理念和规范等方面。

沈洪波则是从高等教育国际化的视角研究教育与中国文化安全问题,认为二者是一对矛盾与利益的共同体,应建立有中国特色的大学,处理好高等教育本土化与国际化的关系。

---

① 程方平:《教育:国家安全的基础——关于"教育安全"的思考》,《教育科学》2006 年第 3 期。
② 殷杰兰:《全球化背景下中国教育安全问题思考》,《黑龙江社会科学》2004 年第 1 期。
③ 李军:《中国教育国际交流中的国家教育安全》,北京大学硕士学位论文,2007 年。
④ 王蘋、汤燕:《我国教育国际交流与国家教育安全的研究》,《科技信息》2009 年第 8 期。
⑤ 邝艳湘:《国际教育合作对我国国家安全的影响:文献综述》,《扬州大学学报》2012 年第 4 期。

周亦乔研究高校教育安全问题时指出，高校学生的爱国主义、集体主义和社会主义价值观念受到西方社会制度和价值观的影响，而文化安全教育不足将加剧文化安全问题。[①]叶建辉认为"言必称西方"的倾向解构着马克思主义和中国传统文化，暴力色情等文化公害给高校学生的思想意识造成严重混乱和危害，对我国高校文化安全构成极大威胁。[②]

有的学者则着重从教育主权的角度谈论我国文化安全受到冲击的方式。王建香认为我国在开发教育市场后，教育主权的流失存在显性与隐形两种形式，显性因素包括对国外资金的过度依赖、人才的外流、管理职权的丧失，隐形因素包括思想意识形态被西化、同化等。显性因素可通过制定相关的政策措施来防范和控制，隐形因素则需要寻求适当的软性途径。[③]杨颖分析了在高等教育国际化中，西方争夺发展中国家教育主权的表现形式有发展中国家教育自主权的丧失、西方国家实施文化侵略与扩张、侵犯公民的教育权，影响的方式主要有教育方式的国际化、学生交流的国际化、教师的国际化。[④] 汪国培则着重论述在全球化教育交流过程中，西方国家在意识形态方面影响我国教育主权的主要途径：通过外资独资和合资办学施加西方意识形态的影响；通过接受留学生和高校教师出国进修培养西化意识，尤其注意训练一批"中国未来的领导人"；通过向中国派遣专家教授讲学传播西方价值观，如富布莱特计划；原版国外教材的直接引入和学术评价导向潜移默化影响我国高校师生。[⑤] 殷小平则怀着强烈的忧患意识，通过历史与比较的方式，提醒我们应保持一种审慎的质疑态度，警惕外国与中国开展高等教育交流背后存在的经济利益和政治文化用心，防止国家主权的旁落、让渡、转移，防止中国文化的自信危机，确保文化安全。[⑥] 中国的教育市场开放中，

---

① 周亦乔：《全球化背景下的高校文化安全教育》，《湖南农业大学学报》2005年第6期。
② 叶建辉：《当代中国高校文化安全问题的研究》，《高教研究》2006年第10期。
③ 王建香，《如何在开放教育市场中维护我国教育主权》，《江苏高教》2002年第5期。
④ 杨颖：《高等教育国际化背景下教育主权问题研究》，云南师范大学硕士学位论文，2005年。
⑤ 汪国培，《全球化进程中对高等教育主权的重新审视》，《扬州大学学报》2006年第12期。
⑥ 殷小平：《高等教育国际交流中的教育主权与文化安全》，《现代大学教育》2005年第6期。

尤其要关注的是跨国教育的兴起。跨国教育在我国的体现方式主要为中外合作办学。中外合作办学曾因为历史的原因一度被禁止,到1992年,国家教委的文件精神仍是对中外联合办学原则上不能接受。而仅仅过了三年,1995年颁布的《中外合作办学暂行规定》已经完全改变了态度,认为中外合作办学是"中国教育事业的补充"。到了2003年的《中外合作办学条例》,更是进一步认可中外合作办学对于我国高等教育的意义,认为其是"中国教育事业的组成部分"。伴随着中外合作办学在官方文件中从"补充"到"组成部分"的字眼变换,中外合作办学项目在我国获得蓬勃发展。有学者特别分析了中外合作办学可能给我国教育主权带来的几点影响:①国外合作方,尤其是一些由外方投资的合作办学机构争夺办学主导权,一方面可能由于对经济成本的考虑不顾及教学的质量,另一方面可能出现片面地按外方意图培养学生,在教育体系、教学方法、教育思想上生搬硬套国外模式,导致教学方向偏离;②外国教育机构将劣质的教育资源甚至是没有通过验证的教育机构与人员输入我国,违背了我国引进国外优质教育资源的初衷,损害了受教育者的利益;③低层次办学中,我国有限的教育资源和资金大量流失;④国外合作方利用合作办学的机会,对我国学生进行意识形态的渗透,寻找和培养"西方政治思潮"和"文化攻势"的代理人。

对于高等教育如何应对文化安全带来的挑战,胡文涛强调,要创新校园文化,进行主流文化意识与体系的维持与更新以及文化创作与传播的创新,构建起高校文化安全机制,加强对不稳定的文化因素的管理和监控,并适度输出文化作为反文化渗透的进攻手段。[①]沈洪波提出确保我国高等教育国际化过程中文化能够安全的几个办法:对大学生进行国家文化安全教育,规避本国教育独特性的消解,通过传统文化教育建立民族文化价值体系,教育输入与输出相结合。[②]

自20世纪的"冷战"时期以来,"教育安全"就一直是众多安全问题当中的一个敏感话题。教育安全作为一个全新的研究领域,学术界对其基本概念的认识还处于逐步深入、不断丰富的过程中。程方平在

---

① 胡文涛:《全球化趋势对我国高校文化安全构成的挑战及应对策略》,《广西社会科学》2003年第3期。
② 沈洪波:《全球化背景下的国家文化安全问题》,《思想战线》2007年第3期。

《中国教育问题报告》中指出:"在诸多'安全'中最为关键的因素便是人的问题,包括人的各种需求、思想观念、智能才干、民族特点、宗教习俗等等,及其相互间的差异与矛盾。这类问题本文称之为教育安全问题。"① 姚淑君认为国家教育安全是国家为维护本国的教育主权,保护教育制度不受外来干涉和侵蚀,有权采取措施保护本国的教育利益的制度总和。② 余睿论证随着教育市场的开放以及交流的扩大,日益凸显出我国基础教育薄弱、高等教育入学率低、师资素质水平参差不齐等问题,导致国内教育公平、教育公益性等问题激化,引发教育安全问题。③ 吴卉卉和王凌分析2001—2013年1月刊发的教育安全研究论文发现,教育安全是近年来研究热点之一,但相关研究主要集中在教育学领域,在其他领域的研究尚不多见,研究方法则大多以文献法为主。在继续关注国外教育安全问题发展状况,重视国内教育安全存在的问题和对策研究的同时,他们建议务必明确教育安全的概念界定、推进研究视角和方法的多样化及加大对我国引发教育安全的根本原因的研究力度。④ 王凌和李官认为,教育安全是指安全主体的教育权、教育制度、教育传统以及自身教育发展等,能够经受来自外部或内部环境的各种威胁、干涉、侵蚀和挑战,并能够有效维护主体安全,保障主体教育功能得以充分实现的一种可持续发展的运行状态。教育安全呈现出假设性与现实性并存、内潜性与外显性同在、动态性与发展性相织、长期性与突发性相联四大特点。由于教育安全能使主体的教育权利得到保护并顺利实现、教育功能得以充分发挥并得到认同,并能有效抵御来自外部或内部环境的威胁和挑战,因而教育安全日益受到世界各国的重视。⑤ 姚金菊认为,从历史和现实、国际和国内来看,教育都是影响我国国家安全的重要因素,但因其隐蔽性和长期性特点易被忽视。要从国内总体国家

---

① 程方平:《中国教育问题报告》,中国社会科学出版社2002年版。
② 姚淑君:《教育安全及其法律预警机制机构建之断想》,《广西青年干部学院学报》2005年第4期。
③ 余睿:《全球化中的高等教育与国家文化安全》,《河北理工大学学报》(社会科学版)2006年第5期。
④ 吴卉卉、王凌:《我国教育安全研究综述》,《临沧师范高等专科学校学报》2014年第3期。
⑤ 王凌、李官:《教育安全:界说、特征与意义》,《学术探索》2014年第7期。

安全观和国际层面人的安全角度认识教育及其综合改革。我国历史上对教育安全认识不足,当前已经面临教育安全的现实威胁。只有从国家安全层面上认识教育,确立教育安全概念,加强国家教育安全观念,才能更好地认识教育综合改革的重要性和迫切性,并以法治保障、规范和推进教育改革的进行。[①] 王凌和宋南争认为,全球化背景下国家教育安全问题日渐彰显其价值和紧迫性,随着教育安全研究主体的拓展,需要突破原有研究视角的束缚;随着教育安全研究内容的丰富,呼唤构建教育安全研究的多维视角。为此,他们提出教育安全研究可供借鉴的若干视角:宏观研究视角可以从教育安全与全球化、区域或国家发展的关系来考察;中观研究视角将教育放在社会系统中来考察,主要考虑教育安全主体的拓展和教育安全多维研究视角的建立;微观研究视角从教育自身出发,考察教育自身及其内部要素的安全问题,主要涉及教育安全元研究、教育安全的历史研究和边境教育研究。[②]

[①] 姚金菊:《论教育安全》,《国家教育行政学院学报》2016年第2期。
[②] 王凌、宋南争:《教育安全研究视角刍议》,《云南民族大学学报》(哲学社会科学版)2015年第3期。

第一章　前提与反思：国家文化安全的理论与历史演进

安全问题历来有之，可以说是一个古老而悠久的命题。过去安全问题主要是领土安全问题、战争威胁问题；现在也不是没有这些问题，事实上它们仍然存在。问题是，伴随经济全球化的发展，安全问题已经突破了传统的范围，国家安全涉及国家的方方面面，即不仅包括领土安全、疆域安全，也包括政治安全、经济安全、文化安全等。研究国家文化安全问题，探讨高等教育的文化使命及其应对策略问题，有必要对文化安全的理论和传统做一归纳与分析，这是研究的前提和基础。

第一节　国家文化安全的历史与学说

对于安全的问题，不同理论流派有不同的观点，处在不同历史环境中的人也会持有不同的安全观念。但是，从根本上讲，不同理论观点、理论流派仍然是对现实的感知，只是感知不同而已。

一、文化安全的历史演变

一般研究认为，安全可以被定义为两个不同层次的概念范畴。从客观层面而言，安全就是一种客观存在的状态；从主观层面而言，安全则是人的主观感受。事实上，这种主观感受仍然是主观见之于客观的东西。所以，在一定程度上讲安全是主客观的统一。关于安全的状态问题，人们往往认为是一种真实的威胁，其实也有主观上认为的一种威胁，甚至是一种主观上假想的或故意的所谓威胁。美国对伊拉克的进攻,就是基于对伊拉克拥有大量化学武器的一种假想,这种假想是否是故意的则留待历史去评说。因此,可以说安全问题的主观感受是主观和客观系列因素综合作用的结果,是一种累积效应。

所谓安全,"从广义角度来看,是指身体上没有受伤害、心理上没有受损害、财产上没有受侵害、社会关系上没有受迫害的无危险的主体存在状态,或者是国家没有外来入侵的威胁,没有战争的可能,没有军事力量的使用,没有核武器使用的阴影等"①。很显然,安全的概念也不是一成不变的,而是在实践中不断演变,不断被赋予时代的内涵。其中,"人的安全"问题的提出是很有价值的,应该说具有划时代的意义。这里,"人的安全"不应该是一个狭义的概念,而应该具有广泛的意义。阿诺德·沃尔弗斯认为,在客观意义上,安全表明对所获得的价值不存在威胁;在主观意义上,安全表明不存在这样的价值会受到攻击的恐惧。② 联合国开发计划署在1994年发表的《人类发展报告》中就明确提出了人类安全的问题,该报告指出,安全不仅仅是针对国家,而且必须强调针对人类自身。人的安全是以"人"为中心的概念范畴,包括个人安全问题和群体、民族、国家的安全问题。人的安全问题至少应该包括三个层次的含义:一是免受诸如饥饿、疾病、压迫等长期性威胁,二是免受在家庭、工作或社区等各类日常生活中的突然的、伤害性的威胁③,三是涉及人的生存和发展的政治、经济和文化等要素安全的问题。

长期以来,人们对"国家安全"的认识并没有达成一致,也没有形成统一的概念。目前学术界对"国家安全"的定义有着不同的视域,既有从主观与客观的状态划分,亦有国家能力论和行为论之分。④ 刘跃进在《国家安全学》中提出:"国家安全是指一个国家处于没有危险的

---

① 余潇枫:《安全哲学新理念:优态共存》,《浙江大学学报》(人文社会科学版)2005年第3期。
② Arnold Wolfers, *Discord and Collaboration*, Baltimore: Johns Hopkins University Press, 1962. 转引自李少军:《论安全理论的基本概念》,《欧洲》1997年第1期。
③ 封永平:《安全新概念:"人的安全"解析》,《学术探索》2006年第2期。
④ 束必栓:《从三代领导集体看中国国家安全观之演变》,《上海市社会科学界第七届学术年会文集(2009年度):世界经济·国际政治·国际关系学科卷》,上海人民出版社2009年版,第38页。

客观状态，也就是国家既没有外部的威胁和侵害，又没有内部的混乱和疾患的客观状态。"① 对于国家来说，它的目标不单在于要造就一种安全的现状，还要造就一种安全的心态。一个国家没有安全的现状，是不安全；没有安全的心态，也是不安全。② 吴仲钢则认为："国家安全是为维持国家长久生存、发展与传统生活方式，确保领土、主权与国家利益，并提升国家在国际上的地位，保障国民福祉而采取对抗不安全的措施，是对国家的生存与发展没有或很少受到重大威胁状态的一种界定。国家安全是一个最基本的政治概念，也是一个最基本的价值取向，是一个社会历史范畴，是国家存在的首要条件。"③

有的学者认为，"国家安全是国家生存和发展的基础，国家安全观是一个国家或国家集团对安全的主观认识，取决于国内外客观形势与战略决策者主观认识，并随着时间和环境的转换而有所变化"④；还有学者认为，"一个国家对其自身安全利益及其在国际上所应承担的义务和所应享受的权利的认识，是对其所处安全环境的判断，同时也是对其准备应对威胁与挑战所要采取的措施的政策宣示"⑤。"简言之，安全观是一个国家对自己所处安全环境的认识，它是指导一国具体安全政策的理论和思想。国家安全观通常包括三个方面的内容：一是国家安全面临的威胁来源，二是构成国家安全的基本条件，三是维护国家持久安全的方法。"⑥ 它强调国家安全的主观认识，也提出了维护国家安全的方法与手段。也有学者认为国家安全观也是一种实现国家安全利益的政策观。⑦ 还有学者指出，国家安全观是有关国家安全问题的理论，是国家具体安全政策和安全战略的指导思想。⑧ 类似的观点认为"国家安全观

---

① 刘跃进：《国家安全学》，中国政法大学出版社2004年版，第51页。
② 李少军：《国际政治学概论》，上海人民出版社2002年版，第169页。
③ 吴仲钢：《建国后中国国家安全观的变化和发展》，《上海大学学报》（社会科学版）2006年第2期。
④ Paul M. Evans, ed. *Studying Asia Pacific Security: The Future of Research Training and Dialogue Activity*, Toronto: University of Toronto York Press, 1994, p. 8. 转引自门洪华：《"安全困境"与国家安全观念的创新》，《河南科技大学学报》（社会科学版）2006年第3期。
⑤ 罗援：《两种安全观念，两种安全模式》，《世界经济与政治》2001年第3期。
⑥ 阎学通：《中国的新安全观与安全合作构想》，《现代国际关系》1997年第11期。
⑦ 束必栓：《从三代领导集体看中国国家安全观之演变》，第40页。
⑧ 刘文汇：《论国家安全观的衍变》，《求实》2002年第3期。

是最高层次的国家安全理论，是哲学层面的国家安全理论，是安全哲学研究的重要内容"①。可见，这种观点认为国家安全观是一种理论，尤其是和安全战略相结合的理论。

1993年2月22日，中国政府公布并实施《中国国家安全法》，其中对危害国家安全的行为做出了明确限定。《中国国家安全法》规定："本法所称危害国家安全的行为，是指境外机构、组织、个人实施或者指使、资助他人实施的、或者境内组织、个人与境外机构、组织、个人相勾结实施的下列危害中华人民共和国国家安全的行为：（一）阴谋颠覆政府，分裂国家，推翻社会主义制度的；（二）参加间谍组织或者接受间谍组织及其代理人的任务的；（三）窃取、刺探、收买、非法提供国家秘密的；（四）策动、勾引、收买国家工作人员叛变的；（五）进行危害国家安全的其他破坏活动的。"可见，这是一个广泛的概念。

随着经济全球化、信息化和科学技术的发展，有关国家安全的问题逐渐突破了传统的国家安全观，国家安全问题发生了质的变化。关于国家安全问题的研究迅速地由传统安全领域向非传统安全领域转化，新的国家安全观已经形成。

2003年5月21日《人民日报》发表中国社会科学院世界经济与政治研究所王逸舟教授的研究论文《重视非传统安全研究》，文章首次明确提出非传统安全研究问题："非传统安全，指的是人类社会过去没有遇到或很少见过的安全威胁，具体说，是指近些年逐渐突出的、发生在战场以外的安全威胁。"余潇枫等认为：所谓"非传统安全是指由非政治和非军事因素所引发的、直接影响本国和别国乃至全球发展、稳定和安全的跨国性问题以及与此相应的一种新安全观。"② 由此，文化安全问题提上议事日程。

文化是一种软实力。它是一个国家的综合国力的重要标志之一。文化是民族之根、国家之魂，一个没有文化传统、文化底蕴和文化特色的国家是没有前途的，也是难以自立于世界民族之林的。"当今世界文化与经济和政治相互交融在综合国力竞争中的地位和作用越来越突出，文

---

① 张文木：《中国国家安全哲学》，《战略与管理》2000年第1期。
② 余潇枫、李佳：《非传统安全及其对中国发展的启示》，《资料通讯》2007年第11期。

化的力量深深熔铸在民族的生命力、创造力和凝聚力之中。"① 文化安全问题是一个在全球化进程中受到普遍关注的问题。萨义德说:"文化成为了一个舞台,各种政治的、意识形态的力量都在这个舞台上较量。文化不但不是一个文雅平静的领地,它甚至可以成为一个战场,各种力量在上面亮相,互相角逐。"② 文化是一个民族确认其身份的内在依据,是民族生存和发展的前提条件。因此,文化是一个民族、国家凝聚和整合本民族、国家所有资源的最终的根本性力量。如果一个民族、国家丧失了这种力量,那么这个民族、国家的生存就处在危险的边缘。因此,文化的消亡,昭示着这个民族或国家的消亡。由此可见,一个国家的文化安全不仅仅是简单的文化安全,而是涉及民族、国家安全的大事情。

其实,文化安全问题古已有之,但当时往往是隐藏于或包含于军事安全和政治安全之中,甚至由文化安全而引发军事冲突或政治事件的情况也是频频发生。"当一个古代国家被另一个国家武力征服之后,其文化上的命运就基本上也是被彻底改造或严重受创了"。③ 然而,现代真正意义上的文化安全,可以说应该是近代资本主义及其在世界形成体系之后的事情。伴随帝国主义的殖民扩张,文化的冲突逐步显现。特别是在"冷战"结束后,美苏军事对抗降温,文化渗透、入侵加剧,致使东欧剧变和苏联解体。文化安全的地位和影响日趋上升。

二、国家文化安全的特征

尽管国家文化安全的研究才刚刚起步,但有不少学者对国家文化安全概念进行了系统研究,对国家文化安全进行了有效阐述。实际上,目前学界对国家文化安全的分析框架有两个方面:一是将国家文化安全放在国家安全、国家主权、国家利益和国家文化主权的框架范围内来分析、定义和研究国家文化安全问题;二是从文化本身入手,通过分析研究文化的概念、特征、实质、功能等来探讨国家文化的现状,分析民族

---

① 《江泽民文选》第 3 卷,人民出版社 2006 年版,第 558 页。
② [美] 爱德华·W. 萨义德:《文化与帝国主义》,李琨译,北京三联书店 2003 年版,第 4 页。
③ 潘一禾:《文化安全》,浙江大学出版社 2007 年版,第 18~19 页。

文化的价值,特别是民族成员对自己民族文化的认同及其危机问题,来分析国家文化安全问题。这两种分析研究框架都有其合理性,对于问题的研究都有意义。

国家文化安全是一个涉及民族、国家的文化状况的概念,它是关于一个国家以文化生存与发展为基础的集合,一种由这种集合形成的动力结构规定并影响一个国家文化生存与发展的全部合法性与合理性的集合体。它既是一种客观性的反映——反映着一个民族或国家的文化生存与发展免于威胁和危险的状态,又包括一种主观性的心理感受——反映着主体对这种状态是否存在的一种价值判断。① 一个国家为了能够独立自主地选择适合自己民族、国家的政治制度和意识形态,从而防范来自自己内部或外部世界的各种不同的文化因素的渗透、侵蚀和破坏,确保自己民族或国家的人民的价值观念、行为方式和社会制度等方面能够承继本民族的文化性,通过民族或国家文化来提升或维护民族、国家的凝聚力和国民的自尊心,并能够采取一定的或必要的手段来扩大本民族或国家文化在国际上的影响力,从而提高民族或国家的国际地位。② 维护国家文化安全既有利于民族、国家的文化免受来自外部世界的文化的威胁与侵害,也有利于防止内部文化的混乱与失序,从而确保本民族、本国文化的相对独立。在此基础上,吸收外来民族或国家的先进文化,提升本民族或国家文化的生存和发展能力,在世界文化交流、交融和冲突中保持强大的民族精神与动力。③

由此可见,国家文化安全是国家安全的重要部分,它具有一般安全问题的共性,也具有自身的特征,特别是相对政治安全、经济安全、军事安全而言,具有其特别之处。探讨国家文化安全问题,建立文化安全预警机制、防范机制,特别是从高等教育的角度寻求维护国家文化安全的措施和策略,就必须对国家文化安全的特征进行全面分析和研究。

文化安全是一种深层次的安全问题。由于文化是一个非常广泛而深刻的概念,什么情况下是安全的、什么情况下是不安全的,其度很难把

---

① 参见胡惠林:《中国国家文化安全论》,上海人民出版社2005年版,"导论"第18页。
② 于炳贵、郝良华:《中国国家文化安全研究》,山东人民出版社2007年版,第21页。
③ 参见沈洪波:《全球化与国家文化安全》,山东大学出版社2009年版,第70页。

握。同时，文化附着在产品的方方面面，具有隐蔽性，文化安全与否就更加难以判断，甚至我们在有意无意间做出危害文化安全的事情。中央电视台有一条获奖公益广告是这样的：服务员给姚明端来一碗鱼翅汤，姚明看了看推开了鱼翅汤，说："没有买卖就没有杀害。"画外音：每年因为吃鱼翅汤要杀7000万条鲨鱼。大凡看过这个广告的人可能都没有想到，这里面其实就包含了文化安全的问题。国外的人很可能会联想，中国人吃鱼翅，每年中国人要捕杀7000万条鲨鱼。这样一条广告在全球的影响无法想象，中国人给自己脸上抹黑，还以为擦上了"SKⅡ"。美国林业部林业局曾经发表过一个图片并附广告词：今年美国人将产生比以往更多的垃圾和污染。其意在要求人们减少污染、防止污染。但是，这条公益广告遭到了严肃批评和国民反对。因为人们认为，这条信息可能陈述了美国人制造垃圾和全球污染问题，有损美国的国家形象和安全。可见，文化安全问题的预防和防御难度比较大。传统的国家安全问题，其面对的威胁源是非常清晰的，可以说侵略者一目了然，危害国家安全的目标容易锁定，可以迅速采取打击手段。而国家文化安全的危险来自多方面，所面对的主要还是文化掠夺与侵略，隐蔽性非常强；有时何况还是自己颠覆了自己的文化。所以说，守护国家文化安全空间和维护国家文化安全的难度是相当大的，也是难以掌控的。

　　文化安全是一种软安全，也是一种硬安全。传统的观念认为国家文化安全是一个国家安全之中的"软安全"。因为人们认为一个国家的实力中，有硬实力和软实力之区分。所谓硬实力是指在一个国家实力中有形的物质层面的实力方面，它在一般情况下是可以量化和测量的，如一个国家的人口结构、自然资源状况、地理条件、军事实力、经济总量和科技实力；软实力则是指在一个国家的实力中无形的精神的或文化的实力或要素，它是没有办法量化和进行测量的，如一个民族或国家的传统文化、思想观念、价值观念、社会制度、国家制度、发展模式以及民族或国家在国际上的影响力与感召力等因素。人们认为文化是国家软实力的重要方面，从国家安全的角度来说，国家文化安全是相对于军事、经济等硬安全来讲的，国家文化安全是国家的软安全。现代一种普遍的观点认为，文化是国家综合实力的一部分，文化已经由经济发展的后台走到了前台。文化在其现实性上可以转化为现实的生产力，创造现实的经济效益。《功夫熊猫》《花木兰》等给美国带来的是直接的经济效益，白花花的"银子",难道说文化还是软实力吗?其实,软实力也好,硬实力也罢,对文化而言,它只是一个相对的概念。随着中国的发展,文化必将发挥越来越重要的作用。

文化安全是非物理性的,其防御体系具有无形的性质。而传统的国家安全问题主要集中在国家领土安全及其保卫和防御外部势力的侵犯,它维护和守卫的是物理空间上的安全,是有形的国土和疆域的安全,所以说具有非常清晰和明确的疆域界限。而国家文化安全问题所涉及的是维护和守护国家文化的安全空间,是无形中的思想领域、意识形态领域,即一个无形或无法划定界线的精神的、思想的、意识的、心理的空间,这种安全的防御困难重重。特别是在网络信息的时空环境中,文化已经突破了传统的固有屏障,在全球时空中往来穿梭,从而在有形与无形中影响人们的思想和观念。因此,我们可以说国家文化安全问题是一个全天候、全时空的问题。构建国家文化安全体系是需要一个较长时期的,而且时刻需要进行维护国家文化安全的体系。相比而论,传统的所谓军事安全问题,特别是军事侵略问题一般在时间上都是有限的,因为军事侵略需要天时、地利与人和,需要无穷无尽的财力和物力,世界上没有哪一个国家可以进行旷日持久的战争,特别是侵略战争。文化安全问题则不然,因为文化是人们日常生活中不可或缺的东西,文化是现代人生存和发展的方式。人类就生活在文化的潜移默化之中,使人逐步远离蒙昧阶段,并进而成为一个现实的人,即完成社会化的文化人。因而,人受到文化的影响是终身的。所有文化对人的影响、渗透和侵略具有长期性的特征。因此,国家文化安全的防御体系必须能够随时做好防御准备的工作,以应付随时的、无时无刻不在的文化安全危机。

三、国家文化安全的学说

关于国家文化安全的理论学说,学术界还没有达成共识。学术界对这个问题的探讨,应该说还处在一个探索阶段。虽然刚刚开始,但也取得不少成果,有必要对此进行梳理。

一是国家文化安全的过程学说。这一学说包括如下方面:①国家文化安全的状态学说。持状态学说观点的学者认为,国家文化安全往往表现的是一国的文化生存系统运行和持续发展状态及国家文化利益处于不受威胁的状态。① 这种学说对国家文化安全的内涵放得比较宽泛，因而国家文化安全问题显得有些模糊。②国家文化安全的扩张学说。持扩张学说观点的学者认为，国家文化安全是在西方发达国家文化扩张或侵略的背景下，不发达国家捍卫自身的文化主权，维护自身的文化利益，实现意识形态的安全，确保民族文化的延续以及本国文化的健康发展的行为。② 这种学说仅仅把国家文化安全归因为西方发达资本主义国家的文化扩张或侵略所造成的问题，有其局限性。其实，国家文化安全是内外文化因素的侵蚀和破坏综合作用的结果。③国家文化安全的消退学说。持消退学说观点的学者认为，国家文化安全主要是指一个民族或国家的人民认为自己所属民族的或国家的基本价值和文化特征，不会在全球化大环境中逐渐消失或退化的一种文化安全程度。③ 这种学说虽然准确地表达了国家文化安全的概念与内涵，但对于这种程度的把握没有给予应有的分析，因而显得过于浅显，没有把握文化安全问题的实质。④国家文化安全的发展学说。这种学说实际上是一种演进性学说，将国家文化安全的内涵和外延向外扩展。相关学者在研究国家文化安全问题时，把文化安全问题从宏观扩展到微观，从传统意义的文化安全问题扩展到网络文化安全问题、信息文化安全问题、影视文化安全问题、传媒文化安全问题、大众文化安全问题以及整个社会的文化安全问题和民族文化的安全问题等。也有学者从国家文化安全的高度，来研究和探讨高等教育安全问题、教育主权安全问题、科研成果安全问题，甚至研究探讨高等教育国际化过程中的国家文化安全问题，使国家文化安全研究不断获得创新，研究领域不断扩展，有利于维护国家文化安全。但这种宽泛的研究路径，容易使研究蜻蜓点水而不够深入。

二是国家文化安全的价值学说。这一学说包括如下方面：①国家文化安全的权力学说。持权力学说观点的学者认为，国家文化安全是一个国家的权力，是一个国家的文化权力，这种权力是主权的有机组成部分，即文化主权，它具有神圣不可侵犯性。一个国家发展，一个国家维持怎样的文化传统，选择怎样的文化发展，这是一个主权国家自己的事

---

① 胡惠林：《中国国家文化安全论》，第18页。
② 曹泽林：《国家文化安全论》，军事科学出版社2006年版，第4～5页。
③ 潘一禾：《文化安全》，第28页。

情，应该且必须得到应有尊重。由此认为，从保障国家文化主权安全的角度出发，国家文化安全应该从制度、产业和精神等方面进行研究。②国家文化安全的作用说。持作用说观点的学者认为，国家文化安全是指一个民族或国家的文化或精神不受到外部文化的影响，特别是外来不良文化的渗透、影响与颠覆，从而保持自己民族或国家文化固有的继承性与民族性，为自己民族或国家的繁荣发挥文化的应有作用。因此，国家文化安全是一个主权国家的主导文化价值体系，避免遭受来自外部或内部各种文化因素的侵蚀而得以完整地坚守和保持自己民族的或国家的文化传统，维持自己民族的生活方式。③国家文化安全的功能学说。持功能学说观点的学者认为，国家文化安全是一个主权国家独立自主地处理和选择适合自己民族或国家的政治制度和意识形态的文化活动，并自觉地反抗和抵制外来民族或国家所进行的文化图谋，特别是对主权国家的意识形态渗透，维护民族和国家的人民的自尊心、自信心和凝聚力，并希望通过国际文化交流与合作来扩大本民族或国家的文化影响力。①

三是国家文化安全的冲突学说。1993 年美国哈佛大学教授亨廷顿在美国《外交》杂志上发表《文明的冲突》，1995 年出版了《文明的冲突与世界秩序重建》，明确提出了"文明的冲突"思想。这在全世界引起了各个国家对国家文化安全问题的密切关注与讨论，由此引发了世界各国把国家文化安全问题纳入国家发展的基本问题和长期的国家策略与战略。亨廷顿认为，现代社会中能够引发不同民族、不同国家之间发生分歧和冲突的最大威胁就是客观存在的民族之间、国家之间的文化差异，即所谓的文明的冲突将会在现时代成为挑战国家文化安全的重要因素。亨廷顿其实想给美国提供一个完美的国家战略的逻辑依据，但由于这一思想本身是在"变化中的安全环境"中提出来的，因此，"文明的冲突"思想在一开始便具有了"国家文化安全"的意义。亨廷顿认为，美国必须维护自己的国家文化安全，必须建立国家文化安全的预警系统，并采取政治的、经济的、军事的、文化的等防御措施来防止和遏制"非西方文化"，而美国对外又必须实行文化霸权主义，强化美国文化在全球政治、经济、文化舞台上的持久统治力和控制力。这里，从

---

① 解学芳：《一个全新的学术研究领域：国家文化安全》，《高校社科动态》2007 年第 4 期。

"文化冲突理论"又衍生出了"文化霸权主义思想"。德国学者哈拉尔德·米勒认为亨廷顿的"文明的冲突"思想会给和平的国际环境造成严重的危险,甚至使全球范围内的文化形成敌对状态。为了缓和这种矛盾,米勒提出了"文化共存理论"。米勒认为,各民族之间的文化差异正体现了地球文化的多样性色彩,各国文化的差异是可以共存的,也是可以互相利用的。人类必然最终走向文化共存的道路,实现全球文化的融合与共存。其实,这两种思想都是为了维护和实现资本主义文化的全球统领地位,一种方式是激进灌输,一种方式是缓和渗透,在本质上是一致的。约瑟夫·奈在《世界权力性质的变化》中表达得很清楚:"建立预期的能力往往与文化、意识形态和制度等无形权力资源相关。这一维度可以被称作软权力,与此相对的硬权力与军事实力、经济实力相关。"① 约瑟夫·奈在注释中进一步解释说,软权力实际是一种同化权力,是一种吸引力。从当前全球文化的现状来看,国际文化发展呈现出不同文化之间的冲突与斗争。在这个过程中,以美国为首的西方列强采取文化霸权主义战略以维护自己国家的文化安全,却危及别国的文化安全,务必引起警惕。

第二节 国家文化安全理论

前面就国家文化安全的历史进行了梳理,并对国家文化安全的学说进行了介绍,在这里有必要进一步对国家文化安全理论进行深入分析。其实,学说也好,理论也好,只是一个称谓的不同而已,为的是更好地说明问题,便于研究。当然,学说和理论之间还是有差别的,至于这种差别这里就不去探讨了,因为这不是本书研究的重点。

---

① Joseph S. Nye, "The Changing Nature of World Power", *Political Science Quarterly*, 1990, 105 (2): 181~182. 亦可参见 [美] 约瑟夫·奈:《硬权力与软权力》,门洪华译,北京大学出版社 2005 年版,第 117 页。

一、国家文化安全的现实主义理论

现实主义是国家文化安全问题的主要研究范式。从一定意义上说,现实主义本身就是一种关于战争与和平的理论,如被国际政治学理论界称为不朽经典的《国家间政治》一书的副标题就是"寻求权力与和平的斗争"。在现实主义者的研究领域中,虽然认为安全是很重要的,但对国家文化安全的研究成果并不多。现实主义者的贡献就是认为安全是可以通过权力获得的,即所谓一个国家的文化安全是这个国家强权的自然衍生物。因此,现实主义者主要通过探讨如何获得权力并保持权力的相对优越性或绝对优势来强化或保持安全问题。现实主义者研究认为:国家之间的关系在本质上是冲突性的。

现实主义的奠基人霍布斯认为,人们的"目的主要是自我保全,有时则是为了自己的欢乐;在达到这一目的的过程中,彼此都力图摧毁或征服对方。"[①] 由此,霍布斯进一步推演认为:"在没有一个共同权力使大家慑服的时候,人们便处在所谓的战争状态之下。"[②] 一个民族或国家处于无政府状态,那么这个民族或国家就处于战争边缘,国家考虑的第一要务就是安全问题,而国家维护安全的主要方式一般采用武力、依赖军事力量。所以说,归根结底强权是安全的保障,因此,维护国家文化安全也依靠强权。现实主义作家爱德华·卡尔曾经说过:"虽然政治不能完全以权力加以定义,但权力是政治的核心因素这一说法总是没有错误的。"[③] 爱德华·卡尔把国际政治领域的权力总结为军事力量、经济力量和支配舆论的力量。尽管这三种力量彼此联系而不可分割,但最重要的核心的力量无疑是军事力量。"军事力量之所以具有极其重大的意义,是因为国际关系中权力的最终手段是战争。……潜在战争是国际政治中的主导因素,军事力量也就因之成为公认的政治价值标准。"[④] 我们可以说爱德华·卡尔的安全观是国家安全观,维护国家安全、维护

---

① [英]霍布斯:《利维坦》,黎思复、黎廷弼译,商务印书馆1996年版,第93页。
② [英]霍布斯:《利维坦》,第94页。
③ [英]爱德华·卡尔:《20年危机:国际关系研究导论》,秦亚青译,世界知识出版社2005年版,第98页。
④ [英]爱德华·卡尔:《20年危机:国际关系研究导论》,第103页。

国家文化安全，主要依靠上述三种力量的结合。汉斯·摩根索认为，如果国家间的集体安全是好的，而在集体安全的体系中，安全必然成为所有国家必须关注的主要问题，"所有国家都如同在自己的安全受到威胁时那样集体照料每一国的安全。……只要使集体安全可以在现在的国际舞台条件下发挥作用，集体安全的逻辑性是无懈可击的"①。但问题是，经过汉斯·摩根索的历史考察，却发现集体安全真正能够实现的机会非常小，现在还没有任何迹象表明有可能出现这种趋势。因此，在国际政治舞台的现实中仍然是强权政治的天下。汉斯·摩根索认为，国际政治在本质上就是一个国家为了增强自己国家在国际政治舞台上的强权，而同时去尽力削弱或遏制别的国家权力的过程。

现实主义者将权力看成重要的第一位的要素，并且认为如果自己一方的权力在国际竞争中相对于其他的竞争者来说处于强势或更为优越时，则自己就处在安全系数较高的状态；反之，则自己处在安全系数较低的状态。在这一方面的研究中，约翰·米尔斯海默有着更为深刻的认识。约翰·米尔斯海默曾指出：在国际政治舞台上，每一个民族或国家都认为自己是容易受到别人攻击的。因为每一个国家都是孤独的，国家只会为自己国家的安全负责。即使是构建了所谓的集体安全体系或国家间的相互防御体系，但国家仍然面对的是自我保障体系问题。因为集体安全或国家间的安全体系是暂时性的利益协调关系，国家自助总是永恒的，把国家安全寄托在别国基础上总是不安全的。"在一个自助世界里，国家总是按照自己的私利行动，不会为了其他国家的利益而出卖自己的国家利益，也不会为了所谓的国际共同体而牺牲自己的利益。道理很简单：在一个自助的世界里，自私是要花代价的。"② 因此，现实主义将国家安全问题限定在主权国家的层面上进行研究论证，而对于国际社会的整体安全与否对单个国家的安全影响问题则很少涉猎。

现实主义安全理论中最重要的概念是"安全困境"。安全困境被认为是一个结构性观念。按照这种观念，国家追求自身安全的意图往往会

---

① [美] 汉斯·摩根索：《国际纵横策论——争强权、求和平》，卢明华、时殷弘、林勇军译，上海译文出版社1995年版，第533页。
② [美] 约翰·米尔斯海默：《大国政治的悲剧》，王义桅、唐小松译，上海人民出版社2003年版，第46页。

增大其他国家的不安全感,而这种不安全感反过来又损害了自身的安全。

新现实主义的领军人物沃尔兹对"安全困境"进行了经典解释。沃尔兹认为:由于国家之间的无政府状态的竞争和冲突,给国家与国家之间造成可能存在的威胁或现实的威胁,国家要维护自己的安全,必须依靠自身的力量,这已经成为国际政治生活的基本方式。由于国际关系的彼此紧张,相互猜疑,而且总是彼此敌视,这就不可避免地导致了军备竞赛和联盟体制。这种不安定状态由于"安全困境"而更加恶化了。一个国家为了自己的安全采取了相应保护措施,这在一定程度上就意味着降低了其他国家的安全感。在国际社会处于无政府状态的情况下,一个国家仅仅是为了聊以自慰的工具或手段就可能会被别的国家有意或无意地当成其忧虑的根源。因而,在这种情况下,如果一个国家即使是为了防御目的而积聚战争工具,也会被其他国家视为需要做出反应的威胁所在。与此同时,其他国家的这种激烈的反应恰恰印证了备战国对自己国家安全的担忧。与此类似,国际联盟关系会导致其他国家的担忧而不断加强自己的自卫力量,安全的格局总是在不断地被打破。①

由于现实主义理论体系庞杂,各种流派纷争不断。在 20 世纪 80 年代后期,主导现实主义流派的进攻现实主义与防御现实主义占据了显著位置。现实主义把自己的理论应用于国家安全研究并取得了非常大的成就。其代表作有美国外交委员会高级研究员曼德尔鲍姆的《国家的命运:19 世纪和 20 世纪对国家安全的追求》②。作者运用史论结合的研究方式,全面分析了美国从南北战争后由一个孤立的小国逐步演变成世界强国的历程,并试图探索强国崛起的内在规律和其行为的必然逻辑。

进攻现实主义与防御现实主义的争论受到经典现实主义与新现实主义的争论所影响。经典现实主义者认为,在国际政治舞台上权力是最重要的因素,追求和扩展自己的欲望是所有国家的本性,并认为这是根植于人性的所谓"客观法则"。摩根索就曾引述过修昔底德的名言:"就

---

① [美]肯尼斯·沃尔兹:《国际政治理论》,胡少华等译,中国人民公安大学出版社 1992 年版,前言。

② [美]迈克尔·曼德尔鲍姆:《国家的命运:19 世纪和 20 世纪国家对安全的追求》,军事科学出版社 1989 年版。

我所知的众神和所有人类来讲，统治一切能够统治的地方是他们的必然本性。"① 然而新现实主义者认为，国家之间的不安定因素所导致的国家间的竞争与冲突，需要依靠自身力量来维护自身的安全，因为"不安全因素是每个国家的命运"。② 进攻现实主义在一定程度上继承了经典现实主义关于对权力的重视和对国际政治生活所持的悲观态度，同时又合理地吸取了新现实主义理论中关于结构决定功能的逻辑。进攻现实主义者认为，在国际政治体系中自身孕育着侵略和冲突的因子，因而安全是稀缺的，国际之间的竞争和战争的可能性始终都存在。进攻现实主义与防御现实主义共同关注的目标是大国向外扩展势力和影响这一个案，但在变量的选择上两者分道扬镳了。

二、国家文化安全的自由主义理论

自由主义安全理论的源头是格老秀斯在《战争与和平法》中所阐发的国际法思想和马斯亚维利（Machiavelli）的共和思想。后来，自由主义安全理论又吸收了17世纪洛克的民治思想和康德的自由和平主义。

自由主义者也不是没有直接讨论安全问题，他们是通过探讨和平问题来进一步或从一个侧面探讨安全问题。自由主义者总体上是把安全看作和平的伴生物，如果全世界全人类都能够向往和平、追求和平、实现和平，那么国家安全的威胁自然也就消失了。

早在著名的哲学家康德那里，就提出了世界和平问题。康德在其著作《永久和平论》中研究和探索了关于和平的问题，并把它上升至哲学的高度进行研究。康德认为，每一个国家都有其存在的合理性，都有属于自己的生存权利，其他任何国家在法理上都没有强占、征服、购买或者赠送另一个国家的合法性；国家之间应该和平相处，不应该动不动就爆发战争和冲突，因为所有的战争和冲突对国家而言都是一种损害，无论是对战败国或战胜国，尽管战争给战胜国带来了收益，但这种收益

---

① Hans Mogenthau, *Polities among Nations: The Struggl for Peaee and Power*, New york: Alfred Knopf. Inc., 1965, p. 35.

② Knneth Walls, *Theory of International Politlcys*, Rea King Mass: Addison-Wesley, 1979, Preface.

总是暂时的。由此,康德指出了世界和平共处的重要性。

那么国家与国家之间如何实现和平、达到和平、缔造和平呢?康德提出必须同时满足三个条件,一是"每个国家的公民体制都应该是共和制",二是"国家权利应该以自由国家的联盟制度为基础",三是"世界公民权利将限于以普遍的友好为其条件"。康德提出的要实现国家之间的永久和平的理论的内涵,是由共和制的国家缔结国际条约而使国家之间进入一个类似于国内社会的状态,通过秩序与法制作为基础和前提,使世界上的所有国家成为一个覆盖全球的国家联盟。而在这个国家联盟中,各民族之间、各国家之间、各个国家的人民之间始终保持友好与合作的良好状态。在这种以友好为主题的国际社会中,民族或国家之间的合作与互相的援助是非常必要的。国家之间能够保持良好的合作关系,那么国家之间自然就解决了各个国家的安全问题,国际援助则是和平与发展的有力保障,"为了国家经济的缘故(改良道路,新的移民垦殖,筹建仓廪以备荒年,等等)而寻求国内外的援助,这种援助的来源是无可非议的"①。康德似乎找到了国家之间的安全途径,看到了国际整体和平的状况是解决各国安全问题的最好办法。但是,这种想法只是理想化的构思,基本上是基于乌托邦式的假想。康德所描述的情况在现实中实现的可能性非常渺茫。

在自由主义者的眼中,国际政治舞台并不是现实主义者眼中所看到的"丛林",而是一块可以并能够进行有效耕耘的"花园"。一个国家的对外行为(包括战争)并不仅仅是由它在国际政治格局中所处的位置决定的,而实际上是由这个国家的国内政治体制决定的。作为在国际社会中的主要行动者,国家涉及国家中的众多利益、理想、集团的利益问题,并代表这些集团的利益来参加国际活动。自由主义者是历史乐观主义者,他们非常确信,国家与国家之间关系的常态往往并不是无休止的战争,应该是和平的,或至少应该是和平与战争的交替。但无论如何,国家最终会发展成为一个富裕、健康、文明,摒弃以战争威胁作为政策工具的大同世界。国家内部、国际上的各种正式的或非正式的制度、规范、协定,甚至舆论等,在制约国家做出出格行为方面都会发挥越来越重要的作用。这是由于,虽然国家可能处于无政府的状态之下,

---

① [德]康德:《历史理性批判文集》,何兆武译,商务印书馆1990年版,第100页。

缺少世界政治,但一个国家也不会总是处于全面战争的状态;国家是具有不同本质的"单元"(units),根据国家与个人权利的相互关系,自由主义者把国家划分为不同政体的国家类型:共和制与独裁制,自由社会与非自由社会,资本主义、共产主义和法西斯主义等。而不同类型的国家的对外行为,就反映了这种国内制度的区别状况。与现实主义一样,自由主义者对国际结构、国内社会和人性的本质方面都做出了自己不同的假说。但它们也有着相同的地方,那就是相对现实主义而言,它们都不太重视国际结构的制约作用。

有学者根据自由主义内部的不同分析方法和分析层次,把自由主义在内部区分为三个流派,即第一镜像(Image 1)流派、第二镜像(Image 2)流派和第三镜像(Image 3)流派。三个流派的关注点和着眼点不同,分别是人性、国内社会和国际体系。洛克是第一镜像流派的代表人物,他关注和强调的是人权以及国家应该承担的相应的国际责任;熊彼特(Schumpeter)是第二镜像流派的代表人物,他关注和强调的是被称为商业和平主义者们所关注的不同的国内社会、经济和国家结构的各种不同后果;康德是第三镜像流派的代表人物,他关注和强调的是国家之间的互动关系,并提倡建立一个自由国家间的"和平联盟"。

"冷战"后,自由主义安全理论在继承先前传统安全理论思想的同时,也不断吸收新的思想观念,与时俱进,推进自己的理论向前发展,进行了一系列理论创新,其中最重要的成果就是"民主和平论"。所谓民主和平论是新自由主义的一个新的理论分支流派,其名称是 1983 年由迈克尔·多伊尔(Michael Doyle)在《康德、自由主义遗产与外交》一文中最先提出来的,但是这种思想的渊源可以一直追溯到康德和边沁。自由主义的民主和平论者认为,民主国家就意味着和平。在民主的国家中,存在着一个制度约束(institutional constraints)机制,由于民主国家采用共和制宪法,实行三权分立制度,对领导者的权力进行有效制衡和有效约束,使得这些领导人发动战争的权力受到严格限制。同时,由于广大人民群众的广泛参政和议政,以及国家决策的多元化(multiplicity of policy voices)体制,普通民众也可以参与国家事务的决策过程。但由于普通民众是战争损失的直接承担者,在一般情况下是反对战争、反对对外武装扩张的,所以民众呼声和舆论在一定程度上也限制了领导者宣战的权力。

斯达尔的研究结果表明，在民主国家之间由于有更多的共同利益，并在此基础上实现了利益和价值观的一致（similarity in values and interests）。这样，使得民主国家之间比非民主国家之间，特别是比专制的国家之间更容易结成利益同盟关系。由于民主国家之间具有较为一致的文化与价值观，相互之间视为自己人（being mirror image），所以，民主国家之间较少发生冲突。同时，由于民主国家在本质上属于内向性（primarily oriented inward），民主国家往往更多地关注自己国家内部的事务，如国民健康、公共福利、全民教育等，在和平与法制的环境下逐步发展起来的国民的良好品质，诸如妥协、谦逊、温顺、遵守秩序等品质被带到国际社会中，促成了国际社会的和谐与稳定。① 这便是民主和平论的基本内容。

在美国社会，民主和平论已经被政界和学术界尊奉为所谓的"自然法则"。从"冷战"结束到1994年，在美国就有40多篇/部有关的研究论文和学术专著问世，在克林顿执政期间还把它应用到1994年的国情咨文中。作为一种研究和探索战争与和平事理原因的认识论和寻求和平改造世界的方法论体系，民主和平论无论是在经验的论证上，或是在逻辑推理的演进中都还存在着非常大的缺陷。日本著名学者猪口邦子曾经批评说，如果从民主的发展阶段来看，民主的起源实际上是与暴力彼此相联系的。人们往往一提起战争决定国家性质的问题，就很容易地联想起所谓的独裁或军国主义，而其实有时战争也是民主政治的催生剂。一个作为普遍真理而从欧洲传播到整个世界的民主政治，其原形就是人们所谓的军事民主主义（democratic militarism）。追溯近代民主主义思想的源流，即可以知道它就是来自平民成为战争主力军的战争形态。在近代的民主国家中，市民的权利和从军的义务都是同时提出来的。例如在法国大革命时期，义务兵制和普选制就是同时提出来的。因而，有人就曾说过，"步枪造就民兵，步兵造就民主主义者"。人类社

---

① 对该理论的介绍参见以下书目：Michael W. Doyle, "Kant, Liberal Legacies, and Foreign Affairs", *Philosophy and Public Affairs*, Summer and Fall 1983, pp. 205 – 235, 323 – 325; B. Russett, ed., *Grasping the Democratic Peace: Principles for a Post-Cold War World*, Princeton: Princeton University Press, 1993; R. J. Rummel, "Liberalism and International Violence", *Journal of Conflict Resolution*, 1983. 国内关于"民主和平论"的评介，可参见李少军：《国际政治学概论》，上海人民出版社2002年版，第55～56页。

会发展到了20世纪，美国既是推行民主主义的先锋，同时也是历史上出现过的最大的战争势力，拥有世界上最大的破坏力量，而成为一个极端的军事民主主义国家的典型。① 另外还有两位美国学者也曾经论证过，民主化的过程是一个国家最不稳定的阶段。经过严格的统计分析后，他们得出一个结论："一国在民主化的过程中，更具攻击性和战争倾向，且它们也同民主国家开仗。"②

三、国家文化安全的建构主义理论

建构主义安全理论的主要代表人物是卡赞斯坦（Peter Katzenstein）。其主编的《国家安全的文化：世界政治中的规范与认同》是建构主义安全理论的集大成者。③ 随后，卡赞斯坦又把该理论应用于实践之中，并且以战后日本的安全观的变化为例，分析规范和认同对一个国家的安全认知的巨大影响。④

以卡赞斯坦为代表的建构主义关于国家文化安全的理论，其最大的理论贡献与学术特色就是创立了一系列新的概念体系，如"规范""文化""认同"等。这是全书的理论基础。建构主义关于国家文化安全的研究范式——自由主义、现实主义和文化解释法的批判，力图建立或弥合国际上关于安全与国内安全之间存在的界限，并努力把国际与国内二者纳入一个统一的分析框架。这是建构主义国家文化安全理论的最大尝试，也是在国家安全研究中最亟待突破的重点和难点。

"规范"（norm）是建构主义的重要研究领域，也是本书研究的核心概念。按照卡赞斯坦的定义来看，"规范"是为了有着特定的认同的行为者的适当行为所描绘的一个共同的期望。不同的规范发挥作用的方

---

① [日] 猪口邦子：《战争与和平》，刘岳译，经济日报出版社1991年版，第27～28页。
② Edward. Mansfield and Jack Snyder, "Democratization and War", *Foreign Affairs*, May/Jun 1997.
③ Peter Katzenstein, ed., *The Culture of National Security: Norms and Identity in World Politics*, New York: Columbia University Press, 1996.
④ 彼得·卡赞斯坦：《文化规范与国家安全：战后日本警察与自卫队》，李小华译，新华出版社2002年版。

式也是不同的。在卡赞斯坦的著作中非常详细地区分和辨析了两种规范，即规则性规范（regulatory norms）和构成性规范（constitutive norms）。规则性规范主要涉及确定合适行为的标准，并进而塑造政治行为体的利益关系，协调它们之间的行为关系。例如，在当代日本，它就表现为警察和军队都承认的社会存在：安全政策只能通过和平的方式来实现。构成性规范则塑造政治行为体的认同关系，也规定了政治行为体之间的利益关系和约束其行为。①

"文化"（culture）是由各种不同的规范和认同所构成的。文化作为一个较为宽泛的标签，它表示民族、国家权力与认同的集体模式。文化在不同的政治领域中具有不同的作用，通过政治活动和政治行为规范被反复地创造和再创造。

"认同"（identity）的概念看起来像是一个简洁的标签，它常常用来描述行为者、民族和国家的构建过程。有学者认为"集体认同"与"规范"的概念是相同的。② 政治利益由规则性规范和构成性规范共同来确定。例如，由于日本在"二战"后的限制条件，使日本在外部世界的安全观中往往将军事目标置于经济与政治的考虑之后，有组织的国家暴力在日本的外交实践中处于相对次要的地位。这既来源于日本国家的组织结构，也是因为受到国际规则性规范的制约。但是，日本现在总是寻机突破国际社会的规则性规范，妄图打破世界安全的格局，从而给世界人民再次带来灾难，这是需要全世界人民警惕的。集体认同规范也可以塑造政治利益。所有这些都强化了一定的协商性，而不是非简单多数原则的政治程序这一构成性规范，成为确立适当政治行为标准的参考依据。

卡赞斯坦认为，尽管现实主义是安全研究中应用最为广泛的分析视角，但是现实主义理论存在非常大的缺陷，那就是对于安全政策的分析结论是不确定的，因为它将国家往往看作单一的和理性的行为体。而实际上许多国家就不是，如日本。有些学者认同甚至同意一些常识性的概念问题，即一个国家会受到国际环境的影响而对自己国家的行为设置一

---

① Peter Katzenstein, "Introduction: Alternative Perspectives on National Security", in Peter Katzenstein, ed., *The Culture of National Security: Norms and Identity in World Polities*, p. 5.

② Peter Katzenstein, "Introduction: Alternative Perspectives on National Security".

个外部的约束力,也即所谓的规定一个国家可以做什么和不可以做什么的限制,但是却无法运用这样一个一般性的结论来对某一个特定的国家的安全政策做出深入细致的分析。同时,在现实中有的国家往往也会突破这种外部的约束力,成为危害国家安全的重要根源。当然,卡赞斯坦也部分地同意现实主义的一个重要思想,即把国家看作一个理性、单一的行为体,有着固定的偏好,如生存发展的需求。很显然,这是一个构建的经过了仔细挑选的,有着严格前提条件的假定。这在一些极端的情境中或某个特定的战争时期或许能够适用。但是,由于战争是一项涉及社会方方面面的巨大工程,即使在战争时期这种假定也是不能够完全得到满足的。更何况在国家内部,往往在国家安全与个人安全之间出现根本性的冲突,许多旨在保障国家安全的政治行为却损害了公民的个人安全。爱德华·卡尔在其著作中极力戳穿安逸和平的乌托邦幻想。① 由于第二次世界大战的巨大破坏性,迫使国际上重新考虑彼此国家之间的关系。威尔逊的集体安全思想虽然没有在国际联盟中得到有效贯彻,但是在第二次世界大战之后却体现在联合国的宪章中。《联合国宪章》第一条第一款即明确指出联合国的宗旨为:"维持国际和平及安全;并为此目的:采取有效集体办法,以防止且消除对于和平之威胁,制止侵略行为或其他和平之破坏;并以和平方法且依正义及国际法之原则,调整或解决足以破坏和平之国际争端或情势。"② 从此,构建集体安全的努力才真正得到重视。尽管有了集体安全的构建模式,并考虑国际整体利益对国家安全的作用,但是很快开始的"冷战"却又使国际安全问题绷紧了神经。后来,"冷战"以出乎学者们甚至是政治家们意料之外的方式结束了,但其引发的安全观转变却是毋庸置疑的。

而当人类走进21世纪,面对着一超多强的国际态势和全球化经济迅速深入的现实,全世界人们的安全观产生了广泛而深刻的变化。新的国家安全观,或者说是综合性的国家安全观替代了传统的军事安全观。在政治、经济、文化依存度越来越高的现代社会,单纯军事意义上的安全就必然地要让位于政治、经济和文化安全等。人们对于国家安全的认

---

① [英]爱德华·卡尔:《20年危机(1919—1939):国际关系研究导论》,秦亚青译,世界知识出版社2005年版。

② 王铁崖、田如萱:《国际法资料选编》,法律出版社1992年版,第863页。

知也是丰富多彩的，无论在主体上，还是威胁国家安全的因素上，都存在着扩展的倾向。无论是国内还是国际的安全因素方面带来的威胁，都会对国家安全产生非常重要的影响，而"外部威胁几乎始终是国家安全问题的一个主要组成部分"。因此，国家安全要置于国际背景之中，"只有考察国家间关系以及整个国际体系的关系模式，我们才能真正理解单个国家的安全状况"。① 在布赞与奥利·维夫、迪·怀尔德合著的《新安全论》一书中，对各种影响国家安全的因素类型进行了深入的分析和讨论，并特别强调"虽然我们认为领域分割的世界，由于不同的议事日程、价值、话语之类能够合理聚集在这五个领域而具有分析的意义，但还是应记住不同的领域是聚焦于同一世界的不同透镜。所以，研究安全问题时将各个领域相互参照，就不足为奇了"②。现实主义主要关注国家对国家的军事性威胁；自由主义强调要把国际社会看成一个整体，国家的安全也要放在国际安全中来理解；建构主义则不谈这些层面，而是谈观念、思想的变动对如何看待安全造成的差别，这对我们展开分析国家文化安全都具有积极的启发意义。

第三节 研究教育安全的意义

国家文化安全问题，既是一个理论问题，也是一个很现实的问题，应该说研究主题具有非常重要的理论和实践意义。然而，现实的情况是，对于国家文化安全这个问题，大家——无论是个人、行业还是部门、单位等——都觉得很重要，面对这个问题之时却往往表现出无能为力。这就需要大家群策群力，共谋发展。高等教育维护国家文化安全，只是一个行业的应有反应和作为。当然，我们的研究可供其他单位和部门加以借鉴，希望共同为了国家文化安全做一些力所能及的工作，这就

---

① [英] 巴瑞·布赞：《人、国家与恐惧——后冷战时代的国际安全研究议程》，闫健、李剑译，中央编译出版社2009年版，第28～29页。
② [英] 巴瑞·布赞等：《新安全论》，朱宁译，浙江人民出版社2003年版，第224～225页。

是我们所期待的效果。

一、拓宽了国家文化安全研究领域

国家文化安全问题研究一般都在政治学领域进行，但是研究来研究去，似乎总是找不到抓手，有种"空对空"的感觉。过去，人们说狼来了、狼来了，狼似乎离我们很遥远。现在，真的狼来了，猎人哪里去了？是猎枪入库了，猎人改行了，还是猎人下岗了，亦或去抓"喜羊羊"了？面对国家文化安全，高等教育可以做些什么？这是对高等教育提出的课题，也是高等教育的责任。无疑，研究教育安全拓宽了国家文化安全的研究领域，也是研究国家文化安全的一种实践。这种实践不仅仅是理论上的，更重要的是一种实践活动，明确高等教育为国家文化安全应该和可以做的事情是什么。以此类推，在涉及国家文化安全的方方面面的各个领域、各个行业，是不是应该考虑并承担起自己的责任，这是一种可以借鉴和具有前瞻性的研究，其理论意义和实践价值是不可估量的。在这里，"猎人"不应该仅仅出自高等教育领域，而应该是全民皆兵。"朋友来了有好酒，若是那豺狼来了，迎接它的有猎枪。"中国人就是要有这股志气。滔滔江水，永不停歇！

面对文化危机，高等教育能够坐视不理，独善其身吗？显然是不可能的。一个国家的安全，一个国家文化的安全，不应该是某一个人或某一类人的事，也不应该是某一个行业或某一些行业的事情，而应该是整个国家的事情，整体中国人的事情！如果人人只想着自己的"一亩三分地"，甚至连自己的"三分地"都没有种好，这个国家是没有希望的，这个民族是没有前途的。

国家文化安全事涉民族大业，各行各业都应该将此提到议事日程。文化是软实力，也是硬实力，是综合国力的重要方面。中华民族的腾飞，必须充分发挥文化的软实力作用，并把它转化成为硬实力，成为中华民族腾飞的现实生产力。今天的中国，今天的世人，都知道中国的GDP排名全球第二，殊不知人均起来却是可怜。其实，这里还有一个问题，那就是有多少中国人在平均线上，有多少中国人在平均线下？线上超过多少，线下低到何种程度？扪心自问，无以言表。今天，中国的发展应该说是以物质性发展为标志的。所谓物质性发展，就是在经济的发展中以物质产品为主，以物质产品出口为标志，以物质消费拉动经济增长为动力。换言之，就是经济增长呈现物质性的状态。这种发展总是有限度的，因为物质资源是有限度的，不可能取之不尽，用之不绝。中国的物质性发展，其实也就是资源性发展：依靠最根本的物质资源，依靠最廉价的劳动力，促进经济的发展。中国的物质性发展使得自己国内的资源几近枯竭，对外资源的获取业已引起世界的恐慌。要想中国人过上现在美国人的生活水平，需要"七个地球资源"，这就是西方人对中国发展崛起的嘲讽！中国何去何从？！任重而道远。文化是生产力，文化是软实力，文化是综合国力，文化就是资源，文化就是软资源。中国的发展与腾飞必须好好利用中国的文化资源，这是我们的老祖宗留给我们的宝物，留给我们的矿藏，也是留给我们的希望！过去我们没有珍惜这份资源，总是搞一些"硬"产品出口世界各地，中国是一个制造业发达的发展中国家，成为世界物质产品的供应地。而西方国家却以"软"产品著称，一部《功夫熊猫》的贸易逆差，需要中国人给美国人人均做一双布鞋才能持平。大凡有出国经历的中国人，总希望在回国前带回一点礼品，留点纪念，留点异国情调，留点异国回味。但是，搜来搜去，除了电子产品，几乎所有廉价的物质产品都是"Made in China"，中国人在嬉笑怒骂之余，能否有一个理性的思考与回味？！文化安全，文化发展，是中国的希望！昨天我们没有做好，今天必须行动，未来才充满希望！炎黄子孙，当自强！

二、拓宽了高等教育研究领域

高等教育素来以"两袖清风"自傲，以"不食人间烟火"自居，倡导所谓的"纯"教育之教育，传授人类知识为己任。这种境界是何等高尚！"待到山花烂漫时，'她'在丛中笑"！然而，现实就是现实，在人类还存在阶级、国家和民族的今天，这一切都只能是美好的愿望！教育仍然是阶级的教育、国家的教育、民族的教育！教育是为阶级、国家、民族服务的。美国的教育是这样，日本的教育是这样，中国的教育也应该是这样。在自己民族、国家的文化存在安全问题的时候，高等教育理应为之保驾护航，这是高等教育分内之事。所以说，高等教育延伸文化安全领域研究是自己研究领域的拓展，是自己分内的事情，而不是

"闲事"。而文化本身就与教育有着天然的联系，教育本身就是文化，文化安全也必然涉及教育安全，而教育安全必然会影响国家的文化安全，这是有目共睹的事情。只是我们有时走得太快了，似乎忘记了自己的文化性，忘记了自己的文化责任，飘飘然地在不知不觉中走入了"桃花源"似的"理想国"，天方夜谭！如果仅仅是一种自我的境界，一种无意识的行为，还是可以原谅的，或至少是可以理解的。但是，却有不少的知识分子，当然也有从事高等教育理论与实践工作的学者，却扮演着不该扮演的角色，叙事着不该叙事的"故事"，发表着不该发表的言论，深深地伤害着自己的文化。

高等教育在国际化的进程中，仍然需要保持自己的民族性特色，把传统与现代有机地结合起来。一个没有自己民族内涵的高等教育不是一个真正的民族性的高等教育，这样的高等教育是失败的教育。我们今天的教育走得太远了，远得没有了自己的特色，没有了自己的文化，没有了自己的方向，没有了自己的根，在一味地、片面地追求与国际接轨的过程中，逐渐远离了自己。文化是一个民族的标志，是一个民族的特色，是一个民族的身份认同的内在要素。没有了文化何来民族认同？那么，教育是谁的教育，又是为了谁的教育？

高等教育理应成为维护国家文化安全的典范。高等教育维护国家文化安全，高举国家文化安全的防御盾牌，是一个很好的示范，一定会起到引领作用。中国人历来不喜欢出头，"枪打出头鸟"，但在事涉民族文化、民族危亡的问题上，高等教育不挺身而出，还企盼谁能够挺身而出？高等教育维护国家文化安全，可以防止外来文化对自己国家的人民文化生活的渗透与控制，从而能够保持自己的文化本色，使人民群众的价值观念、思维方式、行为模式以及社会制度不被外来文化重塑。高等教育要有自己的立场，在维护国家文化安全上应该态度鲜明，弘扬中华民族的传统和历史文化，激发青年学生的爱国主义感情，激发广大人民群众的民族自豪感，在维护国家文化安全的没有硝烟的战争中，能够坚守自己的阵地，构筑一道文化安全"防火墙"。在世界文化交流的广度和深度不断提升的今天，努力提高青年学生的"免疫力"，增强青年学生辨别真假美丑的水平，具有划时代的意义。

三、维护国家文化安全

经济全球化实际上是资本主义经济的全球扩张,经济的快速增长将文化推上经济的前沿,文化的经济效益获得共识,经济在扩张中凸现出文化安全。尽管文化安全是一个广泛的概念,具有多层次多维度特征,但是,文化安全问题仍然是发展中国家的问题。发达资本主义国家凭借其先进的科学技术、强大的军事实力、雄厚的经济基础和强权的政治手段控制着地球上足够的物质生产资源,并左右着人们的精神世界,成为世界上话语"霸权"国家。发达资本主义国家不仅仅在军事上、政治上、经济上左右世界发展的进程和方向,而且在文化上、观念上、思想上影响人们的思维方式、生活方式,操纵和控制着全球文化的走向、趋势、规则、评判和价值标准,成为一种实实在在的"文化帝国主义"。相反,在一个强权的世界格局中,不发达国家总是处在被奴役、被支配、被剥削、被压迫的地位,而发展中国家总是遭受不同程度的冲击、排挤、反倾销和制裁等的不公正待遇。

一个国家的军事实力不行,经济实力不行,这个国家在国际政治舞台就会扮演一个无关重要的角色,几乎没有表达自己意愿的空间,这种话语权的丧失,给民族国家的文化安全带来了无法估量的危害。不发达国家在被动地、无奈地接受着资本主义强势文化的侵蚀,发展中国家却在艰辛中抵制着异质文化的骚扰、腐蚀和渗透。不发达国家和发展中国家都面临非常严峻的文化安全形势。因此,我们有理由说,今天世界文化的潮流都是西方发达资本主义的思维方式。这里,我们有必要强调一点,那就是文化安全不仅仅是不发达国家和发展中国家的事情,西方发达资本主义国家也在扩大自己的文化优势,维护自己国家的文化安全,保持文化上的强势,且企盼通过文化上的霸权主义,来促进和保障国家的整体安全。

美国是全球文化不安全的策源地。基于美国的文化战略,总是希望在世界上谋求全球的文化霸权,把自己的文化标榜为全人类的普世文化、主流文化,全世界不同的民族、国家都要按美国的文化模式发展自己的文化,美国人实在是太自恋了。人类没有了文化差别,就会处在危险的边缘。因此,俄罗斯民族不断强化"俄罗斯思想";法国提出了自己的文化保护主义政策,实施"文化例外""文化特权"政策,且不同意将文化纳入世界贸易组织的规章之中;欧共体提倡"欧洲文化的认同";日本则强调"文化立国"。世界各国都很清楚,难道美国糊涂吗?很显然,美国也很清楚;但是美国为了自己的利益,哪管别人的利益,实际上最终会"搬起石头砸自己的脚"。

  国家文化安全事涉民族、国家安全。与传统的政治安全、军事安全等相比,文化安全在国家的政治认同方面具有其他安全无法替代的作用。国家文化安全是其他所有安全的基础,不管是政治安全、经济安全,还是科技安全、信息安全,其实都属于文化安全范畴,都是通过文化介体来进行表达的。所以,在一定程度上可以说"对待文化安全的不同态度和措施导致了国家存亡的不同后果"[①]。一个民族、国家的文化安全,关系一个民族、国家的凝聚力和向心力,是民族、国家综合国力的重要构成要件。所有民族、国家的外交政策都是基于国家文化安全的考量。

  维护国家文化安全,既是一个国家的生存之道,也是人类文化发展的必由之路。从人类历史发展的进程来看,特别是从欧洲近代殖民史来看,或者从中国的近代史来看,一个国家的文化主权才是真正保护国家文化安全的屏障,亦是全球文化多样性的重要保证。如果一个民族、国家的文化主权不能得到保证、不能得到尊重,国家文化安全就无从谈起。维护国家文化安全,切实保障国家文化主权,防止西方文化的渗透和侵略,保护人类文化多样性,这才是人类文化的福祉,这才是全人类的幸福。

[①] 李金齐:《文化安全:一个关乎国家存亡的现实问题》,《思想战线》2006 年第 1 期。

第二章 典型与极端：文化安全问题的教育视域

"中国近代以来的全部危机史、屈辱史，就是中国国家文化安全的发生史和形成史。"① 中国高等教育的近代演变始终和中国近代史的整体走向紧密相连。环顾中国高等教育的近代史，我们可以看到这段历史曲曲折折，充满了危机、屈辱和困惑。某种意义上，中国高等教育的历史就是中国近代历史的浓缩，通过这扇窗口，我们可以窥见中国文化安全近代的演变。幸运的是，在看到血与泪的同时，我们也看到中国高等教育学人在遭遇"数千年来未有之变局"的时候，他们对外来文化和教育强势输入的抗争，对中国本土文化和教育的主权、地位与尊严的维护，还有对中国文化与教育未来走向在选择和定位上的严肃思考。教育安全是文化安全的一部分，教育安全所面临的冲击、选择、困顿与艰难转型，都是文化安全的缩影。

第一节 教会大学对中国教育主权的侵蚀

中国的第一所教会大学是由度恩书院、培雅书院合并成的上海圣约翰书院（1905年升格为大学），而教会大学的消亡是1952年所有教会学校被中华人民共和国教育部收归国有。从上海圣约翰书院创设的1879年始算到1952年，教会大学在中国一共存在了70多年的时间。这期间，被公认属于高等教育机构的教会大学有16所。② 其中有7所

---

① 胡惠林：《中国国家文化安全论》，第57页。
② 田正平：《中外教育交流史》，广东教育出版社2004年版，第778页。

学校从办学规模、学校师生的成就和对中国高等教育的影响力等综合因素来看，更多地被研究者关注与提及，它们是圣约翰大学、燕京大学、辅仁大学、华西协和大学、金陵女子大学、福建协和大学、华中大学。

在教会大学时期的高等教育领域，文化安全问题最明显的体现就是文化主权问题。文化主权问题集中在教会大学身上，就是教会大学对中国教育主权一度的漠视与攫夺。之后中国进步师生和民众对教育主权的争取，教会大学对自身的"本土化改造"，背后反映的是中西两种文化力量在一段较长时间内的近身较量，而这两股力量的较量和彼此优势劣势的转换都直接指向中国的文化安全。

一、教会大学文化使命的掠夺性

教会大学在中国的70多年，正是中国近代变化特别巨大的时期，整个社会风云激荡，中西文化激烈地碰撞与交融。教会大学置身其中，其发展、壮大至最后的戛然而止，无不与中国社会与文化的变化脉络息息相关。在教会大学发展的中后期，迫于中国社会形势的压力，其在文化氛围、文化取向上也呈现出与早期非常不一样的样态。田正平把教会大学的发展分为五个阶段：1879—1904年为第一阶段，1905—1920年为第二阶段，1921—1937年为第三阶段，1938—1949年为第四阶段，1949—1952年为第五阶段。① 这里所指称的教会大学早期，指的是从1879年至1926年前后。这段时间，教会大学受到中国政府的干预和中国民众的压力较小，基本上保持了创设者的办学设想，也能更好地反映出教会大学办学的初衷和文化价值观。

教会大学的在华使命，是教会学校在中国的使命的延续与升级。19世纪末期，教会学校在中国的出现，几乎与欧美列强用坚船利炮轰开中国的大门同步。教会在中国办学校、传福音，并不仅仅是个别传教士的一腔热血，它配合的是列强的文化利益，而这种文化利益又与其巧取豪夺的国家利益有着直接的关联。只不过，它用一种看似文明的方式来掩盖一种赤裸裸的利益夺取，也是列强发现用单纯武力征服中国遭遇强力抵抗后的一种转化的策略。

---

① 田正平：《中外教育交流史》，第778页。

教育、文化与武力一样是一种武器，这种武器没有烟火，却能触及灵魂、改变思想，有可能让曾经产生了义和团的这片东方古老大地上的民众自动放弃抵抗，甚至皈依和追随列强在中国的战略意图。这种想法在美国传教士裨治文口里得到了印证，裨治文正是"教育传教"的奉行者。他说："教育肯定可以在道德、社会、国民性方面，比在同一时期内任何海陆军力量、最繁荣的商业刺激以及任何其他一切手段的联合行动，产生更为巨大的变化。"① 鸦片战争后，中国以一种被动的姿态卷入了"国际化"的洪流，这时教会学校在规模上较小，招生也较困难；第二次鸦片战争后，一系列不平等条约的签订，使教会学校在中国的存在得以合法化，数量也迅速增加。而在1898年百日维新前后，随着社会对新式教育模式的呼声日高和清朝政府对新学校制度的官方确认，教会学校的社会地位和声望直线上升，并成为新式教育的"范本"。

随着在中国的壮大与地位的稳固，教会学校有了新的使命。1890年，在上海举行的第二次传教士大会上，一个引人注目的主题是如何发展教会在中国的高等教育。传教士李承恩直接点出了这个新的趋势："学校和学院追求大学的名称和地位，现在已经变得很普遍了。"高等教育"这个主题是众所瞩目的，在不久的将来它很可能是教会工作的主要部分"。② 1907年，对华传教百年纪念大会的决议特别指出："我们要通过差会大力支援在中国发展中、高等学校，并在尚无此类学校的地区开设新学校"③。随后，通过学校合并与升级的方式，东吴大学（1901年）、圣约翰大学（1905年）、金陵大学（1910年）、之江大学（1914年）等教会大学先后成立。对于教会大学成立的原因，我国很早就有人看得很清楚并写文章点出："教会高等学校之设也，其初心主旨，有欲以为养成牧师教长之资者；有欲尊其为同宗诸校之冠者；有欲以高等教育灌输于教中儿女者。……其目的虽异，其坚心竭力谋导学生

---

① 顾长声：《从马礼逊到司徒雷登——来华新教传教士评传》，上海人民出版社1985年版，第95页。

② 陈学恂：《中国近代教育史教学参考资料》（下册），人民教育出版社1987年版，第41、43页。

③ 卫道治：《中外教育交流史》，湖南教育出版社1998年版，第188页。

信奉基督为大主宰则同。"① 众所周知,西方文化的两大源头是基督教文化和古希腊罗马文化。教育从娃娃抓起,而教会大学作为教会教育在中国教育链上顶级的一环,希望中国学生信仰基督教,其实就是希望他们丢弃以儒家学说为核心的中国文化,转向以基督教文化作为其支柱之一的西方文化。近代中国在遭遇西方强势入侵的情况下,文化上的冲突首先表现为儒家正统文化与伴随传教士而来的基督教文化的正面对决。狄考文对此曾说:"儒家思想的支柱是受过儒家思想教育的士大夫阶层,如果我们想对儒家的地位取而代之,我们必须培养受过基督教和科学教育的人,使他们能够胜过中国的士大夫,从而取得旧式士大夫所占的统治地位。"② 凭借教育为手段,配合列强在中国的利益格局的划分和对中国国家利益的掠夺,以基督教文化取代儒家文化,实现对中国高端人才的思维转换与控制,正是教会大学的在华使命。而从 1919 年这一个时间点来看,中国的国立大学数量仅有 8 所(包括 3 所国立的北京大学、山西大学、北洋大学和 5 所私立大学);教会大学则有 14 所,在数量上超过本土大学差不多 1 倍,学生有 1000 余人。③ 某种意义上,从教会大学的学校数和学生人数所呈现的文化样态上,教会大学的在华使命获得了很好的完成。

教会大学是办在中国土地上的"洋人的大学"。早期的教会大学的教育理念是为其在华使命服务的,即这种"洋人的大学"的存在"都是为了基督和教会。它的目标绝不是培养能够胜任新式官办事业中的肥差的人才。它将全部精力用于培养具有彻底基督教精神的青年,这些青年只能服务于为他们提供教育机会的教会,他们接受教育也就是为了教会的需要"④。教会大学身处中国大地,却像一个个独立的东方"伊甸园",处处生长着基督教文化,无论是各个教会大学的校训、校徽、校训和校歌,还是它们日常开展的课内课外的仪式活动,都弥漫着一股浓

---

① 李楚材:《帝国主义侵华教育史资料———教会教育》,教育科学出版社 1987 年版,第 137 页。
② C. W. Mateer, "How May Educational Work be Made Most to Advance the Cause of Christianity in China", in: Records of the General Conference of the Protestant Missionaries of China held at Shanghai, May 7 – 20, 1890, Shanghai: American Presbyterian Mission Press, 1890, p. 457.
③ 卫道治:《中外教育交流史》,第 188 页。
④ 艾德敷:《燕京大学》,刘天路译,珠海出版社 2005 年版,第 38~39 页。

烈的宗教气息。

每所大学都有自己的教育理念，校训和校歌就是以一种文字的凝练方式去向学校师生传达自己的教育理念，表达自己的大学精神。下面从校训与校歌来分析几所教会大学的教育理念。

辅仁大学的校训从内容到形式上略带一点中国传统色彩，因为之前中国传统的学堂或者学校常常在经典典籍，如《易经》或四书五经中提炼出一些道德格言或治学格言作为校训，如"格物致知""明德慎独"。如今国内一些历史比较悠久的著名大学的校训仍倾向采用这种方式，来映托出校园文化的厚重。如清华大学的"自强不息，厚德载物"出自《周易》，中山大学的"博学、审问、慎思、明辨、笃行"和复旦大学的"博学而笃志，切问而近思"取自《礼记·中庸》，东南大学和厦门大学都选择了《礼记·大学》中的"止于至善"，等等。初看下来，辅仁大学校训的单字并列结构有一种我国古文的雅致感，其中的"仁""谦""静""勤"也是我国传统一直推崇的品格，但镶嵌于其中的"虔"与"敬"字还是让我们看出校训中蕴含的宗教情怀。而另外几所教会大学的校训从文字表达的结构上看和我国传统校训的习惯有着很大的差别。从选用的字词来看，"真理""自由"都是西方文化强调的字眼；"博爱""服务""牺牲"则具有非常浓烈的宗教色彩，明显带有基督教所宣扬的奉献精神；"光"则有着一种基督教指向光明、上帝与天国的象征意味。如曾经的燕京大学校长司徒雷登这样解释他所拟定的燕京大学校训"因自由得真理而服务"：这一校训是受基督教典籍的两句话启示而来，一句是"人本来不是要受人的服侍而是要服侍人"（《马太福音》第20章28节），另一句是"你们必晓得真理，真理必叫你们得自由"（《约翰福音》第8章32节）。①

早期的教会大学虽然不是教会，招生时也没有特别指明学生要信教，但入学后却要求"所有学生，不论是否是基督徒都必须接受基督教教义和礼仪的强烈熏陶。大多数学校要求学生每年至少修习一门宗教课程；在许多情况下，学生被迫每天参加一两次崇拜仪式。每周中期参加一次祈祷会。星期日几乎全部用于宗教崇拜和宗教教育"。徐以骅对

---

① 司徒雷登：《在华五十年》，程宗家译，北京出版社1982年版，第70页；田正平：《中外教育交流史》，第812页。

圣约翰大学的宗教活动仪式记述得更为具体："学生每天上午 7 时半及晚上 9 时须至聚集所点名祷告，每次约 30 分钟。星期日除早祷晚祷外，还得参加上午 10 时及下午 4 时举行的正式礼拜，每次约需 1 小时半，学生不论奉教与否都需跪拜、祈祷、唱诗、听讲。每逢'出日'，即每月第一个礼拜日，正式礼拜还要增加一次。"[1] 教会大学宗教文化气息的营造，从可见的校训、颂唱的校歌，到频繁的宗教仪式与教育，日日往复，浸润其中，难怪李提摩太对圣约翰大学的校园文化样态如此评价："一种基督教的崇敬、真挚、奉献的气氛，这不仅体现于学生之作文，甚至可见于学生的容貌。"[2]

不仅教会大学的校训体现出教育的宗教色彩，校歌的歌词同样处处体现基督教的精神。以华中大学的校歌为例，其中文版校歌歌词为："母校华中，鞠育劬劳无穷；世路漫漫，我惟校训是宗；牺牲服务，报国尽我精忠；表彰博爱，促进世界大同。同学兴起，立德立高立功；当仁不让，发愤天下为雄；锄强除暴，再见祖国兴隆；扶倾济弱，促进世界大同。"歌词中多处再现了在校训中体现基督教文化的字眼，如"牺牲服务""博爱""大同"。在其英文校歌中，基督教色彩更为明显，"为上帝"（for God）、"为真理"（for Turth）的字眼和"为祖国"（for Our Fatherland）并列在一起。[3]

以上可见，教会大学的校训和校歌从形式到内容，都弥漫出一种浓厚的宗教情怀。而校训、校歌作为一所学校教育理念和大学精神的表达，对凝聚学校人心、塑造师生人格有着不可替代的精神指向性。教会大学一方面通过校训、校歌与所开设的宗教课程对代表西方文化与基督教文化的核心概念反复颂扬，另一方面表达出一种对中国传统文化的不屑态度。比如圣约翰大学在阐述其成立理由时，竟然以否定中国传统文化为基础："中国的三个宗教派别：佛教、道教和儒教同错误的历史、错误的科学、错误的地理、错误的年代学、错误的哲学密切地交织在一

---

[1] 徐以骅：《教育与宗教：作为传教媒介的圣约翰大学》，珠海出版社 1999 年版，第 185 页。
[2] 徐以骅：《教育与宗教：作为传教媒介的圣约翰大学》，第 184 页。
[3] 章博：《近代中国社会变迁与基督教大学的发展》，华中师范大学出版社 2010 年版，第 146～148 页。

起。"① 当教会大学的师生对"真理""自由"的念诵多于中国文化的"仁、义、礼、智",对"博爱""服务""牺牲"的推崇甚于中国传统的"老吾老以及人之老,幼吾老以及人之幼"时,虽然看来仍是培养一种求真向善的精神,但无形中已经完成一种从中式思维向西式思维的转换。

二、教会大学对中国教育主权的侵略性

教育主权是国家主权在教育事务上的具体体现,是包容于国家主权之内的涉及教育事务的最终决定权。② 虽然教会大学的主要事务就是高等教育,但俨然就是中国高等教育领域的一个个"教育租界",虽然学校地点在中国国内,招收的学生是中国学生,但却享有非常特殊的待遇:在很长一段时间内,教会大学的设立、备案、管理、资金来源与流向等涉及学校事务的方方面面,中国政府均无权过问,呈现出与当时半殖民地社会状况相对应的高等教育的"半殖民"状态。教会大学对中国教育主权的侵蚀,是西方列强在高等教育领域对中国文化主权步步紧逼的集中体现,也构成了高等教育领域文化安全的最大危机,进一步威胁到中国整体的文化安全格局。教会大学对中国教育主权的侵蚀,主要体现在以下方面:

(1) 无庸立案——教会大学对中国教育审批权的侵蚀。教会学校包括教会大学在早期虽然是办在中国土地上的学校,招收的也是中国学生,但是却"无庸立案",即不需要经过中国政府的审批。1906 年,清政府学部发表咨文称:"外国人在内地设立学堂,……除已设各学堂暂听设立,无庸立案外,嗣后如有外国人呈请在内地开设学堂者,亦均无庸立案,所有学生,概不给与奖励。"③ 虽然教会大学在中国国内不立案,他们却在国外申请立案。④ 对于这种情况,教会大学也并不认为是受到了中国的侮辱,而是心领神会地享受着其中的妙处。圣约翰大学的

---

① 卫道治:《中外教育交流史》,第 202 页。
② 徐广宇:《试论 WTO 背景下的国家教育主权问题》,《教育研究》2002 年第 8 期。
③ 舒新城:《中国近代教育史资料》(下册),人民教育出版社 1981 年版,第 1065 页。
④ 参见毛礼锐、沈灌群:《中国教育通史》(第四卷),山东教育出版社 2005 年版,第 367～372 页;卫道治:《中外教育交流史》,第 193 页。

卜舫济曾在1909年对这种情况如此评论：教会大学在外国注册的这种"看上去反常的步骤"，"是由美中条约所规定的'治外法权原则奇特的延伸'"。这种"奇特的延伸"就是基督教大学"所拥有的巨大自由……在条约的保护下，我们在中国可以我们认为最好的方式，去自由发展作为宣教事工一个部分的大、中学校"，"我们可允许政府对它们行使积极控制的那一天尚未到来"。① 教会学校的"无庸立案"，对于清政府来说，其实有着非常复杂又微妙、无奈的考量。一方面，在两次鸦片战争中打了败仗的清政府被迫签订一系列不平等条约，对于洋人所办的学校，没有魄力也没有胆量去管，只有放任其开办招生；另一方面，清政府通过自己固有的一套严密的官方教育体系招贤纳士，对于"无庸立案"的教会学校的毕业生，以"概不给予奖励"的方式不赐给他们秀才、举人、进士等的名头。这种将外人培养的学生以两种教育体制的不重合而拒之于国家公务人员队伍之外的做法，也是清政府在弱势情况下力求维护官方管理人员的纯正性的一种看似消极的抵抗策略。但是不容置疑的是，教会学校的"无庸立案"，是对中国教育审批权的严重藐视与侵蚀。

在中国的基督教大学中，校长和其他重要的负责人几乎全是外国人，这种情况基本上一直延续到1926年前后。具体到学校的领导层，也由教会背景的人员把控。以华中大学和圣约翰大学为例。华中大学1922年成立的临时管理委员会委员一共十二人，分别来自美国雅礼会、美国圣公会、美国复初会、英国遁道会。这其中美国人六人，英国人三人，中国人三人。这三位中国人是颜福庆博士、韦卓民先生和江虎臣博士，他们分别是美国雅礼会、美国圣公会、英国遁道会的代表。华中大学当时的执行委员会一共六名成员，也全部是英美教会背景的人士，其中唯一一名中国人是韦卓民。而在1924年正式成立的华中大学理事会，一共八名理事，绝大部分是来自美国和英国教会的英美人士，唯一的中国人韦卓民同样是以美国圣公会的代表身份进入理事会。该理事会的主席是美国圣公会汉口教区的主教吴德施，该理事会选举出的华中大学代理校长孟良佐另外的身份是美国圣公会汉口教区的前任主教。圣约翰大学同样是美国圣公会支持的一所教会大学，情况与华中大学相似。在行

---

① 徐以骅：《教育与宗教：作为传教媒介的圣约翰大学》，第88页。

政管理上，圣公会对学校有很大的控制权，学校的大大小小的事情只要涉及差会经费，就必须请示学校所在地上海教区的主教及咨议会。上海教区的主教郭斐蔚主张差会始终要严密地控制学校，被称为"太上校长"。因为他虽不是校长，但在学校的事务决定上，他的影子无处不在。由中国人卜舫济任校长后，他直接指派麦甘霖作为卜舫济的助理参与教务的管理；当与卜舫济在大学立案、学生运动等问题上发生分歧时，他竟然以关闭学校相要挟。① 从早期教会大学的教师人员构成看，这种西方和中方人数比例倒挂的情形同样明显。比如华中大学成立初期，外籍教员18人，包括17名美国人，中国籍教员只有14名。而在一份对1920年众多基督教大学的师资统计表格中，这种情况可以看得更加清楚（表2.1）。②

表2.1　1920年各基督教大学师资统计　　　单位：人

大　学	中国教师	外国教师	中外教师比
燕京大学	12	28	1∶2.3
齐鲁大学	25	33	1∶1.3
金陵女子大学	2	8	1∶4
金陵大学	34	25	1∶0.7
东吴大学	18	10	1∶0.6
沪江大学	16	20	1∶1.3
圣约翰大学	32	28	1∶0.9
之江大学	9	10	1∶1.1
福建协和大学	3	8	1∶2.7
岭南大学	25	33	1∶1.3
雅礼大学	5	25	1∶5

---

① 章博：《近代中国社会变迁与基督教大学的发展》，第74页。
② 中华续行委办会调查特委会：《中华归主——中国基督教事业统计（1901—1920）》，中国社会科学出版社1987年版，第938页。

续表 2.1

大　学	中国教师	外国教师	中外教师比
文华大学	24	12	1:0.5
博文书院	10	4	1:0.4
华西协和大学	14	21	1:1.5
合计	229	265	1:1.2

（2）教会大学对中国教育控制力的侵蚀。对教会大学的观察，应该跳出一个仅仅局限于其本身的视角，而把其放在列强在中国力求打造的教育生态链上，才能看得更为清楚。首先，教会大学的成立本身，就代表了教会教育对中国教育控制力的侵蚀有了一种教育体系层级上的延伸。当教会开办的初等、中等学校以蓬勃之势在中国发展开来时，美国传教士潘慎文曾对此总结道："到了现在，各级学校已发展到好几百所，……就可以马上看得出来，在这里，我们已经获得了一个多么强有力的据点来推进基督教的发展。一个重要的事实是，几乎所有这种教育的实权都操在男女基督教徒手中。"[①] 但显然，这种态势并不能让教会满足。在教会大学产生之前，"中华教育会"第一届大会书记福开森在报告《我们协会的工作》中指出："我们必须协助解决整个教育更大的问题。只有这样，我们的学校才能领导中国产生一个完整的教育体系。"[②] 显然，这里"完整的教育体系"包括的是教会教育希望拓展的一个新的领域——高等教育。为什么教会对举办高等教育如此热衷，其发展高等教育的动机和目的是什么呢？狄考文明确给出了答案："不论哪个社会，凡是受过高等教育的人都是有影响的人。他们会控制社会的情感和意见。……这样做，胜过培养半打以上受过一般教育但不能获得社会地位的人。"[③] 当教会教育的生态链从初等教育到中等教育，再延续到上一级的高等教育，意味着教会教育对中国教育的影响力和控制力不仅在数量上，而且在层级和深度上有了本质性的提升。由于当时高等

---

① 毛礼锐、沈灌群：《中国教育通史》（第四卷），第 364～365 页。
② 毛礼锐、沈灌群：《中国教育通史》（第四卷），第 364 页。
③ 陈学洵：《中国近代教育史教学参考资料》（下册），第 15 页。

学校的稀缺和高校学生人数的稀少,高等教育属于绝对的精英教育。当时高等教育毕业的学生基本上都属于社会上非常优秀的人才,或者成为某个专业的技术骨干,或者进入政府部门担当要职。对中国高等教育的染指,实际上表露了列强力求培养我国精英阶层代言人的野心。教会大学的成功建立,使得列强可以深入我国各个层级的教育体系,并获得了越来越多的文化辐射力。

另外,教会教育封闭式系统的逐渐完善使教会大学对我国教育的控制力得以增强。教会教育的初等教育—中等教育—高等教育的生态链已构建得相当完整,并且可以形成一种类似封闭结构的自循环系统。比如,教会大学因为后来招生中对学生英语水平的强调,更倾向于吸收教会中学毕业的学生;教会中学的招生也倾向于直接接收从教会小学毕业的学生。同时,许多有美国背景的教会大学,只要学校在美国立案或取得美国的特许证,"其毕业生可以不经过考试直接升入美国州立大学或挂钩合作的大学学习深造"[①]。这种出国深造的便利方式也吸引了许多教会大学的优秀学生留学美国。比如,1921—1925年间,从教会大学毕业去美国留学的就达162人,占这段时间中国留学欧美的人数590人的四分之一还多。[②] 而这批留学生回国后,从事教育的比例相当高。而且因为教育氛围上的亲近感,也更愿意回到教会学校任教。不仅如此,许多教会大学,如圣约翰大学、燕京大学、华中大学、岭南大学、金陵大学等在专业设置上,都特别设置了教育学院,其毕业生不仅可以充实到全国的各级学校,而且主要可以满足教会学校体系内的教育和行政管理人员的需求。由于教会大学对教育专业的重视,虽然教育工作在当时并不是一份很有吸引力的工作,仍有许多教会大学的毕业生选择进入教育行业。如在1917—1936年期间,燕京大学的毕业生有39%的人进入教育系统工作[③];至1931年,圣约翰大学现有的864名毕业生中,从事教育的有192人,占22%[④]。在高等教育界,教会大学有一些优秀的毕业生,成为许多大学,尤其是后期教会大学的校长。比如清华大学前后

---

① 卫道治:《中外教育交流史》,第193页。
② 卫道治:《中外教育交流史》,第192页。
③ 史静寰:《狄考文与司徒雷登》,珠海出版社1999年版,第230页。
④ 徐以骅:《教育与宗教:作为传教媒介的圣约翰大学》,第236页。

有四位校长是圣约翰大学的学生,他们是周诒春、曹祥云、严鹤林、赵国材。此外,学生出身的阶层转变使教会大学对我国教育的控制力进一步加强。起初,教会学校的学生多来自贫苦家庭,因为教会学校可以提供免费的学习机会而被吸引入学。而随着教会学校在中国的逐渐被接受,教会学校的学生的阶层情况有了很大的改变,学生的贫民化情况逐渐减少,商人和官宦子弟增加。这种学生的阶层提升现象同样在教会大学有所体现。比如燕京大学校长高厚德曾宣称:在1925—1926年间,燕京大学的学生多数来自知识分子、商人和基督徒家庭。① 教会教育在中国"治外法权"的获得延续了100多年。可以说,教会教育在中国多年来自由发展对应的另一面,就是中国教育主权多年来受外力钳制与摆布的不独立和不自由。中国教育主权的受损害与受压制反映的是近代以来我国由于国力羸弱而主权受损害与受压制的缩影,教育主权的不独立、不自由直接导致我国在教育路线的选择、教育人才的培养上受制于人,使传统文化的传承在以传播文化、培育人才为己任的学校尤其是教会学校这一途径上遭遇障碍,也使对传统文化的认同感在近代中西文化强烈对碰中显得更加岌岌可危、风雨飘摇。

三、中国知识分子对教育主权收回的抗争

20世纪20年代的中国风起云涌,教会大学在中国的发展也面临着种种挑战和变数。尤其是1919年发生的五四运动,不仅是一场由学生点燃最初火焰的反帝爱国的政治运动,也是一场反传统、反宗教的文化运动。这股文化思潮所卷起的狂飙大浪席卷全国,其反对宗教、倡导国家主权独立的理念在教育界同样引起人们的关注。激进学者们对教会大学的质疑,直指教育主权,他们对教育主权的抗争与维护,就是对中国高等教育文化结构、文化发展方向的历史思考和争取。

1922年3月,教育界人士蔡元培,以时任北京大学校长的身份,发表了《教育独立论》,提出:"教育事业当完全交与教育家,保有独立的资格,毫不受各派政党或各派教会的影响。"② 可以说,蔡元培的

---

① 卫道治:《中外教育交流史》,第191页。
② 蔡元培:《蔡元培教育论著选》,人民教育出版社1991年版,第379页。

这篇文章是非常有针对性的,他认为影响中国教育自由、健康发展的因素,除了各派政党的政治斗争、更迭所造成的政策不稳定和内部消耗之外,另一个重要的原因就是代表列强的宗教势力对大学的把持和影响。蔡元培作为中国教育界的著名人士,其对中国教育独立的疾呼引起各方关注;但是这种广为关注的背后,不仅仅是蔡元培自身的影响力使然,而是他对中国教育当时遭遇政治与宗教双重束缚,欲独立发展、自由壮大而不能之窘境的关切与诉求,代表了许多有识之士的心声。当月,北京学界成立"非宗教大联盟",之后全国不少城市成立分会声援呼应。4月,"非宗教大联盟"在北京大学召开大会,蔡元培在会上再次表明立场:"我所尤为反对的,是那些教会的学校同青年会,用种种暗示,来诱惑未成年的学生,去信仰他们的基督教。"[1] 同时,五四运动的领袖人物如陈独秀、李大钊等也纷纷发表文章呼应蔡元培。可以说,反对教育的宗教化、倡导教育独立的思想在五四运动浪潮的推动下,已经逐渐与当时反帝反封的文化潮流汇集在一起,成为一场文化运动。而在这一时期,遥远的土耳其政府废逐教主、将外国教会学校勒令关闭的消息也令中国人看到了希望,鼓舞了士气,陈独秀专门为此刊文:"勿让收回教育权不受投降条件之支配的土耳其人专美于前!"[2] 同时,中国基督教教育调查团出版的《中国基督教教育事业》一书,明确提出基督教教育更加基督化的目标。书中高扬的基督教论调,在1923年少年中国学会要求实行民族主义教育的呼声在中国教育界得到越来越多人赞同的情境中尤其显得格格不入,也引发了更多中国知识分子对教会教育的不满。也正是这一年,少年中国学会的领导人余家菊发表《教会教育问题》,在中国第一个喊出了"收回教育权"的口号。[3]

"收回教育权"的口号一经喊出,在反帝反封建的文化思潮持续高涨的20年代很快酝酿成燎原之势。次年的1924年和之后的1925年,这种在知识界、学界反对宗教干涉、拟收回教育主权的情绪通过几个大的事件持续高涨,形成一场全国范围内"收回教育权"的文化运动。其中,第一个大事件是1924年广州圣三一中学的学生以罢课等形式与

---

[1] 蔡元培:《蔡元培教育文选》,人民教育出版社1980年版,第148页。
[2] 陈独秀:《土耳其放逐教主》,《向导》第56期。
[3] 余家菊:《教会教育问题》,《中华教育界》1923年10月。

学校当局抗争，并发表了"在校内争回集会结社自由；反对奴隶式的教育，争回教育权；反抗帝国主义者的侵略"的宣言。圣三一中学的学潮事件如同导火索，一时间反对基督教的学生运动在全国蔓延开来。据统计，仅1924年，在广州、芜湖、长沙、南京、上海等南方城市，针对基督教学校的学潮事件就达到20多起。1925年五卅运动的爆发更是把人们的民族主义情绪推向高潮。其中，有些教会大学的当局与学生的民族主义情绪形成严重冲突，加剧了学生对教会大学的抵触情绪，对教会大学造成了空前的挑战。最著名的是圣约翰大学卜舫济校长的"侮辱国旗事件"，因为学生为了纪念在五卅运动的牺牲者，罢课、集会并于学校旗杆上升半旗致哀，此举受到学校当局阻挠，最终导致圣约翰大学、中学500多名学生和部分教员愤而离校并另行组建光华大学；在岭南大学，因为副校长白士德反对学生罢课游行，并对在与英法军舰对抗中牺牲的师生保持沉默态度，该校中国师生提出驱逐基督教及教徒的要求，之后白士德黯然离开；而华中大学因为武汉的学潮冲突事件愈演愈烈，学校被迫停课甚至提前放假，外国教职工被建议最好尽快离开中国。①

与学潮对应的，是知识界与学界的多个团体以一种更为理性但同样尖锐的方式质疑基督教教育在中国的正当性，并先后提出收回教育权的具体做法与方案。如1924年7月，广州学生会收回教育权运动委员会与中华教育改进社几乎在同一时间，分别在广州和南京提出了收回教育权的方案。10月，与中华教育改进社一样，具有全国影响力的全国教育会联合会在开封的年会上，通过《取缔外人在国内办理教育事业案》和《教育实行与宗教福利案》，直指教会教育的四大危害，而危害之首就是损害我国教育主权，提案中说："教育为一国最重之内政，外人自由设学，既不报陈我国政府注册，复不受我国政府之考核，此侵害我国教育主权者"，其他危害分别是外国教育违反我国教育本义、危害我国学生的国家思想和外国教育的内容、编制和学科不能符合我国的标准。提案由此提出11条取缔的方法。②"收回教育权"口号的提出和其后学

---

① 章博：《近代中国社会变迁与基督教大学的发展》，第81～87页。
② 《全国省教育会联合会第十届关于基督教教育议决案》，《中华基督教教育季刊》第1卷第1期。

界、知识界对其的关注以及各种关于应该怎样收回教育权的方案讨论和拟定发生在20年代,是一种偶然中的必然。"收回教育权"行动的背后是中国人对多年来教育不独立不自由的忧思、对未来教育自主发展的渴盼,和通过独立自主的教育传承传统文化、传递创新文化,以适应一个希望摆脱屈辱、重新以巨人的姿态屹立起来的东方古老民族的集体心愿和坚强意志。

在20年代民族主义情绪空前高涨、学潮与学界的质疑批评呼声不断的情势下,教会大学多年来在中国的安然时光似乎一去不复返,如赖德烈所说的"基督教学校和大学的维系几乎是危如累卵了"①。教会大学发展史上的重大转折点即将到来,一个决定教会大学命运的政府决定呼之欲出,教会大学的文化样态从此有了与前期非常不同的历史转变。

中国学界、知识界争取教育主权的成果首先体现在政府出台的促使教会学校向私立学校转型的法案。迫于各界压力,1925年11月16日,北京政府教育部颁布了《外人捐资设立学校请求认可办法》,一共六条:①凡外人捐资设立各等学校,遵照教育部颁布之各等学校法令规程办理者,得依照教育部所颁关于请求认可之各项规则,向教育行政官厅请求认可;②学校名称上应冠以私立字样;③学校之校长,须为中国人,如校长原系外国人者,必须以中国人充任副校长,即为请求认可时之代表人;④学校设有董事会者,中国人应占董事名额之过半数;⑤学校不得以传布宗教为宗旨;⑥学校课程须遵照部定标准,不得以宗教科目列入必修科。② 从历史意义上看,这六条法规具有开创性的重要价值。法规明确了外国人所办教育机构必须向中国教育行政部门注册立案,也就意味着之前教会学校的"治外法权"不复存在;法规同时还明确了学校不能传播宗教的宗旨和削弱宗教科目地位的要求,成为教会大学从国外势力把持的"教育租界"向中国私立学校转变的重要法律依据。

1926年,广州国民政府教育行政委员会颁布《私立学校规程》,完全把之前的教会教育纳入私立学校之列,而且在内容上比之前北京政府

---

① K. S. Latourette, *A History of Christian Mission in China*, New York, 1929, pp. 225–226.
② 《教育部最近公布"外人设立学校认可办法"》,《中华基督教教育季刊》第1卷第4期。

的六条认定办法总体上更加严格，其中最后一条特别指出："凡外人捐资设立，或资助之学校，须由政府派一代表，常驻该校监督，及指挥一切校务。"① 北伐后，随着南京国民政府政权的巩固，对基督教学校的管理，政府有了更强的话语权与把控力。1928 年由大学院公布的《私立学校条例》和 1929 年由教育部公布的《私立学校规程草案》，其精神与之前北京政府的《外人捐资设立学校请求认可办法》和广州国民政府的《私立学校规程》一脉相承，如要求校长、院长须由中国人担任，不得以宗教科目为必修科，不得强迫学生参加宗教仪式，董事会中外国人不可超过三分之一。并且政府对教会学校的控制进一步增强，如规程要求"主管教育行政机关如认为校董会所选任校长或院长为不称职时，亦得令校董会改选之。"② 中国学界、知识界争取教育主权的另一大成果是促使教会学校立案注册。教会大学审时度势，先后向国民政府申请注册。燕京大学在申请注册立案问题上先行一步，较为积极配合，先后在 1926 年 11 月和 1927 年 12 月，向北京政府和南京政府申请立案并获批准。其他教会大学也在之后几年陆续向政府申请立案注册，其中在 1928 年申请注册的有金陵大学，在 1929 年申请注册的有东吴大学、沪江大学，在 1930 年申请注册的有金陵女子文理学院大学、岭南大学，在 1931 年申请注册的有辅仁大学、齐鲁大学、华中大学、之江大学、湘雅医学院等，在 1933 年申请注册的有华西协和大学、华南女子文理学院等。但教会大学的这一举动也有着许多的无奈与不甘，是面对中国国内形势发展的不得已而为之。如华中大学的韦卓民就学校的准备申请立案问题向美国总部汇报时这么形容："注册问题是另一个我们必须面对的急迫问题，……因为我们不得不作为一个注册机构而存在，否则就得关闭。……如果想在处理好与政府的关系和保证学校继续运行方面不发生严重困难的话，我真不明白我们该怎样再向后退一步。"③ 有的教会大学抵触情绪更为严重，如圣约翰大学一直在法令出台的 10 多年之后，即 1947 年才完成注册立案手续。同时，根据政府的法令要求，教会大学不仅要向政府注册立案，而且在领导人和管理层的安排

---

① 《私立学校规程》，《中华基督教教育季刊》第 5 卷第 3 期。
② 《私立学校规程草案》，《中华基督教教育季刊》第 5 卷第 1 期。
③ 章博：《近代中国社会变迁与基督教大学的发展》，第 100 页。

上、在课程的调配上、在师资队伍的配备上、在校内宗教活动的要求上等，教会大学都做出了一系列的改变。如在注册之后，教会大学校长基本上都由中国人担任，并出现了一批之后在中国高等教育史上影响很大的校长，如华中大学的韦卓民、辅仁大学的陈垣、金陵女子文理学院的吴贻芳等。而在师资方面，中国教职人员的比例显著增加，到了1932年，中外教师的比率已经达到2∶1；到了1936年，中外教师的比率又翻了一倍，达到4∶1。① 而在课程安排和宗教活动的安排上，岭南大学"于1925年秋将获得学士学位所需要的八个宗教课程学分由必修改为选修，参加主日崇拜已变成自愿"②。而岭南大学的做法其实已成为教会大学的一种普遍情况。教会大学的注册立案可以说是一种以向政府妥协的方式求得继续生存的自我拯救，但这种自我拯救的背后还意味着中国高等教育布局和文化方向上的一种新的选择、新的可能，其不仅有教育主权独立上的政治意义，还有着教育主权独立背后中国文化安全格局得以重新塑造的文化意义。教会学校的立案注册掀开了教会大学历史上新的一页，使教会大学在法律意义上从国外教会的"教育租界"转型为中国私立高等教育的一部分，从形式上，也从实质上开始了教会大学的"中国化""本土化"时代。教会大学在中国的进入、发展以及整个的命运浮沉，都与中国社会的整个社会文化格局和文化思潮息息相关，体现的是外部文化势力在中国高等教育领域内的行进历程，也是中国文化安全在教会大学时期高等教育的一个缩影。中国文化安全在教会大学身上呈现出一种悖论性情形，而这种看似矛盾的情形正是中国文化安全整体形势在遭遇外来文化冲击时的命运再现。

中国的传统文化历经几千年的发展，尤其经过封建社会2000多年的发展，已经到了一个非常高的高度。但这种文化是与中国封闭式的"中央之国"的社会政治框架相适应的，既有它博大精深的一面，又有其封闭僵化的一面。反过来，这种封闭的文化结构和文化精神又反作用于中国的社会政治模式，使其一直无视从14世纪西方就已开始的"文艺复兴"和16世纪由"文化启蒙"开启的理性与科学时代。当西方国家在科学与理性的旗帜下一路狂飙，致力于把它们的宗教文化连同利益

---

① 顾学稼等：《中国教会大学史论丛》，成都科技大学出版社1994年版，第6页。
② 李瑞明：《岭南大学》，岭南（大学）筹募发展委员会1997年版，第81页。

触角伸向世界各国时,中国仍以一种看待蛮夷的眼光沉浸在自己的天朝旧梦中。直到两次鸦片战争彻底击碎了中国的天朝旧梦,也使西方的文化在中国的不堪惊扰中长驱直入。其实,从国民生产总值和中国的财力底子来说,中国不应该那么快就被一场由鸦片引发的战争打败,并从内到外很快呈现出一片溃势。中国的落败,某种意义上不仅仅是战争带来的财力与国力损失,更严重的,是在伴随战争而来的西方文化的咄咄叫阵下,中国传统文化痛苦地俯首称臣。中国高度封闭的文化,原本是适应高度封闭的封建社会架构的,在外来文化的强势进攻下难以适应,迅速萎靡以致彷徨无措。中国文化的挫败使清政府和民众的心理支撑和信念发生轰塌,文化安全遭遇深重危机,而文化安全危机就如同精神被抽掉主心骨一样,使整个社会元气大伤,再也难以在战败打击后迅速重生、崛起。外力打破了中国封建社会的超稳定结构,中国在不幸受到外来侵略后,在屈辱中被迫卷入了"国际化"的潮流,在成为西方列强国际利益格局一部分的同时,也被迫开始了自己的艰难转型,不管是在社会格局上还是文化格局上。传统文化在被分裂、打碎的时候,又在与西方文化的冲突中,吸收了当代西方文化科学与自由等精华部分,由此以一种非常艰难、曲折的途径实现着传统文化的转型与再生。中国文化安全的曲折命运,在教会大学身上得到与上述逻辑一样的重现。教会大学本来是一种外来的带有一定殖民化倾向的教育机构,是传播西方宗教文化与课程的堡垒,是把学生力求培养成中国基督教后备军的策源地,其"把中国基督化"的使命与理念对中国文化安全构成极大的威胁。但是事情往往是复杂的。客观来说,从整个教会大学在中国的发展历程和它们当时在中国高等教育的影响和作用上看,教会大学又从另一个方面使中国的教育和文化换血再生,在引进异质基因的同时激活本土基因,达到两种文化的新的融合与创造,为中国文化在新的历史条件下的改良与再生提供可能。也就是说,教会大学虽然最初是作为传播基督教的辅助工具应运而生,但是教会大学作为一个教育机构,却有着自己属于教育的运行逻辑。同时,因为"大学像其他人类组织——如教会、政府、慈善组织———样,处于特定时代总的结构之中而不是之外"①,

---

① [美]亚伯拉罕·弗莱克斯纳:《现代大学论——美英德大学研究》,徐辉、陈晓菲译,浙江教育出版社2001年版,第1页。

教会大学在 20 世纪初期的中国，也不免受到当时社会、文化方向和格局的影响，而教会大学对中国的文化更新、发展又有着一定的积极的影响。

首先，教会大学为中国高等教育打开了一扇西方文化的窗口，适应了中国变革社会对西学和专门人才的需求。教会大学的创办期多集中在 19 世纪末 20 世纪初。这段时间在中国教育界发生了两件要引起我们重视的事情：一是清政府 1904 年新学制的颁布和 1905 年科举制度的废除，意味着旧的高端培养选士制度的终结；二是几所中国自办高等学堂的成立，包括天津中西学堂（1895 年）、南洋公学（1896 年）、京师大学堂（1898 年）、山西大学堂（1902 年），意味着中国新式高端人才培养的开始。但中国毕竟没有新式高等教育的经验，教会大学的成立刚好可以近距离地提供一种示范和借鉴作用。"教会大学在中国有其独特性，……他们能够帮助阐明和回答一些基本问题，诸如：群众初等教育和高等教育应有什么相应的重点？专业教育、大学水平的文科教育或中等专业教育，是否应该得到加强？"[①] 许多由美国教会创办的教会大学，在办学理念、管理体制、课程与教学等方面基本上复制和移植了美国大学的做法。比如被誉为"东方哈佛"的圣约翰大学"在教育制度上系统地模仿西方学校，它先后采用诸如考试名誉制、选科制、学分制、导师制、割制等西方早已实行的制度，有的在中国尚属首次"[②]。同时，教会大学还建立了一批在全国具有首创意义的西学学科，如农学、林学、药学、新闻学、生物学、体育学等。并且，各个教会大学都在优势学科专业上形成了自己的特色。比如，华西协和大学成立了中国第一个牙科学学院，而且在抗战期间是中国唯一坚持开展制药专业教学的学校；燕京大学则在国内首创了新闻学和社会学专业，办学成效斐然，司徒雷登曾骄傲地说："有一段时期，中国新闻社派往世界各大首都的代表几乎全是我系的毕业生，他们在中国报纸编辑人员中的地位也同样突出。"[③] 另外，圣约翰大学的工商管理专业，沪江大学的化学专业、金

---

① ［美］杰西·格·卢茨：《中国教会大学史（1850—1950 年）》，曾钜生译，浙江教育出版社 1987 年版，第 490 页。
② 徐以骅：《教育与宗教：作为传教媒介的圣约翰大学》，第 39 页。
③ 司徒雷登：《在华五十年》，第 65 页。

陵大学和岭南大学的农林专业、华中大学的图书馆专业以及东吴大学的比较法学、体育和生物专业等也各具特色,并培养出了一大批优秀的专业人才。另外,教会大学后期的"本土化"运动,也从一定程度上发展了中国传统文化。从最初对西方宗教文化的全盘强势移植与居高临下的文化"教父"模样,到注册立案之前的斟酌与权衡,再到教会大学决定注册立案后,这道"中国化"的闸门一旦开启,便从学校的管理和师资人员配备上、在课程的安排上、从宗教到世俗氛围的转变上等方面不可逆转地发生着种种变化,并越来越受到中国社会、文化形势发展的影响,以致导引出之后教会大学轰轰烈烈的"本土化"运动。在这场运动中,中国传统文化日益受到师生的重视,并在学校的文化构成上占据越来越多的位置,体现在:①学校领导对国学文化的提倡。如福建协和大学校长林景润公开表态说:"我们注重国学,其目的在提高中国固有的文化和道德。……取先代圣贤的良训嘉模来整理,找出改进中国民族文化的根本原理和办法,以应现代的需要。"[1] 东吴大学校长杨永清把国文看作"青年应务根本之学问",提倡筹募国文奖学金。金陵大学校长陈裕光则告诫说,中国大学要看重祖国的固有文化,在吸收西方的科学文化时,必须以中国文化为主体。②增加国学方面的课程,并把有些国学课程设立为必修课。如齐鲁大学国文系于30年代初增加了必修课和选修课,必修课程有国语文概要、中国戏曲、中国诗词及写作指导等,选修课程有文字学、文法修辞学、语文学、民间文学、中国文学名著选读、中国小说史、中国学术史、古籍导论等。[2] ③延请国学名家任教,并举办一系列中国传统文化讲座与特色课程。如辅仁大学的国学名师有文学院院长沈兼士、文史名家余嘉锡等;华西协和大学从1941年开始连续五年聘请国学大家到校,先后举办了50次左右的文化讲座,来人有史学家钱穆、蒙文通、何鲁之,哲学家冯友兰、张东荪、贺麟等;就连宗教气息相对浓重的圣约翰大学也请来知名学者孟宪承、钱基博等人主持其国文部,以提升其国文教学质量;燕京大学的国学名家则有吴雷川、顾颉刚、容庚、周作人等。④设立研究中国传统文化的院系

---

[1] 林景润:《三民主义与协大教育》,《协大半月刊》1930年出版第1卷第17期。转引自黄新宪:《教会大学与文化变迁》,《高等教育研究》1996年第1期。

[2] 黄新宪:《教会大学与文化变迁》。

和研究所。尤其值得一提的是燕京大学的哈佛—燕京学社,其研究中国古典文献所取得的成果在国内大学中首屈一指,其出版的《燕京学报》是我国当时最负盛名的人文学刊之一;金陵大学的文化研究所在史学、考古学、民族学等方面成绩突出,代表性成果有《长沙古物见闻记》《五朝门第》等,还先后出版《金陵学报》《边疆研究论丛》《中国文化研究汇刊》等学术性刊物;福建协和大学国文系以学刊《福建文化》为主阵地,试图以研究福建文化为起点,扩展到对整个中国文化的研究;齐鲁大学的国学所除整理、校订古籍外,在甲骨文的收藏与研究上也形成了自己的特色。

其次,教会大学本身展示了中西文化融合的一种方式,体现出中西文化从冲突走向融合再生的可能性。教会大学在中国的发展尤其在"本土化"运动后,中西文化更多地从一种交锋、对碰、冲突转化为交流、融合与互为生长,这种交流融合的过程体现在多个方面:一是教会大学中西方人员交流与学术互动更为频繁。教会大学不仅鼓励学生继续留学深造,还出资提供教师出国进修和考察的机会,同时接受大批美国青年学者和各国知名专家来华进行学习和研究。著名科学家李约瑟和汉学家傅吾康(德国)、马悦然(瑞典学者)等都曾应邀来华合作、研究。燕京大学与美国密苏里大学不定期交换教师和学生已形成一种机制。同时,各个教会大学还以与国外大学合办的形式建立研究所,并积极申请国外的基金支持,比较著名的有燕京大学与哈佛大学联合举办的哈佛—燕京学社、燕京大学与美国密苏里大学合作的"合作基金委员会"等。二是教会大学对师生"中西贯通"素质的倡导。"中西贯通"的素质表现之一是汉语与英语都要达到流利标准。如陈裕光在金陵大学推行"双语并重"教育原则,汉语与英语课程的学分一样。"中西贯通"的素质表现之二是要求师生能够做到对中西方典籍的融会贯通,形成自己的知识网络。辅仁大学的英千里就是一个很好的榜样,他不仅通晓哲学、逻辑学,还掌握英语、法语、西班牙语和拉丁文多种语言。三是教会大学以西方科学方式研究中国问题、服务中国普通民众。如金陵大学农学院的师生在 1924—1928 年间,在美国农业部资助下对全国七个省的 2000 多个农户进行经济调查,并用中英文的方式出版了调查结果《中国农家经济调查》;之后在太平洋国际学会的资助下对 22 个省份的土地利用情况予以考察;30 年代初还开展了农村物价调查,不仅是我国进行农村物价统计和进行价格水平研究的第一次，还创制了农村调查表格和说明。① 齐鲁大学则与英国麻风病会合作创办麻风病院，以解决当时麻风病在中国较为高发的实际情况；之后又开展对黑热病的防治工作。四是教会大学的校园设计和景观呈现出中西合璧的样式。1921年，美国基督教会的中国调查团曾对教会大学做了以下的办学提示：在性质上彻底基督化，在气氛上彻底中国化。把这种理念落实到作为一种文化参照物的教会建筑上，就是"将西方的工程技术和理性主义手法与中国古典建筑形式相融合"②。从美学的意义上讲，建筑不仅仅要具备实用性的功能，作为一种文化参照物，其通过建筑的形式感所传达的象征意义同样为人瞩目。而学校建筑，尤其是希望营造一种宗教气氛的教会学校的建筑，首先需要在建筑的形式上传递出一种宗教的精神，同时要兼顾其"中国式的环境"，体现出带有中国传统建筑元素的特点。这正如刚恒毅主教所说："吾人当钻研中国建筑术的精髓，使之天主教化，而产生新面目……乃是要学习中国建筑与美术的精华，用以表现天主教的思想。"③ 对此精神，许多教会大学的设计师们都有着几乎相似的共识。研究表明：采用中西合璧式样的教会大学有12所，它们分别是：北京的燕京大学和辅仁大学，上海的圣约翰大学，南京的金陵大学和金陵女子文理学院，成都的华西协和大学，武昌的华中大学，广州的岭南大学，福州的福州协和大学、华南女子文理学院，长沙的湘雅医学院，济南的齐鲁大学，另外还有原属教会的北京协和医学院。在对中国传统建筑元素的汲取上，他们的艺术灵感主要有两种：一是以地方特色建筑为参考，如圣约翰大学建筑中采用的中国大屋顶及蝴蝶瓦、钟楼上飞翘的檐角等；二是以中国传统的宫殿式建筑为参考，如燕京大学宫殿式样的教学大楼和华表、狮子等。

---

① 章开沅：《文化传播与教会大学》，湖北教育出版社1996年版，第387页。
② 董黎：《教会大学建筑与中国传统建筑艺术的复兴》，《南京大学学报》2005年第5期。
③ 刚恒毅等：《中国天主教美术》，台北光启出版社1968年版，第23～24页。

第二节　中华人民共和国成立初期
　　　　高等教育的文化隐忧

1949年中华人民共和国成立，意味着中国从一个半殖民地半封建的社会走向了独立自主的社会主义社会。随着社会经济体制的巨大变化，作为社会上层建筑的教育必然会发生相应的改变。高等教育应该采取什么样的教育模式？它的文化取向和价值观应该发生怎样的转变？这些问题刻不容缓地成为一个时代需要回答的重大课题。应该指出的是，在中华人民共和国成立初期（这里所指涉的初期，特指从1949年中华人民共和国成立至1960年中苏关系破裂这段时间），中国高等教育在教育模式上的选择和文化上的转向，不仅是受到了国内政治经济的影响，也是受到当时世界格局下各种力量博弈影响的结果。这种选择和转向，适应了中华人民共和国成立初期特殊历史形态的要求，保证了我国的文化安全，但也存在一些突出的问题并给我国之后的发展留下隐患。

一、高等教育"弃美学苏"教育模式的文化困境

在中华人民共和国成立之前，现代高等教育在我国已经发展了半个世纪左右，受到了日本、德国、法国、美国、英国等多个国家的影响。如清末，因为日本通过明治维新而实现社会转型上的成功与国力上的快速崛起，清政府在"旁采泰西"的思路下对西方教育制度的学习，实际上是"以日为师"，国立大学堂都有不少日式高等教育的影子，京师大学堂就是"仿照日本的东京大学而建的"[①]。而蔡元培以德国柏林大学、莱比锡大学为模板，对北京大学进行整顿和改造，其倡导的学术至上、学术自由的理念"其影响所及，绝不止于北大，而在于全国"[②]。

---

① ［加］许美德：《中国大学（1895—1995）》，许洁英译，教育科学出版社2000年版，第64页。

② 蔡建国：《蔡元培先生纪念集》，中华书局1984年版，第315页。

还有，蔡元培参照法国教育体制中"集权与自治相协调"的精神推行大学院制、大学区制。但总体上而言，"美国对中国近代高等教育的影响，从深度、广度和时间跨度上看，都是其他国家所不能比拟的"①。正是美国对中国近代高等教育的深刻影响，中华人民共和国成立前，我国高等教育模式在文化上存在着明显的"亲美"取向。

我国高等教育对美国的学习，在20世纪20—30年代达到了高潮。其中，1922年颁布的《壬戌学制》采用了美国式的"六三三"学制，对中国以后的学制影响深远。而这个新学制从讨论到颁布的全程，都以留美的教育界人士为主导，甚至时任美国哥伦比亚大学师范学院院长的孟禄，也亲自参与了讨论与修订。1924年颁布的《国立大学校条例》，把学制中带有美国色彩的一些规定进一步深化、细化，同时废除的是德国气息比较浓厚的《大学令》和《大学规程》。如果说，"《壬戌学制》和《国立大学校条例》的出台，标志着中国高等教育……完成了由模仿日本、学习德国，到借鉴美国模式的转变"②，那么杜威的实用主义教育思想在中国轰轰烈烈的传播过程无疑是我国高等教育学界文化上向美国靠拢的又一例证，有人甚至形容"杜威的教育思想支配中国教育界三十年"③。位于南京的东南大学的创设，更是美国模式在中国高等教育界形成与确立的典型个案。东南大学由我国第一位留美教育博士郭秉文创办，模仿美国高校设立了董事会和"各科分设学系"的管理架构，并引入了选科制、学分制的弹性教学体制，在人才培养上贯彻"通才与专才平衡"的方针，并强调学校与社会积极互动的办学思想等。因为郭秉文对美国大学办学理念的成功引入，东南大学成为一所在南方与北京大学"双峰并峙"的著名大学，声名日盛，其经验被许多大学复制、借鉴。

我国高等教育模式在文化上有"亲美"倾向的原因主要有这几方面：一是教会大学的影响。在近代中国高等教育中，教会大学的建立时间几乎和国立大学同步。在其早期，教会大学因为在教育模式上基本上取用美英大学较为成熟的模式，很快在我国高等教育界建立起一定的声

---

① 茹宁：《中国大学百年模式转换与文化冲突》，知识产权出版社2012年版，第92页。
② 茹宁：《中国大学百年模式转换与文化冲突》，第101页。
③ 瞿葆奎等：《曹孚教育论稿》，华东师范大学出版社1989年版，第23页。

望,并成为中国其他大学近距离对新式高等教育参考的成功范例。在20—30年代国立大学崛起后,教会大学也通过申请立案和一系列"本土化"改造过程,继续在中国高等教育当中占据着重要的一席之地。而在华的17所教会大学中,有7所具有完全的美国教会背景。因此,美国背景的教会大学以类似新式高等教育样板的方式促进了中国大学文化上的向美看齐。二是美国当时的影响力与发达的教育体系。通过两次世界大战,不同于欧洲诸强在战争中互相损耗而呈现出衰败的迹象,美国的国力反而在战后格局中异军突出,初步成长为一个超级大国。伴随着经济和综合国力上的超强实力,美国发展出一套发达的教育体系,与其文化影响力一起对世界各国包括中国形成了很强的吸引力。同时,随着两次世界大战的爆发和抗日战争的深入,中国高等教育之前的学习对象德国和日本的国家形象受到颠覆,而美国退还部分庚子赔款对国内学人的留学资助和清华学堂的建立,加上"二战"时美国是中国反法西斯的同盟国,具有政治心理上的亲近感,中国高等教育的"学美"之风更加旺盛。三是一大批留学亲美学人在教育界成为权威。清末开始,随着近代科举取士制度的衰微和新式教育的崛起,再加上汲取西方科学知识以报国的拳拳之心,留学成为越来越多学子的选择。在美国利用部分庚子退款资助中国留学生后,中国学生留学美国更是蔚然成风。据统计,仅1909—1929年10年间,通过庚子退款渠道赴美的中国留学生即达到1800余人。① 而教会大学也为其学生留学美国取得学位铺设了一条便捷的通道。许多留美学生在国外获得了高级学位,归国后从事教育事业的很多。尤其是一批曾经就读于被誉为"世界教育中心"的美国哥伦比亚大学师范学院的毕业生,回国后在教育界非常活跃,成为中国高等教育界学习美国教育与文化的主要推动力量。据统计,1941—1944年间,全国审查合格的教授、副教授为2448人,其中934人有留学美国的经历,占38%;1931年的数据表明,当时全国共有公私立大学79所,有65名校长是留学生,其中留学美国的34人。② 尤其是一批留美学者成为中国著名学校的校长,如蒋梦麟(北京大学)、郭秉文(东南

---

① 清华大学校史编写组:《清华大学校史稿》,中华书局1981年版,第69页。
② 谷贤林:《百年回眸:外来影响与中国高等教育发展》,《北京科技大学学报》(社会科学版)2001年第1期。

大学)、梅贻琦(清华大学)、竺可桢(浙江大学)、李登辉(复旦大学)等,更是身体力行地在本校推广美国高校的教育模式和文化精神。另外,大批留美学者还成为教育行政的高级官员或近代教育知名期刊的创办人和撰稿人,为美国教育文化精神在中国的推行起了推波助澜的作用。四是美国高等教育的"社会服务"特点。美国高等教育模式与欧洲模式非常不同的一个特点,就是与欧洲高等教育倾向于把大学当成一个与社会保持一定距离的"象牙塔"不同,美国高等教育受到实用主义哲学的深刻影响,强调高校在与社会的互动中参与社会、服务社会。美国高等教育这种入世型的文化精神与中国传统知识分子"天下兴亡、匹夫有责"的社会抱负与责任感有相当多的契合之处,而中国现代高等教育诞生与成长的历史语境正是中国社会处于严重内忧外困的时期,知识分子的内心深处更激发起求学以报国的志向。这种把个人求学成才与"救国家民族于危亡中"联系起来的赤子之心也使许多人对美国高等教育提倡"社会服务"的文化精神更加容易产生认同感。

中华人民共和国的成立是中国近代史的一个重要转折点,也是中国高等教育史上的重要转折点。从那时起,中国高等教育在整个体制和文化取向上都发生了根本性的转向,简单地说,就是从"亲美"转向"学苏"。为了建立起和新民主主义文化精神一致的高等教育体系,我国政府对高等教育进行了一系列的改造。1950年6月,在北京召开的全国第一次高等教育会议上特别指出,"高等教育无论在其内容、制度、方法各方面都必须密切配合国家的经济、政治、国防和文化的建设,必须很好地适应国家建设的需要"①。教会大学被政府的接管拉开了政府对高等教育改造的第一步,而之后全国高校的拆分与重新合并则把原有的高等教育格局彻底打破,为中国高等教育系统的重建奠定了根基,也在文化取向上把中国高等教育的"亲美"取向变为向苏联学习。中华人民共和国成立后的60年间,因为历史的吊诡,中国高等教育经历了大起大落,对苏联模式的看法也几经改变。应该说,初期高等教育模式文化上从"亲美"转向"学苏",第一位的原因是政治上的,就如20世纪50年代教会大学被政府接管一样。如果说,"教会教育的失败……主要是一种政治的失败,是美国和其他西方国家在中国大陆政策

---

① 田正平:《中外教育交流史》,第904页。

失败的附属品"①,那么初期高等教育在教育模式和文化取向的选择是与中国当时外交"一边倒"的政策在精神上是一致的,更多的是一种政治上的需要而非教育本身的需要。

"二战"后,《雅尔塔协定》的签署构架了美苏两个阵营,分别代表了两种社会制度、两种意识形态取向。我国曾经试图与美国建立正常的交流与外交关系;但是美国出于"遏制共产主义"的意识形态立场,不肯放弃对国民党的支持,并否认中华人民共和国政府的合法性与正当性。而苏联政府在中国共产党长期革命的历程中,不仅给予了许多宝贵的帮助,也是中华人民共和国成立后第一个与我国建交的外国政府。中国共产党出于意识形态的考虑和新政府受到美国敌视而面临的国家安全问题,提出了"一边倒"的外交政策。这个思想最早出现在1949年6月30日毛泽东写的《论人民民主专政》一文中:"一边倒,是孙中山的四十年经验和共产党的二十八年经验教给我们的,……中国人不是倒向帝国主义一边,就是倒向社会主义一边,绝无例外。"② 朝鲜战争的爆发,更使新生的中华人民共和国和以美国为首的西方国家的矛盾趋于尖锐,并遭到其在政治、经济、文化上的围堵。至此,中国与北约阵营的外部交流全面中断,中国被迫从中华人民共和国成立前的全面外交转向与以苏联为首的社会主义国家的局部外交,外交的"一边倒"政策得以最终确立和巩固。为了打破美帝国主义的封锁,并获得一个较为有利的发展环境,中国政府进一步靠拢意识形态一致的苏联等社会主义国家,并通过与苏联结盟的方式巩固和加强与苏联的关系。作为社会主义国家,苏联不仅在社会制度、意识形态上对中国有着强烈的吸引力,而且作为一个唯一在综合实力上可以与美国抗衡的国家,苏联从落后到崛起的建设经验也吸引着在"一穷二白"基础上建立起来的中华人民共和国。1949年,刘少奇在中苏友好协会的成立大会上提出"以俄为师",毛泽东也在文章中指出:"苏联共产党……已经建设起来了一个伟大的光辉灿烂的社会主义国家。苏联共产党就是我们最好的先生,我们必须向他们学习。"③

---

① 田正平:《中外教育交流史》,第905页。
② 《毛泽东选集》第4卷,人民出版社1991年版,第1472～1473页。
③ 《毛泽东选集》第四卷,人民出版社1991年版,第1481页。

当然，中国高等教育对苏联高等教育的学习除了政治上的原因，在教育本身的角度来说，也有一定的影响因素。首先，苏联的高等教育体制是与其社会经济体制相适应的，高等教育体制上的安排完全与国家集中领导下的计划经济模式相呼应，并建立了一套相对完整和完善的高等教育制度。其次，苏联"重理轻文"、重视专才培养的教育思路为苏联培养了大批技术性专业人才，很好地促进了当时苏联的社会经济发展。对于急于摆脱美式高等教育模式又急待重建一个与社会主义制度相适应的高等教育体系的中国来说，苏联模式无疑是社会主义高等教育模式最直观也最便捷的学习途径。最后，在中华人民共和国成立前的中国共产党教育事务和办学经验上，苏联因素始终占据着重要影响。大批中国共产党的高级干部和他们的子女均有到苏联学习的经验；苏联也曾经帮助中国共产党在国内培养需要的专业人才。如1946—1948年，苏联在东北开办铁路干部专业训练班，为东北根据地培养相关人才；苏联开办的中长铁路工业大学，为东北培养了400名学生。① 可以说，中华人民共和国成立后教育上的"以俄为师"，某种程度上也是其之前苏式教育的自然延伸。1949年12月，钱俊瑞以教育部党组书记的身份在全国第一次教育工作会议上提出"特别要借助苏联教育建设的先进经验，建设我们的新民主主义教育"②，由此开启了我国教育领域的学苏序幕。而1950年《中苏友好同盟互助条约》的签订，更掀起了全国性的、全方位的学苏热潮，高等教育领域内文化上的"学苏"取向也在这股潮流中不断深化。

二、高等教育"学苏"模式的文化样态

中华人民共和国成立初期，为了确立我国与社会主义体制相适应的高等教育体系，建立起新型的教育文化模式，除了肃清旧式大学的影响外，中国政府更多的考虑是结合解放区的办学经验，并以向苏联学习作

---

① 向青、石志夫、刘德喜：《苏联与中国革命》，中央编译出版社1994年版，第545页。

② 何东昌主编：《中华人民共和国重要教育文献（1949—1975）》，海南出版社1998年版，第889页。

为一种新型高等教育模式的教育文化方向，对高等教育系统进行了轰轰烈烈的改造。以苏联为模板对我国高等教育的改造，完全改变了之前我国高等教育的教育模式、教育格局、文化取向和精神风貌，主要的表现是：

一是两所苏式样板大学的建立。在中华人民共和国的高等教育历史上，有两所大学的地位非常特殊，它们是中国人民大学和哈尔滨工业大学。中国人民大学是在有着解放区教育传统的华北大学、华北人民革命大学和政法干校的基础上创立的，这所中华人民共和国第一所正规大学的创办主要是培养财经、政治和外交等急需的文科人才。哈尔滨工业大学则是从一所旧式大学直接改造，办学目的是通过学习苏联经验，把它建设成一所多科性工业大学，为重工业部门培养高级工程师人才和理工师资。这两所大学一文一理，它们在中华人民共和国成立伊始的特殊时期，肩负了一个相同的历史使命：成为中国建立新型社会主义大学的苏联教育与文化模式的试点与样板。中国人民大学和哈尔滨工业大学的创立和改造有着中国政府的现实考虑。之前，中国共产党虽然在解放区有过一些高等教育性质的办学经历，但毕竟没有办过正式意义上的高等学校。中华人民共和国成立后，建立正规高等学校的事情提到建设日程。因为高等学校是教育系统生态链中的顶级一环，并肩负着培养社会主义"精英型"建设者的使命，高等学院的建立被放到一个非常重要的位置。在新生的中国政府看来，新型大学的教育模式和文化方向必须是完全不同于中国旧式的大学尤其是采用美国模式的大学，而是借鉴苏联的社会主义模式。学习苏联经验，建立高等教育的"苏式"样板无疑是非常必要的。因此，这两所学校得到了中国政府领导人的特别重视。以中国人民大学为例，从组织筹办委员会到拟定具体计划的全过程，时任中央人民政府委员会副主席的刘少奇亲自参与主持工作。1949年12月，政务院开会通过了《关于成立中国人民大学的决定》。对中国人民大学的经费支持更是非常的难得，在国家财政经费十分紧缺的1950年，专门用于中国人民大学一校的经费就占到教育部全部概算的1/5。1950—1957年，中国人民大学聘请的苏联专家达到98人，为全国最多。而为了推广中国人民大学的学苏经验，1954年4月，中央高等教育部专门召开了中国人民大学教学经验讨论会，进一步树立了其在高等学校中"苏式"样板的领头羊地位。

二是对全国院系与学科专业的调整。1952年5月开始,教育部以苏联高等教育的结构模式为依据,制定了《全国高等学校调整计划(草案)》,调整的方针是:"以培养工业建设人才和学校师资为重点,发展专门学院,整顿和加强综合大学。"① 由此拉开了全国范围内有计划、分步骤的大规模院系调整的序幕。院系调整可大致分为三种情况:一是拆分原有的综合性大学,分离出一些专业性较强的院系,仿照苏联把其改造为文理综合大学;二是几个综合性大学原有的相似专业的院系调整归并到一起,建立起新的理工类、师范类、农林类、财经类、政法类、艺术类、体育类等单科性专门院校;三是建立新的苏式多科性工业大学。在前后历时6年的调整结束后,全国共有高等学校229所,其中综合大学17所,工业院校44所,师范院校58所,医药院校37所,农林院校31所,语言院校8所,财经院校5所,政法院校5所,体育院校6所,艺术院校17所,其他院校1所。② 值得指出的是,这次院系调整是针对全国所有高等学校进行的,院系调整的一个共时性背景是所有高等学校都经过不同程度的接管和改造,被纳入单一的国家办学体制。也就是说,原有的教会大学被撤销,原有的私立大学也被转为公有,尤其在院系调整后,各个大学经过拆分与调整、合并,学校面貌焕然一新。院系调整一方面使我国的高等教育完成了一种"美式"教育结构模式向"苏式"教育结构模式的转换,另一方面也使我国高等教育的国有化改造得以彻底完成。在院校调整的同时,我国还仿照苏联建立起中央高等教育部与有关部门分工负责管理高等学校的体制。1953年,政务院颁布了《关于修订高等学校领导关系的决定》,布置了分工管理的具体做法:①综合性大学由教育部直接管理;②与几个业务部门有关的多科性高等工业学校由教育部直接管理或协商后交与某一中央有关业务部门管理;③主要为某一业务部门培养干部的单科性高等学校,可委托中央有关部门管理。③ 由此,对我国高等教育具有深远影响的条块式管理机制建立起来。高等教育仿照苏联模式的改造,与院校调整相伴随

---

① 何东昌:《中华人民共和国重要教育文献》(1949—1975年),海南出版社1998年版,第376页。
② 《中国教育年鉴(1949—1981年)》,中国大百科全书出版社1984年版,第965页。
③ 刘光:《新中国高等教育大事记(1949—1987年)》,东北师范大学出版社1990年版,第60页。

的，是对各校各个专业的调整。以前，中国的大学只设"系科"不设专业，是一种美国式大学培养宽口径"通才"的做法。苏式大学的人才培养特点则是与计划经济体制相适应的"专才"型技术性人才培养方式，所以专业较多且相对细化。到 1957 年院系调整基本结束时，全国共设专业 323 种，① 并增加了许多以前没有开设的理工科类的学科和专业。

三是邀请、聘任苏联教育专家来华指导。邀请、聘任苏联教育专家来华指导是我国汲取国外先进教育方法与经验的重要和便捷的渠道，关于这个问题，我国的国家领导人曾就此多次向苏联发出邀请。如 1949 年 7 月，刘少奇专门给斯大林写了一封信，"希望苏联派各个科目的教师到中国来工作，帮助我们在中国培养管理国务活动各部门所需要的干部"②。1952 年 8 月，周恩来总理在访问莫斯科时向苏联提出对苏联专家的需求："从 1953 年起中国大约需要 750 位新派的专家，其中 417 位军事专家，190 位财经问题专家，140 位包括医学在内的各类学校教师和其他中国机关工作工员。"③ 苏联出于与中国结盟的需要，在中国需要苏联专家的问题上也非常积极地配合。早在 1949 年，苏联帮助中国建立了 6 所空军学校。在 8 月和 10 月，苏联派出了从校长到地勤人员共计 878 人的全套人马来到中国。在苏联的大力帮助下，这六所学校在 12 月顺利开学，并按中苏双方的约定，由苏联专家担任校长。1949 年 11 月 22 日，中华人民共和国第一所高等军事院校——海军大连舰艇学院成立，当时任教的苏联专家有 84 名。随着苏联援助中国 156 项重大项目的落实和"向苏联学习"口号的提出，苏联向中国派遣专家的力度持续加大，到抗美援朝结束的 1956 年前后达到高潮。据统计，从 1949 年到 1958 年的 9 年中，我国经济文教部门一共聘请苏联专家 10260 名，占当时在华外国专家人数（11527 名）的 89%，其中不少是

---

① 《中国教育年鉴（1949—1981 年）》，第 965 页。
② ［俄］列多夫斯基：《斯大林与中国》，陈春华、刘存宽译，新华出版社 2001 年版，第 119 页。
③ ［俄］列多夫斯基：《1952 年 8 至 9 月斯大林与周恩来会谈经过》，陈春华译，《中共党史研究》1997 年第 5 期。

教育界的专家。① 在 1952 年 4 月以前，苏联专家主要集中在中国人民大学（47 人）、哈尔滨工业大学（18 人）、北京俄文专修学校（11 人）、北京师范大学（3 人），这 4 所学校的苏联教育专家占到了来华教育专家总数的 85% 以上。② 中国人民大学和哈尔滨工业大学作为苏联教育专家的集中地，再次说明了它们的"苏式"高等教育的样板地位。之后，因为各个高等学校聘请苏联专家的热情非常高和学苏活动在高教领域的深入，苏联专家被分配到更多的高校，中国对苏联教育专家的聘请也逐渐趋于正规化。到 1954 年底，全国已有 35 所高校聘请了苏联专家 183 人。到 1955 年底，在全国有 37 所高等学校和 5 所中等专业学校聘请了苏联专家。③ 苏联教育专家的专业分布广泛。从聘请苏联专家的前期看，为了培养俄语翻译人才及国家建设所需的财经、政治类人才，我国最先聘请来华任教的多为俄语、财经类专家。在 1949—1952 年来华的 187 名苏方教师中，俄语类 49 人，占 26%；理工科类 56 人，占 30%；政治财经类 52 人，占 28%；其他方面 30 人，占 16%。④ 到了聘请苏联专家的中后期，我国对苏联教育专家的聘请已转变为有选择的、有方向性的聘请，多是一些我国紧缺专业。如北京地质学院聘请的是地球物理探矿专家，北京钢铁学院聘请的是冶金机械装备专家，清华大学聘请的是土木工程专家，从专业上看，多是属于理工性质的尖端学科。而从学历层次上看，苏联专家也具有相当高的层级，在来华的文教类专家中，达到副博士、博士学历的专家占总人数的 20%。1949—1960 年，在我国高等学校工作的苏联专家帮助我国培养教师、研究生共 14132 人；亲自讲授的课程有 1327 门，指导中国教师讲授的有 653 门；编写讲义和教材 1158 种，指导建设教研室 384 个、实验室 807 个、资料室 217 个、实习工厂 40 个。⑤ 可见效果非常显著。

---

① 李涛：《建国初期前苏联教育专家来华的历史考察》，《山西大学学报》2006 年第 1 期。

② 毛礼锐、沈灌群：《中国教育通史》（第六卷），山东教育出版社 1989 年版，第 103 页。

③ 《苏联专家全面帮助我国培养建设人才》，《光明日报》1955 年 2 月 18 日。

④ 胡建华：《现代中国大学制度的原点——50 年代初期的大学改革》，南京师范大学出版社 2001 年版，第 63 页。

⑤ 刘英杰：《中国教育大事典（1949—1990 年）》，浙江教育出版社 1993 年版，第 1675 页。

四是派遣留学生赴苏联学习。中国共产党在长期的革命历程中，就有派遣高级干部和他们的子女到苏联学习培训的传统。中华人民共和国成立后，向苏联派遣留学人员更被认为是"直接向苏联学习，培养高级专门人才的最有效的方法"。1951年8月，我国首批派往苏联的留学生启程。当时，国家财力还很薄弱，虽然苏联给予了我国不少优惠政策，但培养一名苏联留学生的费用依然高昂，"派一名留学生的费用相当于25户到30户农民全年的劳动收入"①。但中国首批赴苏留学生的人数还是达到了375名，说明中国把向苏联派遣留学生的工作放到一个很高的位置来看待，一开始就是为大规模向苏联学习做准备的。周恩来总理在首批赴苏联留学生启程前接见他们并赋予他们亲切的慰问与殷殷期待，新华社也为此发了专门的电讯报道。1952年，中苏《关于中华人民共和国公民在苏联高等学校学习之规定》的签署，进一步把我国向苏联派遣留学生的行为制度化和规范化。直到中苏关系出现裂痕的1957年，我国的赴苏留学生人数基本呈现逐年增加的态势：1952年220名，1953年583名，1954年1375名，1955年1932名，1956年2085名。② 1951—1965年间，我国政府派遣的苏联留学生总数为8310人，占同期中国外派留学生的78%。③ 赴苏留学生除了少部分由中央一些部门和厂矿企业派出外，大多数由教育部统一派遣。他们分布在苏联200多所大学和科研机构里，尤其集中在莫斯科和列宁格勒（今圣彼得堡）两个城市。他们最主要的学习任务是学习苏联的先进科学技术及教学经验，学成回国大部分成为我国高等学校的教师。而从专业上看，这些留学生的专业遍及机械、水电、石油、钢铁、航空、地质、化工、有色金属、建筑、医药、交通、生物、海洋、食品、气象、军事、艺术、体育、师范、财经、法律、语言、哲学等40多个专业，但工科背景明显占优势，学习工科的留苏学生占到总人数的70%以上。④ 同时，赴苏留学生定位于培养高端人才，基本上派遣的是大学生和研究生。为了使我国派遣留苏学生的活动更好地与我国高等学校培养优秀师资相结

---

① 朱训：《希望寄托在你们身上——忆留苏岁月》，中国青年出版社1997年版，第15页。
② 田正平：《中外教育交流史》，第876页。
③ 丁晓禾：《中国百年留学全记录》，珠海出版社1998年版，第1340页。
④ 田正平：《中外教育交流史》，第882页。

合，拓宽留苏人员的种类和范围，1955年，高等教育部决定从一批重点高校选拔教师前往苏联进行为期1～2年的学习。同年，首批赴苏联进行短期专业进修的高校教师启程，他们分别来自中国人民大学、北京大学、清华大学、北京农业大学、浙江大学等18所高校。之后，高校教师赴苏进行专业进修的活动进一步延续和加强，高校教师成为赴苏留学人员中，与本科生、研究生并列的三大留学生生源。1955—1963年，我国共派出进修教师和科研实习人员700人，占该时期留学生人数的31%，并多于同期派出的本科生。留苏学生回国后，许多人成长为领导人、著名学者和技术骨干，对我国的社会主义建设起到了科技主力军和带头人的作用。这反映在高等教育领域同样如此。首先，留苏学生里产生了一批我国教育界的高层领导，对我国教育政策的制定和教育理念的推行产生过重要影响，如改革开放初期先后担任第一任、第二任教委主任的李鹏、李岚清；其次，留苏学生里产生了一批我国重点高校的校长、书记，如曾担任武汉大学校长的刘道玉教授、曾担任北京师范大学副校长的顾明远教授、曾担任浙江大学副校长的吕维雪教授等；再次，留苏学生里还产生了一批教育专家，如研究外国教育史的吴式颖教授、教育理论家成有信教授；最后，许多高校的学科带头人和著名学者都有着留苏的经历。

我国通过向苏联学习，在短时间内很快就建立起一套相对完整的、与社会主义制度和计划经济体制相适应的高等教育模式。而这场从上到下的全国性高等教育界学苏活动，也呈现出与时代相关的鲜明特点：一是政治性强。中华人民共和国成立初期，高等教育对苏联模式的学习，是全国性"以俄为师"的一部分，领导人亲自介入倡导，以自上到下的方式来推进。某种意义上说，对苏联的学习是一种政治任务，"当时的情况是，操之过急，谁照搬得多，学得快，谁就受到表扬；相反，谁若提出疑问或反对，谁就被视为落后，甚至被视为'反动'。把学习苏联教育经验提到所谓'两个阶级、两条路线斗争'的高度去认识"[①]。毋庸置疑的是，导致我国学习苏联的最主要原因，不是苏联代表了当时世界上最先进的教育方法和经验，也不是我们在可能情况下的唯一选择和最佳选择，而是苏联的高等教育是社会主义意识形态的高等教育，是

---

① 毛礼锐、沈灌群：《中国教育通史》（第六卷），第112页。

与计划经济体制相一致的高等教育模式，这不但与我国的社会意识形态一致，也与我国重建高等教育的目标相似。因为政治的因素而不是更多地着眼于教育规律本身去学习，一方面不能很好地去正视苏联模式本身的弱点，增加了学习的盲动性；另一方面也为中苏关系破裂后高等教育苏联模式的被颠覆埋下隐患。二是"学习苏联"具有全面性和深入性。中华人民共和国成立初期，高等教育界学习苏联的活动具有全面、深入和持久的特点。一直到50年代末，中苏关系破裂，苏联撤走所有的专家，我国高等教育界学习苏联的活动仍在持续不断地向前推进。我国高等教育界学习苏联的全面性体现在对苏联模式的全盘照搬：从思想风貌上对苏联高等教育理论的引进，到学校层面上的专业、学科整合和人才培养计划的调整、苏联版教科书的引进和使用、课时和学时的分配、苏联教学和考试等规章制度方法的运用等，再到国家层面上的以学科专业为依据的院校调整和高校与中央高等教育部或相关部门相挂靠的条块型管理方式等。同时，正因为在高等教育界对苏联模式的学习活动在将近10年的时间里不断地推进，学苏活动进行得十分深入，并取得了一些实实在在的成效。例如，苏联高级别的教育专家可以直接介入我国的教育部和高等教育部，帮助制定重大的教育决策；许多苏联教育专家以担当各级教育部门顾问或讲学的方式传播苏联教育思想；高等学校聘请的苏联专家更是深入教学与科研的一线，手把手地帮助中国同事编写教材、制定教学大纲和讲课方案等。三是对苏学习交流上的单向性与不均衡性。在对苏联的积极交流学习中，一方面是苏联专家人员的大量引入，另一方面是我国赴苏联留学生的大量派出，在看似"双向"的人员交流中，又呈现出某种单向性与不均衡性。从专家人员的引入来说，我国接收了大量苏联教育专家，但苏联基本不向我国申请派遣相关的专家学者去苏联交流，呈现出高级专家学者只是从苏联流向中国的单向性。而在我国大批量向苏联派遣留学生时，苏联到我国留学的学生也非常少。截至1965年底。我国接收的苏联来华留学学生一共仅有208人，而且专业分布狭隘，集中在中国历史、地理和文学几个专业，呈现出留学人员主要是从中国流向苏联的单向性。这种中苏人员交流上的极大不均衡反映出中国当时高等教育相对于苏联高等教育的弱势地位，但某种程度上也是中国高等教育放弃了自己曾有过的优点，主动以一种"归零"的姿态看待自己和苏联的教育差距。这种姿态，一方面是我们的谦逊使我们更容易学到苏联的教育特点；另一方面也会遮蔽我们的眼睛，忽视了自身高等教育的传统和可能存在的优势。

三、高等教育"学苏"模式的文化隐患

中华人民共和国成立初期高等教育模式从"亲美"转向"学苏"，这种文化取向上颠覆性的改变，对我国高等教育的长远影响是弊大还是利大，到今天仍是一个争论不清的话题。客观地说，初期我国高等教育对苏联模式的选择适应了当时建设社会主义新中国的需要，很大程度上促进了我国的文化安全；但这种"全盘苏化"的高等教育模式也对我国之后的高等教育发展产生了一些消极影响，为我国的文化安全埋下隐患。

一是初期高等教育的"学苏"模式选择促进了我国的文化安全。中华人民共和国成立初期我国高等教育在文化安全上面临许多问题，从而对我国整体性的文化安全造成威胁。这些问题，有些是历史遗留下来的，有些是严峻的国际政治现实造成的，因此初期高等教育的模式选择绝不仅仅是一种简单的出于领导人偏好的主观选择。由于高等教育对于社会构建与文化传承、人才培养的重要性，高等教育的模式选择其实也是一种国家层面上的选择。这种选择受到历史与现实等国内外诸多力量与因素的影响，并直接指向国家新生政权文化意识形态合法性的巩固、国家未来人才的培养和未来文化发展方向等诸多关键问题。从积极意义上说，我国高等教育"向苏联学习"的模式选择大大提升了我国高等教育抵御外来敌对文化威胁的实力和水平，促进了我国的文化安全，具体表现在以下方面。首先，有利于打破欧美国家对我国的文化封锁。中华人民共和国成立后，出于历史原因和遏制共产主义的需要，以美国为首的西方国家不仅不承认新生政权的存在，而且对我国采取孤立政策，从政治、经济、文化上全面停止和我国的交流，企图把我国变成国际社会的孤岛和弃儿，达成使我国新生政权"不攻而自败"的政治目的。我国高等教育"向苏联学习"的选择，是我们国家在整体政策和利益取向上以和苏联结盟的方式，加强历史形成的中苏友好关系的整体国家战略的一个子部分。我国高等教育确立了苏联式的教育模式、教育制度和教育体系，由此在教育文化上更加靠拢以苏联为首的社会主义国家，

成为社会主义大家庭的一分子,拓展了国际生存空间与话语权,使新生政权获得有力的战略支持和文化保证。更重要的是,通过向苏联的学习,中国和苏联的教育文化交流在传统友好基础上继续得到巩固和加强。在中华人民共和国成立的头10年时间里,通过苏联专家来华指导和我国派遣赴苏留学人员两大文化交流途径,使苏联各种先进文化思想(包括教育理论和教育方法、体系等)源源不断地流入我国,突破了欧美等西方国家对我国的文化封锁。其次,提升了政府对高等教育的文化领导力和控制力。在我国高等教育的"学苏"模式中,高等教育的国有化改造和院校调整是重头戏。而院校调整的前提则是高等教育的国有化改造彻底完成。1949年以前,我国高等学校的情况比较复杂,由公立大学、私立大学、教会大学三分天下。据统计,当时共有公立学校124所(包括国民政府国立、省立、市立学校),占总数的60.5%;私立学校61所,占总数的29.8%;教会学校21所,占总数的9.7%。[1]因为学校成分复杂,各个学校的领导层的人员构成也非常不一样,给我国政府对高校的领导带来困难。通过向苏联学习,我国高等教育把全国所有的高校纳入国有化改造的范围,尤其是对一些有美英背景的教会大学进行接管改造,肃清了国外势力的影响。我国政府对全国所有高等学校所有权的确立,在教育主权意义上实现了高等教育的完全独立和自主,增强了政府对高校的文化领导力和控制力。在院校调整中,一些大学被拆散后重新按照专业聚合,一些曾经非常有影响力的教会大学如圣约翰大学、燕京大学、岭南大学等更是在这次调整中完全退出中国高等教育舞台,使得政府对高校的文化领导力和控制力进一步增强。再者,确立了高等教育领域社会主义意识形态的合法性与主导地位。高等学校是培养国家精英的场所,高等教育所追求的主流价值观会对所培养的人才产生深远的影响。中华人民共和国成立前,我国的高等教育作为"后发型",向世界各国学习,尤其受到美国教育文化的深入影响。除了美国教会所开办的大学直接移植美国的教育模式外,许多国立大学和私立大学都模仿和沿用美国大学的教育模式,加上许多师生都有留学欧美的经历,亲近欧美文化与价值观的人非常多,这一切都不利于中华人民共和国成立后所要树立的社会主义主流价值观。我国高等教育对苏联

---

[1] 余立:《中国高等教育史》(下册),华东师范大学出版社1994年版,第3页。

教育模式的学习，带有极强的政治性质。向苏联高等教育的学习，其中就代表着向一种已经成功的社会主义先进高等教育模式的学习，并以此取代之前在高等教育体系中占优势的欧美高等教育模式和文化价值观。随着高等教育的"苏式"改造的深入和中国政府对高校文化领导力、控制力的加强，高等教育领域社会主义意识形态逐渐成为主导，并成为唯一具有合法性的文化价值取向。最后，使我国迅速形成一个较为完整、细致、水平较高的社会主义高等教育体系。中华人民共和国成立前，我国高等教育已走过大约半个世纪的道路，达到了一个较高的水平。但是，中华人民共和国成立后执政党的改变、社会体制的巨变、意识形态的转向，使我国政府决定重建一个与社会主义计划经济体制相匹配的高等教育体系。对之前中国高等教育制度和传统的基本放弃，和中国共产党之前没有办过正规大学的历史，意味着中华人民共和国成立后高等教育重建的基础非常薄弱。而苏联高等教育模式彼时已经过了30年的发展，形成了一整套与社会主义计划经济体制相配套的成熟的教育规章制度和人才培养模式。可以说，苏联模式是当时世界上优秀的高等教育模式之一。1957年苏联的卫星上天引发美国教育界的集体反思，也说明苏联高等教育体系确有其独到与过人之处。同时，苏联的高等教育还有久远的历史，因为身处欧洲，它"深深扎根于欧洲文化传统，特别是法国的文化传统土壤之中"①，在历史发展演变中汲取了许多西欧尤其是法国和德国的教育传统、教育经验，体系严密，制度分明，注重教师素养的训练和采用科学的教育教学方法，等等。这一切在中国高等教育向苏联学习的过程中通过教育思想、人员交流等多种途径被悉数传播到中国，改变了中国共产党早期实行教育时非正规化和散乱的毛病，使我国高等教育在中华人民共和国成立后短短10年间迅速形成一个学科专业门类较为完整、规章制度较为细致、水平较高的社会主义高等教育体系，极大增强了我国的教育实力和文化影响力、传播力，培养了一大批社会主义国家的文化精英和技术骨干力量。与中华人民共和国百废待兴相伴随的，是各种人才，尤其是高端的翻译人才、文体精英和理工科技术骨干的奇缺。苏联向中国提供了156个大型项目的经济技术援助后，怎样才能使用好这些大型项目的技术设备，并在此基础上形成

---

① ［加］许美德：《中国大学1895—1995》，第105页。

中国自己的设计生产能力？高端人才的培养更成为一个直接关切到国家未来建设力量和科技实力发展与后劲的迫切问题。由于中国原先的高等教育模式倾向于美国模式，强调通才教育，理工科的设立较少。中华人民共和国成立后，我国采用苏联模式，承继了其对"专才"教育的培养，并引进了大批之前空白而对我国的国民生活又影响重大的理工学科，培养了大批与当时实行"重工业立国"国家战略相匹配的技术人员和骨干，为我国建立起体系完备的工业体系和国家综合实力的增强打下人才基础。而这批最早由我们自己培养的文化精英和技术人员，大多成为许多高等学校的教师和单位的技术骨干力量，成为我国社会主义建设的重要倚重力量和社会主义新文化的薪火传播者。

二是初期高等教育的"学苏"模式选择给我国文化安全埋下隐患。中华人民共和国高等教育体系是在非常薄弱的基础上建立起来的，对苏联这种意识形态一致的成熟高等教育体系和模式的学习非常自然，也是世界上许多第三世界国家"后发外生型"教育的普遍做法。但值得注意的是，像我国在"成立初期那样，如此全面而彻底地移植苏联高等教育模式，却是极为罕见的例子"①。正是这种全面而彻底的移植方式，使我国的高等教育体系一开始就形成了一种依托于苏联教育文化的依附性发展。虽然"以俄为师"的高等教育模式在一段时间内使我国的高等教育力量迅速壮大，但依附性发展使我们缺乏一种批判性的眼光对其去粗存精地进行本土化的改造。苏联的高等教育体系对应的是苏联当时已经形成的大规模工业化生产的社会状况和严密的分工体系，而我国的工业技术基础薄弱，这套组织严密的高等教育体系不一定适用于我国，而且苏联唯"精英论""天才论"的教育理念也与我国的现实存在冲突。种种矛盾使得这套苏式教育模式在我国越来越水土不服。学界后来普遍认为高等教育"以俄为师"的弊端是形成了一套不适应中国国情的僵化教育管理体制和教育结构。但是，由于学苏活动持续了将近10年，我国高等教育的苏联式教育体系、文化精神已经成形，之后虽然在发现其弊端后几经改革，却依然展现出其顽强的制度惯性。对这种教育模式所造成教育文化上的消极影响，有学者甚至认为"我国以后进行

---

① 茹宁：《中国大学百年：模式转换与文化冲突》，第178页。

教育改革的主要原因之一就是为了修正或重创新的教育体制和结构"①。有学者认为，中国的教育传统是三个方面的混合物：①中国传统教育重视伦理道德教育、培养政治人才的主流旧传统；②受欧美教育影响、追求学术自由、大学自治的非主流教育新传统；③中国共产党在长期的革命战争环境中，在根据地、解放区培养干部队伍中所形成的教育理念和方法。② 对于中华人民共和国成立初期的高等教育所面临的建设基点，这一看法稍加调整也可以成立。当时，中国共产党在建设高等教育时所能运用的高等教育传统，包括中华人民共和国成立前众多的正规高等教育所积累的教育模式与经验，以及在根据地、解放区所积累的教育经验。前者已经历经了半个世纪左右的发展，形成了大批著名高校，并构成国立大学、私立大学、教会大学三分天下的局面。国立大学的前身多是在"中体西用"思想下办起来的一些政府学堂，既把国学研究放在基础的位置，又注意引入西方一些先进的教育思想；教会大学虽然在早期是一种直接对西方高等教育模式的移植，但随着"本土化"运动的兴起和深入，中国传统教育思想也逐渐渗入进来，形成一种中西合璧式的模式；私立大学受到高等教育大环境的影响，也基本上采用了一种中国与西方高等教育思想、教育经验杂糅的办学特点。简单地说，中华人民共和国成立前的高等教育基本上形成了一种以采用美国高等教育模式为主，又糅合了西欧和日本的一些高等教育模式特点，同时较注重中国传统教育思想的混合式教育方式。这一传统在"学苏"后基本被否定了。对这一传统的冷淡与漠视，意味着已经发展了接近半个世纪的中国高等教育基本上又要从头开始。而在根据地、解放区所积累的教育经验，虽然曾提出要给予重视，但由于其毕竟不是一种真正意义上的大学教育经验，加上之后把"以俄为师"提到一种思想意识上的政治高度，这种经验也没有受到重视。中国高等教育学苏模式的另一面，是对欧美国家教育经验的"选择性失明"。如果说，之前的高等教育还能兼容并包，是一种多渠道、多向性的学习与交流，现在只剩下了以学习苏联为

---

① 张俊洪：《回顾与检讨——新中国四次教育改革论纲》，湖南教育出版社1999年版，第42页。

② 李涛：《依附发展下的自我调适——关于建国以来我国教育发展模式的反思》，《现代大学教育》2005年第5期。

主的单向性的文化交流。显然，把欧美国家教育经验等同于"帝国主义"，是一种"选择性失明"，并由此造成一定程度上的文化封闭。就像苏联模式不可能毫无纰漏，对其全盘照搬具有盲目性一样，欧美国家的教育经验也不可能没有任何可取之处，对其的全盘否定只能让我们无法以一种理性的眼光取其精华、取其糟粕，造成文化上的故步自封。尤其是 20 世纪中期以后，欧美国家进行了多次教育改革，取得了大批成果，这些经验和成果完全可以让我们去积极借鉴。虽然与欧美国家高等教育的直接交流存在障碍，但学习借鉴的渠道仍然是有的。然而我们却在"被封锁"与自我封闭中与世界上的先进教育潮流越来越远，甚至在"文革"时期走向教育文化上的全面封闭。

第三节　改革开放时期高等教育的文化样态

改革开放时期，是指 1978 年中国启动改革开放政策至今。开放前我国因为"左"倾思想的影响，逐渐走向政治、经济、文化上的自我封闭，使中国错失了几次有利的战略机遇期。改革开放决策的出台，构建在当时第二代国家领导群体对之前错误历史的反省、对现实国情的把握与引领中国重新崛起的勇气与责任上，同时也是中国人民痛定思痛后的集体意识。"开放"取代"封闭"，成为 30 多年来时代的主旋律。我国的文化与政治、经济一起，从此融入世界潮流。与国家文化开放的总体指向相一致，我国高等教育也走出改革开放前的自我封闭状态，呈现出与世界各国高等教育积极交流、开放交融的繁荣局面。随着我国高等教育的文化开放、自我壮大和高等教育国际化战略的实施与推进，文化安全问题也呈现出新的表现形式与时代特点。

一、高等教育从封闭到开放的文化图景

改革开放之前，我国由于一系列错误路线的叠加再加上十年"文革"浩劫，整个社会满目疮痍，教育文化处于一种停滞甚至退后的状态。自我封闭，可以说是改革开放前我国高等教育的基本面貌。中国高

等教育的自我封闭是当时中国整个社会自我封闭的一个缩影,受到国外政治格局和国内政治气候的双重制约,从时间的轴线上看,我国的教育文化交流的走向基本上是有限的开放—逐渐的封闭—全面的封闭。高等教育有限的开放是指中华人民共和国成立至与苏联关系破裂前的时期,教育文化交流的对象基本以苏联和其他社会主义国家为主;与苏联的关系破裂后,随着苏联援中大型工程的中止,苏联专家的撤出,中苏教育文化交流也迅速进入寒冬,和别的国家的教育文化交流也相应减少,中国高等教育进入一个逐渐封闭的阶段;到了"文革"开始的1966年6月,为了使所有学生参与并经受"文革"的锻炼,高等教育部发出《关于推迟选拔、派遣留学生工作的通知》,把当年的留学工作推迟半年;半年后的1967年1月,教育部与外交部联合要求所有留学生回国参加"文革"(其中1965年出国的学生休学半年,1964年的学生提前毕业)。与此对应,同是1966年的6月至9月间,我国高等教育部决定将接受来华留学生的工作推迟半年或一年,同时所有在华留学生休学回国一年。这实际上拉开了我国高等教育全面封闭的序幕。随着"文革"的迅猛发展,1966—1972年6年间,我国基本上召回了绝大多数留学生,对国外来华留学人员的接收人数为零。直到"文革"中后期,我国高等教育的对外交流才开始有了零星的恢复。

我国高等教育对外双向交流的停止,表现了对国外教育文化的拒斥。如果说当中国高等教育的视野在世界教育舞台上对欧美等资本主义国家"选择性失明"时,还把目光积极投向以苏联为主的社会主义国家,到了"文革"前期,这扇已经越来越狭小的窗子也被自己人为地封死了。对苏联教育模式的怀疑其实早有征兆。当时,对苏联模式全盘照搬的风气愈演愈烈,并暴露出一些问题,高等教育领域在教育水平提升的同时也同样感觉到苏联模式的水土不服。从"以俄为师"到"以苏为鉴",应该说是有积极意义的,它意味着对之前盲目学苏的一种反省,并表明建立具有中国特点的社会模式的态度与决心。可惜"以苏为鉴"的提出并没有贯以一种理性客观的态度。随着中苏关系的破裂,苏联模式不适应中国的一些经验被放大批判,同时中国高等教育界对苏联模式的批判提高到政治层面。最典型的就是中国高等教育界对凯洛夫教育理论的批判。1958年4月,中央宣传部在全国教育工作会议上把凯洛夫教育学定调为教条主义的社会主义教育学,意味着官方话语的转变。从此，凯洛夫教育学一反之前在中国受到顶礼膜拜局面，不仅遭遇各教育大刊的集中批判，"文革"开始后更使人谈凯洛夫教育学而色变。

"文革"中，有学者形容，"当时高等学校教育学课程的主要内容变成了'批判凯洛夫修正主义教育思想''批判杜威实用主义教育思想''批判孔子封建主义教育思想'"①，可见高等教育在自我全面封闭中对外来文化和本国的传统文化采取了激烈的批判与打倒态度。高等教育界对外来文化与传统文化的打倒对应的正是整个中国社会当时在"封资修"罪名下对外来文化与传统文化的双重虚无。正如有学者所言，在这样的情况下，一个有着几千年教育传统的古国，一个具有八亿多人口的大国，在十年中教育理论上只有几个指示和一本册子来指导教育发展……教育失去本应有的鲜活内容。"文革"中文化的自我封闭，使文化失去汲取外来文化鲜活血液的机会，也在非理性中使文化失去了正确思考的力量。可以说十年"文革"对中国教育文化的伤害，是一种深层次的抽筋剥骨，它以一种粗暴的"大鸣大放"方式加以完全的大批判大质疑态度，在拒斥一切外来文化影响的同时，也构成了对中国教育文化本身的深层解构，击碎了中国高等教育健康运作所需要的正常文化支撑力量。自我封闭并没有使中国文化变得更为安全，反而是这种方式"企图获得国家文化的绝对安全，结果导致了国家文化安全的绝对不安全"②。"文革"后，我国高等教育在历经各种批判后只剩"一地鸡毛"，百废待新的局面意味着对文化安全的思考需要一种新的思路。"文革"中后期，我国高等教育虽仍然处于一种相当封闭的态势下，但对外交流有了一些零星的恢复，对国外教育译著的翻译工作也逐渐增加，这为改革开放后我国高等教育的对外开放奠定了一定的基础。这其中有两个原因：一是1972年中美建交和其后我国在联合国合法席位的恢复，使我国在国际上的孤立状态得以松动，至1976年与我国正式建立外交关系的国家已由1966年的44个增加到117个；二是极左势力的受挫，尤其是林彪的叛逃，使许多人从"文革"的狂热情绪中惊

---

① 田正平：《中外教育交流史》，第1007页。
② 胡惠林：《论20世纪中国国家文化安全问题的形成与演变》，《社会科学》2006年第11期。

醒并有所反思。1976年"文革"结束,当人们从十年浩劫中走出,却发现中国因为之前的全面封闭状态和对外部世界的虚无态度错过了本可以像亚洲"四小龙"一样实现社会转型与经济起飞的黄金十年。1978年十一届三中全会的召开与随后的拨乱反正工作,使中国这个停泊在原地太久的古老国家重新迈开大步,以开放的姿态逐浪于世界潮流之中。中国社会改革开放格局的形成,固然有功于中国当时领导人的顶层设计,而从这种格局一旦形成便再也难以逆反的潮流看,实际上也反映了被"文革"禁锢了太久而渴望了解世界、融入世界的强大民意。中国的改革开放,是中国向世界的复归,也是中国文化和中国高等教育向世界的主动靠拢,从"封闭"走向"开放"。

改革开放之初,中国高等教育仍受到之前"左"倾思想的束缚,虽然各项教育交流工作均已有所恢复,但都谨小慎微。邓小平对高等教育对外开放格局的最终打开居功至伟。1978年,他以中共中央副主席的身份听取清华大学校长刘达汇报时,认为过去留学生派遣格局太小,应该"要成千成万地派,不是只派十个八个"。[①] 对邓小平这番讲话的历史意义,曾担任国家教委副主任的韦钰评价道:"大量选派留学人员的决定是最早采取的对外开放的具体措施之一,这一决策是改革开放的一个重要标志。"[②] 以此为突破口,我国政府在70年代末确定了扩大对外教育交流的方针政策,由此开启了到现在为止波澜壮阔的高等教育对外开放的大潮。

二、高等教育开放格局的形成与深化

从20世纪80年代至今,中国高等教育的改革开放已走过30多年的历程,从时间上看,大致可分为三个时期:中国高等教育对外开放格局初步形成时期,中国高等教育对外全方位开放时期,中国高等教育文化开放的深化时期。

[①] 《1978年邓小平作出扩大派遣留学生重要战略决策》,http://www.jyb.cn/world/cglx/200909/t20090929_314106.html。

[②] 温红彦:《面向世界的一步——从52到30万看开放留学20年》,《人民日报》1998年9月24日。

中国高等教育对外开放格局的初步形成。第一个时期是20世纪80年代到90年代初（1980—1991年），以邓小平"三个面向"中的"面向世界"思想为指导，中国高等教育的对外开放格局初步呈现与形成。1985年颁布的《中共中央关于教育体制改革的决定》提出："要通过各种可能的途径，加强对外交流，使我们的教育事业建立在当代世界文明成果的基础之上"①，以白纸黑字的条文形式明确了高等教育对外交流的重要意义。高等教育的对外交流也以各种形式陆续展开，主要体现在：①留学政策的制定与调整。在派遣留学生出国学习方面，国家先后颁布《关于改进和加强出国留学人员工作若干问题的通知》和多个选拔国家公费出国人员的通知，要求提高留学生的派遣层次和扩大派遣的国家范围，并根据情况逐渐放宽自费出国人员的限制，使我国留学生的人数和学习国别不断扩大；在接收来华学生方面，也出台了许多相关的政策和配套措施，并逐步提高来华留学人员的生活补助。到1980年，我国有42所高校52个专业可以接受人员来华留学进修。② ②与多个国际组织（含外国组织）建立了教育合作关系。在教育领域最为活跃的国际组织在这一时期都与我国建立了合作关系，实施了一些有针对性的教育项目，其中包括与联合国开发计划署合作的教育与现代化项目、加强外国语学院教育项目、教育管理干部培训与研究项目，与联合国儿童基金会合作的特殊教师培训项目、加强教育信息系统项目，与世界银行合作的教育援助与贷款项目，与美国新闻署合作的中美富布莱特项目，与福特基金会合作的中美经济学教育项目，等等。其他合作比较多的国际组织还有联合国人口基金组织、联合国教科文组织、英国文化委员会、英国海外开发署等。③对国外教育经验的学习与推广蔚然成风，并形成专业性阵地。在全国当时对西方文化学习的热潮中，中国高等教育也积极学习和引入各种西方教育思想和理念。其中，《比较教育研究》《外国教育研究》《外国教育资料》成为我国研究译介国外教育思想与经验的领导性期刊，对国外教育思想有分量的译著与专著不断涌现。④民间的高等教育交流活动不断涌现。

---

① 《中共中央关于教育体制改革的决定》，何东昌：《中华人民共和国重要教育文献（1976—1990年）》，海南出版社1998版，第2289页。

② 田正平：《中外教育交流史》，第1025页。

中国高等教育对外进行全方位开放。第二个时期是 20 世纪 90 年代初到 20 世纪末（1992—2000 年），中国改革开放的大门进一步敞开，高等教育进入全方位开放。1992 年邓小平发表南方谈话，不仅使中国开启了从计划经济向市场经济转向的历史性改变，也使中国各项改革抛开"姓社姓资"的争议，向纵深发展。1993 年 2 月，中共中央、国务院颁布《中国教育改革和发展纲要》（以下简称《纲要》），第一次在重要文件中对教育对外开放做出整体性的部署和规划，突出了教育对外开放交流的战略性地位。《纲要》第十四条提出："进一步扩大教育开放，加强国际教育交流与合作。大胆吸收和借鉴世界各国发展和管理教育的成功经验。"[1] 其后对出国与来华留学、合作办学、对外汉语教学等多项内容提出了具体的要求。在《纲要》的指导和"解放思想"的时代呼声中，中国高等教育对外开放承继和进一步深化了第一个阶段的一些做法，如在留学政策的制定方面做出了相应的调整，"支持留学、鼓励回国、来去自由"成为这一阶段留学政策的重要原则，同时放宽对自费留学人员的限制；通过设定"中华文化研究奖学金""优秀留学生奖学金"等多种途径吸引外国留学生，并取得较好的效果。据统计，仅 1992—1996 年间，来华留学生的数量便从 1.4 万余名增加到 4.1 万余名，年均增加超过 30%。[2] 同时，"来华留学生群体，已经从 1985 年以前的以享受我国奖学金的公费生为主发展到以自费来华留学生为主"[3]。在对外的高等教育合作、对国外教育经验的学习方面也不断扩展。除了原有的一些对外交流渠道外，在这一阶段，中国高等教育尤为重视高层交流，教育部高层领导与各个重点高校的领导与国外高等教育界的双边互访频繁，一些教育合作项目继续得到深入的推进。这一阶段还有一个方面尤为值得关注，就是随着 20 世纪 90 年代我国各项教育法律体系的完善，关于高等教育对外交流立法方面的内容也日益丰富。首先，在 1995 年我国颁布的第一部教育法《中华人民共和国教育法》中，特别规定了我国对外教育文化交流的方针与原则，那就是在"国

---

[1] 《中国教育改革和发展纲要》，《中国教育年鉴（1994 年）》，人民教育出版社 1995 年版，第 5 页。
[2] 田正平：《中外教育交流史》，第 1039 页。
[3] 于富增：《为来华留学教育的发展做贡献——在全国学会本届第一次领导集体工作会议上的讲话》，《外国留学生工作研究》1999 年第 4 期。

家鼓励开展教育对外交流与合作"的方针下，教育文化对外交流与合作要"坚持独立自主、平等互利、相互尊重的原则，不得违反中国法律，不得损害国家主权、安全和社会公共利益"。① 此外，该法对我国公民出国、外国人来华进行教育交流和中外合作办学，还有对国外教育机构颁发证书等多个事项都做出了明确的法律规定。同时，在其后颁布的一系列教育专门法规中，也对涉及高等教育文化交流合作的部分做出了相应的规定，如1993年《中华人民共和国教师法》对外籍教师聘任办法的规定，1995年《中华人民共和国职业教育法》对境外组织和个人在国内办学的规定，1998年《中华人民共和国高等教育法》对高等学校对外教育合作交流的规定。这些法规一方面以法律形式认定了高等教育对外交流合作的重要性，使高等教育对外交流的必要性有据可依，促使其进一步全方位的开放；另一方面对高等教育对外交流主体、内容、管理等多方面做出规定，使其有法可依，为高等教育对外开放中的教育安全、文化安全做出保障。

中国高等教育对外开放的深化。第三个时期是2001年起至今，中国高等教育的对外开放继续深化。进入21世纪，尤其是中国于2001年12月正式加入世界贸易组织，在我国经济进一步汇入全球化潮流的同时，我国高等教育也更加直面全球化，迎来了新的机遇与挑战。这一时期，除了上一时期高等教育对外开放已经出现的一些形式不断扩展和深化外，中国高等教育界延续了自从20世纪90年代就对"教育国际化"这个热点问题的探究，对其的共识和在实践层面的操作也不断加深。有三个方面特别能体现这一时期我国高等教育国际化的深入发展，也体现了我国高等教育对外合作交流的新变化。第一，以高等教育的国际化为依托建设中国"一流大学"。我国的一流大学建设的启动缘由是针对我国的高等教育历经多年发展，虽然在数量上和规模上有很大提升，但是缺少像哈佛大学、麻省理工学院、剑桥大学等那样高水平大学的尴尬现状。1998年，中共中央总书记、国家主席江泽民在北京大学建校100年上的讲话正式吹响了我国建设世界一流大学的号角。可以说，以"有一批高等学校首先跻身世界先进行列，并为全国高等学校的发展起

---

① 《中华人民共和国教育法》，《中国教育年鉴（1996年）》，人民教育出版社1997年版，第93页。

带头和示范作用"为目的，从20世纪90年代开始提出与实施的"211"工程是"985工程"的先声，1999年开始实施的"985"工程是"211"工程的深化，使国家对建设高水平学校的选择对象更为集中，资金投入力度得以加大，目标也更为明确，即"力争10～20年内，有若干所大学和一批重点学科进入世界一流水平"。目前，已经有39所高校成为"985工程"高校，尤其是其领头羊北京大学和清华大学，建设目标非常具体，就是"具有世界先进水平的一流大学"。2017年9月，教育部、财政部、国家发展改革委员会公布了世界一流大学和一流学科（简称"双一流"）建设学校及建设学科名单（其中一流大学建设学校42所，一流学科建设学校95所），争取在本世纪末把我国由教育大国变成教育强国。第二，中外合作办学成为我国高等教育的"组成部分"。中外合作办学在20世纪80年代即已出现，但发展相对缓慢。90年代中外合作办学得到了较为迅速的发展，其作用和地位却一直存在着一定的质疑和争议，这在1995年出台的《中外合作办学暂行规定》中可以看到，"中外合作办学……是中国教育事业的补充"。而在2003年出台的《中外合作办学条例》中指出，"中外合作办学……是中国教育事业的组成部分"。从教育重要文件字眼上"是中国教育事业的补充"到"中国教育事业的组成部分"的转变，体现的是中外合作办学逐渐摆脱在我国高等教育中的边缘角色，走向高等教育对外交流中心的过程。据统计，截至2011年8月，全国共有中外合作办学机构1340个，涵盖26个省、自治区、直辖市。① 中外合作办学也从开始时的注重项目合作转变为项目合作与机构合作并重。在2011年157个实施本科以上高等教育学历教育的合作办学机构中，宁波诺丁汉大学、西交利物浦大学、长江商学院和北师大—香港浸会大学联合国际学院特别引人注目，因为它们是具有独立法人资格的办学机构，而这也是未来中外合作办学的进一步努力的方向。第三，我国高等教育实施"走出去"的战略。这一阶段，我国高等教育不仅重视对国外教育资源的引进和在国内通过"汉语桥工程"、汉语水平考试（HSK）等方式推广中国教育与文化，还力求把中国高等教育和文化推向世界。一方面，在全世界范围内开办以教授汉语和传播中华文化为宗旨的孔子学院。自从2004年在

---

① 林金辉：《中外合作办学教育学》，厦门大学出版社2011年版，第55页。

韩国成立首家孔子学院之后,孔子学院迅速在世界各地陆续开办。截至2017年9月,孔子学院的数量已达516所,遍及世界142个国家和地区。另一方面,我国一些高校也尝试在境外通过合作或是开办分校的方式进行办学,办学专业主要集中在我国的汉语言文学、中医学等一些优势专业。2002年上海交通大学与新加坡南洋理工大学合作设立的"上海交通大学新加坡研究生院"成为我国在海外设立高等教育机构的首例。至2016年7月,苏州大学、厦门大学、清华大学、同济大学、浙江大学先后在海外建立了分校、校区或联合创办大学。我国改革开放后高等教育的对外文化交流呈现出以下特点:以我为主,主动走向世界;全方位开展对外教育交流;价值选择的非政治化。① 具体说来,改革开放后高等教育对外文化交流的"主动"和"全方位"体现出了对之前"左"倾思想的突破,重新以海纳百川的气魄走向世界的决心与勇气。"价值选择的非政治化"则说明了我国高等教育对国外教育经验的学习摈弃了过去习惯从"姓社姓资"的角度出发的政治性标签,真正从教育本质的角度选择和思考的理性态度。同时,中国高等教育在开放时强调"以我为主",体现了一个独立的社会主义大国面对世界时的昂然姿态,也说明我国在对外开放时对我国高等教育现状的清晰认识,即在世界高等教育的舞台上,我国高等教育虽历经多年发展,规模和就读人数都很庞大,但整体实力还相对弱小,文化的创新性和影响力还有所欠缺,对外部的教育文化冲击也缺乏一定的抵制与抗击能力。"以我为主"开放所呈现的智慧与策略可以使我国高等教育在与国外文化的交流中,有步骤、有重点地选取那些最能促我国高等教育壮大和发展的经验和方法,又有可能避开一些对我国高等教育不利的"全球化"陷阱,把握住我国高等教育发展的方向和管控权、话语权,使高等教育的文化安全得到保障。

三、开放时期高等教育的文化安全忧思

从安全角度来讲。一个国家的安全与其综合国力有着必然和密切的联系。同样地,作为一个国家文化精神领域之内占据重要一席之地的高

---

① 田正平:《中外教育交流史》,第1041页。

等教育的实力大小，直接关系着这个国家的文化安全。可以说，我国改革开放通过对外教育文化交流这个手段和途径，其目的和指向就是促使我国高等教育在兼容并包中良性发展，实现自身实力的壮大。高等教育的发展壮大直接关系着我国的国家利益和教育文化安全。

通过多年发展，我国目前的高等教育规模已成为世界第一。但是准确地说，我国高等教育实力的提高并不简单地体现在庞大的受教育人数上，"量"的提升只能说明我国高等教育可以去培养大批的未来国家的建设者，"质"的方面才能说明我国高等教育是否具备在国际上的竞争力、在国家文化精神中的引领性和创新性，而这尤其集中在我国以"211工程""985工程"及"双一流"大学建设为依托的一批重点高校的建设上。经过国家持续多年的重点投入，我国有一批研究型大学的实力迅速提升，并以"世界一流大学"为目标继续努力。同时，我们也应清醒地意识到，我国高等教育继续迈进的道路还比较漫长，只有在不久的未来，在"双一流"大学和学科建设的推动中，我国能够出现一批堪称"世界一流大学"和"世界一流学科"的高校，与哈佛大学、斯坦福大学等国外著名高校比肩，并伴随着中国整体高校的水平提升，在中国复兴的道路上，担当起文化创造、文化引领的责任，才能说我们的高等教育真正可以有效地为我国的国家文化安全保驾护航。在满怀希望的同时，我们更应以一种理性与忧思的态度看待当前我国高等教育在开放发展中面临的种种问题，正是它们成为我国高等教育前进和崛起中的暗滩、险礁，对我国高等教育的进一步壮大与国家文化安全构成威胁。在诸多问题中，高等教育领域人才流失严重、原有文化价值观弱化、教育主权受到挑战和依附性发展方式对我国文化安全的影响尤其严重。

一是人才流失严重。改革开放后，我国高等教育在留学政策的制定上，其尺度总体说是越来越灵活开放，并采取公费和自费留学两种方式，鼓励个人留学深造。一方面，留学生为我国向世界高等教育的前沿迈进提供了源源不断的给养，极大地促进了我国高等教育的发展。另一方面，由于我国处于教育洼地，社会发展总体水平与发达国家存在相当差距，我国的高等教育领域人才流失现象相当严重。根据CCG发布的《中国留学发展报告（2016）》，2015年度，中国在海外的留学生有126万人。1978—2015年中国出国留学的人数累计已达404.21万人。其中，126.43万人处于学习阶段；221.86万人学成回国，占已完成学业学生群体的79.87%。尤其值得注意的是，我国投入巨大的人力物力建设的一批代表国内最高教育与科研水平的重点高校，其培养的学生本应成为我国社会主义建设的栋梁之材，也是我国文化安全的重要依仗力量；但这些顶尖高等学府的人才流失尤为严重，对我国的文化安全造成了巨大损害。以我国"985工程"的领头羊——清华大学和北京大学为例，他们的毕业生的毕业去向选择依次是出国、考研、进外企。据中国科协2008年5月发布的《科技人力资源发展研究报告》指出，1985年以来，清华大学、北京大学的学生出国的比例非常高，尤其是一些理工科的高科技专业如物理、化学等，学生出国的比例占到70%～80%。仅2000一年，北京大学的本科与研究生的毕业人数为3750人，直接出国的有751人，占到毕业总人数的20%左右，其中587人选择了去美国留学。[①] 据清华大学、北京大学2013年毕业生就业质量报告，该年度两校出国留学比例分别为27.3%和28.9%。据调查，中国科技大学少年班78级的88名学生目前分布在四大洲，有七种国籍；至2006年已经毕业的近千人中，大约一半的人去往国外发展。[②] 同时，虽然我国近年来相继启动"千人计划"等一系列从中央到地方的海外高层次人才引进计划并有所收获，但是毋庸讳言的是，我国引进的所谓很多高层次人才只相当于海外中国学者中的中等水平。香港科技大学的崔大伟教授认为，中国留学人才中最优秀的20%仍留在国外。[③] 世界各国的经验表明，一个国家在处于高等教育的后发状态时，留学人数会随着社会经济的发展处于逐渐增加的趋势，留学的人才流失也不可避免，这是一种正常现象。但上述数据却让我们看到，我国因为留学不归而造成的人才流失，在数量和比例上都为世界罕见，是一种正常中的"不正常"，不能等闲视之。尤其是高端学术人才的流失，不仅意味着我国人力和资金投入上的巨大损失，还意味着我国在教育、学术、文化和科技前沿领域里潜在的人力和创造资源的损失。如果我们不能扭转国内高等教育领域

---

① 周欣宇：《中国仍在扮演科技人才输出大国角色》，《中国青年报》2008年5月7日。
② 《出去就不准备再回来 中国一流大学生流失惊人》，http://edu.qq.com/a/20060804/000286.htm。
③ 舒泰峰、陈琛：《人事部力促高端"海归"回国》，《瞭望东方周刊》2007年第6期。

尤其是顶尖高校成为"留学预备班"的尴尬处境,我国文化安全在人才源头上就难以获得切实的保障。

二是原有文化价值观的弱化。高等教育素有象牙塔之称,在"入世"的同时也与世俗社会保持着一定的距离。正是这一适当的距离,使作为被称为"社会的良心"的知识分子聚集地的高等学校可以尽可能保留着对知识、信仰、真理的热爱和对社会不良文化思潮的抵御。但是,随着改革开放以来社会的巨大变动,中国民众原有的传统价值观在伴随着国门洞开和全球化席卷而来的各种文化思潮和消费主义的夹逼下,受到前所未有的冲击和解构。高等教育领域作为社会的一分子也难以独善其身,原来坚守的文化价值观也受到冲击,社会上出现的文化"西化""空心化""庸俗化"和"泡沫化"的现象在高等教育领域都有所反映。高等教育领域文化上的"西化"倾向体现在部分师生在80年代以来我国学习西方思想文化的热潮中逐渐产生了对西方文化价值观的膜拜和对所谓西式民主、自由等"普世主义"价值的向往。而对于"普世主义"背后的西方文化立场和文化利益,一向维护美国利益的美国专家亨廷顿都曾经在著作中点明:"这个词(指普世主义——作者注)已成为一个委婉的集合名词,它赋予了美国和其他西方国家维护其利益而采取的行动以全球合法性。"[1]"西化"倾向的发展往往会造成对自身高等教育文化传统的无视和原有核心价值观的轻视。而对于在我国这片土地上成长和发展起来的高等教育来说,正是中华民族特有的传统文化和核心价值观,才是其得以安身立命的精神源头。对文化传统和核心价值观的双重轻视极易导致我国高等教育的精神性"缺钙"和无所寄托的无根性困境,在表面轰轰烈烈的大发展中出现文化精神层面的"空心化"。高等教育文化与精神"空心化"以一种静悄悄的方式,销魂蚀骨般地对高等教育领域的知识分子们对理想信仰的坚守、对人品操守的秉持、对知识真理的追寻等一系列纯正美善的行为进行腐蚀,进一步是高等教育的文化生态走向"庸俗化"和"泡沫化"。近年来,我国高等教育学界出现了一系列让人觉得羞愧与痛心的事件,如职称评审中的送礼送钱、拉关系结帮派,学术剽窃与抄袭行为从学生到老师到学校

---

[1] [美]塞缪尔·亨廷顿:《文明的冲突与世界秩序的重建》,周琪等译,新华出版社2002年版,第200页。

领导的愈演愈烈，课题与学术文章的注水与数据造假，等等。有一些事件更是充满了戏剧性：为了一己之私怨，大学教授公然通过造谣诽谤的方式攻击同仁、诋毁学校，甚至有的学校老师、学生自拍艳照公之于众，不以为耻反以为荣。这些都是高等教育文化"庸俗化"和"泡沫化"的典型行为。可以说，高等教育领域文化"西化""空心化""庸俗化"和"泡沫化"现象的出现正是我国原有文化价值观在改革开放后受到冲击与动摇的症状。如果听任这些症状继续发展，我国的高等教育不仅自身岌岌可危，也会因为扮演了一个错误的角色使整个国家的文化安全陷入危险的境地。

三是高等教育主权受到侵蚀。中华人民共和国成立后，出于对摆脱中国近代史上积贫积弱时期我国国家主权和教育主权受国外侵略势力干扰的耻辱感，和建立一个社会主义独立大国的民族性渴望，我国对教会大学和私立大学进行清理整顿，实现了政府对教育主权的完全收回和把控。直到改革开放前的很长一段时期，我国高等教育领域一直是清一色的公办大学，并且沿用了计划经济体制的强烈色彩，大学的大大小小的人财物都由政府统一分配和管理，教育主权一直掌握在政府手中，政府由此也牢牢把控住高等教育文化方向的倾向性和话语权。改革开放后，我国高等教育的国际交流日渐活跃，交流项目之多、成果之广前所未有。由此我国也打破了公办大学一统天下并由政府包办的单纯格局。同时，随着高等教育国际化在我国作为一个国家教育战略的推进，具体的体现形式从早期的留学生、教师互派到现在各类各级高校课程、教材、校园文化、学生、教师构成等的国际化和中外合作办学项目和机构的林立。在可预见的未来，我国高等教育国际化的程度仍会不断深入，并从现在偏向于沿海与发达省份的发展格局向内陆地区和少数民族地区挺进。这一过程中，各种利益关系逐渐渗透进来，呈现出教育文化交流后盘根错节的复杂景象。另外，在我国于2001年加入世界贸易组织后，教育服务成为国际贸易的重要内容，高等教育的产业属性得到了越来越多人的认可，我国的高等教育从国家投资和控制的"公共服务品"加速向"市场购买品"转变。而由一些国际组织如世界贸易组织、国际货币基金组织和世界银行等推动的"以市场为基础的教育"的改革，主张制定全球统一的规则，把教育贸易视为自由贸易的一种，以把教育的权力由国家交由市场配置的方式，实现教育贸易合作的非国家化和非调控化。世界贸易组织协定对教育服务的提供方式分为四种，分别是跨境支付、境外消费、商业存在和自然人流动。与很多国家相比，相对来说，我国在世界贸易组织协定中高等教育市场方面的开放力度是很大的，除了对跨境远程服务和虚拟大学等第一类跨境支付方式不予承诺外，另三类教育服务方式我国都允许开放，同时还允许外方在中外合作办学中获得多数拥有权。在我国高等教育合作与交流越来愈频繁和中外合作办学如火如荼的今天，这种以推动教育服务自由化进程来突破高等教育的地理疆域界限的办学方式，在推动我国办学多样化的同时，如果我国对其的监管发生缺位和失灵，很有可能会在一定程度上危及我国高等教育的教育主权和文化安全。

　　四是高等教育仍然处于一种依附性发展的状态。改革开放后，我国吸取了以前在"以俄为师"口号下向单一国家学习的教训，把对外学习交流的视角转向世界各国，以更好地吸取国外先进的教育经验为我所用。但是，从现实的角度，实际的高等教育对外合作与交流往往会集中在几个主要的西方发达国家，造成交流合作国别上的极度不均衡。客观来说，正如菲利普·G. 阿特巴赫指出的，如同政治、经济领域一样，民族国家之间在教育领域内的"中心—边缘"结构也存在着。西方国家因为发达的社会经济体制，更容易进行教育领域的投资、规划和进行相应的教育实验，获得世界教育领域内的"中心"地位，扮演着教育领域规则的制定者和知识的传播者的角色，并借助于其在国际格局中的优势地位，继续强化教育领域内对各种资源和话语权的把控能力，以维持教育上的"中心"位置。众多第三世界国家则处于中心之外的位置，成为规则的接受者和知识的学习者、模仿者，"他们几乎毫无例外地建立在某种西方模式上，反映着西方体制下的多种价值观念和组织形式。在许多情况下，教学语言用的是外语，很多教师曾在国外受训"[1]。中国高等教育处于后发状态，这种历史局限下的现实决定了在较长一段时间内，我国都应该也必须积极向国外学习。问题在于，我国必须清晰认识到对外学习只是手段，其目的是建立一套真正适合中国国情的强大、独立的高等教育体系；否则，这种学习就难以摆脱在"边缘—中心"

---

　　[1] [美] 菲利普·G. 阿特巴赫：《比较高等教育：知识、大学与发展》，人民教育出版社教育室译，人民教育出版社2001年版，第28页。

结构中只输入不输出的被动，形成教育领域边缘国家对中心国家的依附状态。目前的情况是，我国许多高等学校尤其是一些重点高校，在"与国际接轨"的思想下，学术话语、管理体制和评价体系等方面都积极地移植西方发达国家标准或向其靠拢。随着我国留学规模的增加和高等教育国际化在我国的深入、中外合作办学项目和机构的蓬勃发展，这种趋势变得越来越明显和越来越令人习以为常。尤其是一些高校，为了打造"世界一流大学"和靠拢"世界一流大学"的指标体系，在大学改革的过程中，人员招聘方面向海外倾斜，在学术论文发表方面制定SSCI指标，教学中偏重英语教学而忽略母语并美其名曰"培养国际视野"，以打造"东方的哈佛大学""东方的剑桥大学"为奋斗目标。以仰望的姿势看待西方教育文化，危险之处就在于"在精神上永远无法脱离外国的学术母体，把外国的学术传统当作自己的学术家园。而'中国'，无论现实中的中国还是历史中的中国，倒仿佛成了思想上的客舍逆旅"[①]。如果这种风气得以持续，即使中国的一些大学在国际排名榜上名次大幅上升，也难以摆脱亦步亦趋跟在国外大学脚后的依附状态，成为国外大学在中国的翻版。从今天的情况看，胡适先生1947年就任北京大学校长期间提出的建立"国家学术独立的根据地"的思想仍然适用。只有国家的学术独立，摆脱成为西方大学附庸藩属的依附状态，中国高等教育才能从世界教育格局的边缘走向中心，以文化平等的姿态与世界著名大学风云对话，一竞高下。没有这种文化平等的底气与自信，中国高等教育就无法为国家的文化安全提供精神庇护。

---

① 李猛：《大学改革与学术传统：现代中国大学的学术自主问题》，甘阳、李猛：《中国大学改革之道》，上海人民出版社2004年版，第7页。

第三章 追求与使命：高等教育的文化责任

文化是人类存在的一种样态，是人类的生命意义和价值所在，更是人类的一种信仰、一种责任。文化责任乃是塑造现代中国之精神品格的必由之路。由此，整理、传承和创新中国文明的传统，则是文化责任之根本；梳理和探究西方文明之根源及脉络，则是理解西方文明与自我提升的借镜。文化责任之于高等教育，应该是其职能与服务中所具有的文化品格或文化精神，并通过高等教育来体现和形成文化价值、文化形象。高等教育是人类实践的重要活动，它集文化的选择与批判、传承与传播、适应与创新于一身。高等教育与文化之间这种潜在的、深层次的本质联系蕴含着高等教育的文化责任。高等教育必须传承中国传统的优秀文化，更肩负着特有的文明守卫、人文化成、文化引领和价值批判等职责。这是高等教育文化责任的核心和灵魂。

第一节 高等教育文化责任的历史追求

高等教育的文化责任，既要从高等教育"形"本身即高等教育发展的轨迹来研究（可从历史与现实两个维度来进行），也要从高等教育的"神"，即高等教育的精神，特别是承载高等教育精神的知识分子来研究。其实，高等教育的文化责任最终还是通过知识分子及其培育的青年学生来体现和反映的。如果仅仅从高等教育的角度来谈高等教育的文化责任，就显得缺乏生命力；如果仅仅谈论知识分子的文化责任，则缺乏相关的载体，似乎背离了主题。只有将知识分子放在高等教育的历史长河中研究其文化责任才是明智的选择。

一、知识分子文化责任的历史回眸

中国最早用"责"时,已有"责任"的意思。《辞海》中把"责"的用法主要归纳为四种含义:责任和职责,责问和责备,责罚,以及索取和责求。"任"在中国古汉语中,除有"责任、职责"之意外,主要还有"担当、承担"之意。可见,"责任"一词应该或至少包括两层意思:要担当起职责和对担当职责的过失负责。西方人理解责任更注重"尽责的品质和状态",这种品质和状态涵盖了"道德、法律、心理"等层面,而且是"可靠的、可信赖的"。过去人们通常把责任习惯理解为应尽的义务,即自己分内的事情。《新唐书·王珪薛收等传赞》:"观太宗之责任也,谋斯从,言斯听,才斯奋,洞然不疑。"《元史·武宗纪一》:"是以责任股肱耳目大臣,思所以尽瘁赞襄嘉犹,朝夕入告,朕命惟允,庶事克谐。"《续资治通鉴·宋英宗治平三年》:"陛下能责任将帅,令疆埸无事,即天下幸甚。"孔子教育学生"志于道""据于德""依于仁""游于艺"。孟子认为学校教育的作用就在于"明人伦",可见我国古代的教育就在于"人文教化"。

在封建社会,知识分子一直是儒家文化的传承者和传播者。"知识分子"一词是近代以来对读书人的泛指称谓,它往往指那些具有较高文化水平、从事脑力劳动的人,有时也特指那些有社会良知、社会责任感的读书人。在《论语》中知识分子则用"士"表达,"士"的文化修养日渐凸显,文化使命日渐强烈。春秋战国时期,是中国文化的重要时期,它实现了由宗教文化到理性哲学的文化转变。在西周时期,周公就提出了道德理性的理论问题,并且试图将夏商以来的巫觋文化、祭祀文化向礼乐文化进行转变,开启了一个时代的文化变革。但是,真正完成这一变革的是春秋时期,其中孔子起了关键作用。孔子是儒家文化的创始人和"士"的杰出代表人物,有着"知识分子"强烈的文化使命,对周朝及以前的传统文化进行了大量的自觉继承、整理和加工。孔子说"郁郁乎文哉,吾从周"(《八佾》),"天生德于予,桓魋其如予何"(《述而》),"文王既没,文不在兹乎"(《子罕》)。可见,孔子对周朝的礼乐文化给予充分肯定,并对这一时期的传统文化进行继承和创新。孔子针对当时的越礼事件(如弑君之事、八佾之舞等)和古代文献资料的严重丧失，曾颇有感叹："夏礼，吾能言之，杞不足征也；殷礼，吾能言之，宋不足征也。文献不足故也。足，则吾能征之矣。"(《八佾》)因此，孔子进行了广泛的文献整理。现在占主流的观点是孔子删《诗》《书》，订《礼》《乐》，作《春秋》，深研《周易》。六经经过孔子的整理与宣讲，逐渐成为儒家文化的经典，并对整个中国文化产生了深远的影响。孔子不仅专注于对传统文化典籍的整理和思想理论的创新，而且倾注大量时间和精力来传播儒学文化，即传道也。孔子认为，弘道是"士"的历史使命，"士不可以不弘毅，任重而道远。仁以为己任，不亦重乎？死而后已，不亦远乎"(《泰伯》)，"君子谋道不谋食。耕也，馁在其中矣；学也，禄在其中矣。君子忧道不忧贫"(《卫灵公》)，甚至认为"朝闻道，夕死可矣"(《里仁》)。对于孔子之道，曾子概括为"忠恕"二字，"忠"的意义在《论语》中为"己欲立而立人，己欲达而达人"(《雍也》)，"恕"的含义为"己所不欲，勿施于人"(《颜渊》)。从根本上说，孔子之道乃是对儒家文化的高度概括，"士"的重要使命就是对大道的追求与弘扬。①

孔子十分强调"士"对儒家文化、对"道"的传承的实践性。孔子不仅强调言必信、行必果，甚至认为，应先行而后言，"君子欲讷于言而敏于行"(《里仁》)。正是千千万万的"士"在社会中以自己的人格力量感化着世人，对中国古代的社会风气产生了巨大影响。"士"的文化使命，就是要把自己的人格塑造为儒学精神的化身，感化世人。

可以说，知识分子是中国传统文化的直接载体，表现在对中国传统文化的继承与创新、传统文化的广泛传播及人格力量的启示与感召。这三个方面正是儒家文化发展的关键。如果没有理论上的继承与创新，儒家文化就会因为缺乏深厚的文化底蕴和时代精神而停滞不前；如果没有对理论的广泛传播，那么它将只是局限于个人的体悟，只能成为极少数人的珍藏品，最终归于埋没；如果没有知识分子人格力量的示范感召，儒家文化就将成为一种空洞的说教而没有任何现实意义。由此可见，知识分子在中国传统文化的传承上具有不可替代的作用。孔子可以称得上中国历史上的第一代知识分子，创建了儒家文化，之后儒家文化的发展

---

① 参见曾庆福、金小方：《儒学复兴中知识分子的文化使命考察》，《求索》2007年第3期。

就是由一代代的知识分子接替下去，延续下来。孟子、董仲舒、程颐、朱熹等伟大的思想家，都是在继承前人的基础上有所发展、有所创新，自觉担负起知识分子的文化使命。

　　时至近代，积贫积弱的中国遭受了西方列强的频繁入侵，许多珍贵的文化艺术瑰宝遭到了令人痛心的破坏。在这种内忧外患加剧的历史时刻，救亡图存成为深具忧患意识的知识分子的共同追求。七七事变后，国土沦陷，大批珍贵的民族文化遗产遭到破坏。值此关键时期，著名美术史论家王子云等知识分子向当时的国民政府教育部要求组建"教育部西北艺术文物考察团"，旨在抢救和保护尚未被日军占领地区的古代艺术文物资料。1940年6月至1945年8月间，西北艺术文物考察团不顾日机的狂轰滥炸，不畏行途中的险隘荆棘，跋山涉水，风餐露宿，克服重重困难，辗转五省，历时五年，行程近10万里，坚毅平静地对待一切艰难险阻，每到一处，皆以知识分子满腔的热情和满怀的责任感访遍当地的山寺、佛窟、古墓、摩崖，调查、收集、整理文化艺术遗产，以一种大无畏的献身精神，收集抢救了大量弥足珍贵的文化艺术资料。其中对龙门、敦煌石窟的全外景实测，对唐昭陵六骏之"四骏"与西汉霍去病墓前部分石刻等所进行的模铸工作，在国内外文化艺术界堪称首例。这次专题的艺术文物考察活动实现了文物的实地考察与抢救保护、文化的挖掘整理与发扬光大、文明的传承与记录，体现了抗战中知识分子自觉担负文化责任的磊落胸襟，这种精神足以穿越时空、感染今人。贾平凹在《老西安》一书中这样记述王子云先生："翻阅他的考察日记，便知道在那么个战乱年代，他率领了一帮人在荒山之上，野庙之中，常常一天吃不到东西，喝不上水，与兵匪周旋，和豺狼搏斗。我见过他当年的一张照片，衣衫破烂，发如蓬草，正立在架子上拓一块石碑，霍去病墓前的石雕可以说是他首先发现其巨大的艺术价值……"①这件汉代将军"马踏匈奴"的石雕像，对当年激励抗日士气产生了巨大作用。抚今追昔，不能不引发当今知识分子对于如何肩负当代文化责任的沉甸甸的思考。

　　中华民族历经风雨、多灾多难，然中华民族的文明历史没有被陨灭，也没有消亡暗淡，反而愈挫愈强，保持了令人惊叹的强韧与坚忍，

---

①　贾平凹：《老西安——历史的记忆（之三）》，《美文》1999年第11期。

更加璀璨夺目。这就是一个民族的精神，包括文化责任感在内的民族精神，这是中华民族得以屹立于世界民族之林的坚不可摧的脊梁。

二、高等教育文化责任的传统

在当代，要理解高等教育的文化责任，把握文化责任的精神实质，必须从历史与哲学的角度进行反思和理解，强化文化责任中的责任意识，这是时代赋予高等教育的历史使命。文化责任的理论根基，就是以历史唯物主义和辩证唯物主义为指导，对中国的传统文化进行实事求是的分析，进而进行继承和创新。中华传统文化是中华民族的活水源头，是中华民族的生存之根。它内在地蕴含着中华民族特有的善良、正义、乐观、聪明、礼貌、正面、积极、勤劳、勇敢、忍耐、自信、团结等品质，这就是中华民族文化的特质。高等教育的文化责任当然应当承继这种特质，认识中华民族文化的本质，把握中华文化的发展规律，准确反映中华文化的真实世界，从而使主观与客观一致，依据客观实际，确定实践准则，是高等教育文化责任的第一要义。

这里，有必要对文化的概念进行简单的梳理。英国文化人类学家爱德华·伯内特·泰勒最早在《原始文化》一书中指出："文化……包括知识、信仰、艺术、道德、法律、风俗以及作为社会成员的人所具有的其它一切能力和习惯。"[①] 梁漱溟先生在《东西文化及其哲学》一书中指出："文化并非别的，乃是人类生活的样法。"[②] 张岱年和程宜山两位学者在《中国文化与文化争论》一书中指出："文化是人类在处理人与世界关系中所采取的精神活动和实践活动的方式及其所创造出来的物质和精神成果的总和，是活动方式与活动成果的辩证统一。"[③] 可见，文化是一个包含思想、物质、制度等层次的复杂整体。根据逻辑学"定性释义"的原则，从文化共性中导出广义文化的基本含义，即文化是人类创造的一切物质财富和精神财富的总和。而基于分析和研究的需

---

① ［英］泰勒：《原始文化》，蔡江浓编译，浙江人民出版社 1988 年版，第 1 页。
② 梁漱溟：《东西文化及其哲学》，商务印书馆 1999 年版，第 32 页。
③ 张岱年、程宜山：《中国文化与文化论争》，中国人民大学出版社 1990 年版，第 2 页。

要，人们往往把文化狭义地界定为"一种精神，即作为精神层面的文化。就是说，文化是精神现象、精神方式和精神载体"①。从广义上讲，文化即"人化"，即是指人的对象化；当人们把文化同政治、经济相提并论时，是狭义地理解文化，即文化是人类精神活动及其成果的总称。

时下文化成为一个热门的论题，文化人也是各领风骚。人们常常讨论或倡导文化多元，可是少有人去讨论文化根本；常常有人抱怨文化浮躁，可是也少有人去讨论文化责任。诚然，中国文化素有海纳百川的品格，但是撇开中国文化的根本去讨论文化多元，这就忘却了文化的主干和旁枝之分，文化讨论就免不了肤浅与浮躁。肤浅者贬低自身之文化，浮躁者阿媚西方之文化。当今时代，人们习惯以"转型"来否定传统，渐渐地拿"否定"作为时尚。难怪乎异质文化在中华大地个性张扬，本体文化则自轻自贱；君只见百川而不见大海，文化被颠覆了。文化是一种责任。尽管我们这个时代，经济很发达，教育也很繁荣，尽管大家都在谈责任，然而实际上面对责任时却鲜有人主动承担责任，往往是害怕承担责任。责任成为一种口头禅，文化则异化成了一种口红。人们包括教育者或许没有认真想过，当今时代的浮躁文化怎样对纯真的青年学生产生潜移默化的影响，怎么会使得他们本能地追逐时尚，甚至冷漠地嘲弄本体文化？

一个民族的文化之所以能够世代相传，除了遗传因素外，生存环境的影响功不可没，其中教育起着重要作用。生活在一定民族文化氛围中的个体，必须遵循本民族的文化传统，在现实中进行生产和生活。因此，一个民族具有其民族文化的特征，这种文化特征往往体现其民族性和传统性，反映了民族文化的特色，也内在地展现了民族文化的个性，这就是此民族区别于彼民族的标志。民族文化的个性是民族赖以生存和发展的重要根基，是民族自立于世界民族之林的重要条件。一个民族如果丧失了自己民族独特的文化个性，这个民族就注定要消失了。因为，一个民族特定的文化个性，往往是通过这个民族的教育、劳动以及生活方式等各种途径逐步地渗入民族个体的意识和潜意识中，从而构成这个民族所特有的、世代相传的文化心理和民族心理。

历史唯物主义认为，社会存在决定社会意识。一定的文化是一定社

---

① 曾小华：《文化·制度与社会变革》，中国经济出版社2004年版，第26页。

会的经济、政治在思想观念上的反映。现实社会生活中，文化同经济和政治是密不可分地相互交织在一起的。文化已经从经济发展的后台走到经济发展的前台，并为经济发展提供精神动力、智力支持、思想引导和舆论氛围，而政治往往是借助文化来实现其特定的目的。因而文化在国家的综合实力和国际竞争力中扮演着重要的角色，文化软实力得到普遍认同。文化是社会前进发展的旗帜，文化是民族的灵魂，通过文化培养塑造出一大批志向远大、热爱祖国、开拓创新、勤奋努力的高素质的人才。这就是高等教育的文化责任。

然而，我国大众文化的"过度商业化"逐步波及高等教育，高等教育的产业化发展趋势日趋日甚。文化应有的道德价值、引领作用逐渐被文化的商业功利性和休闲娱乐性所消解，文化渐渐地远离了高尚，取而代之的是庸俗的文化沉渣泛起，媚惑世俗。难以想象的是庸俗文化却引导着人们纷繁芜杂的精神生活，簇拥着人们精神生活走向贫困。这恰恰给高等教育的发展提供了一个机遇。高等教育必须实现自我超越，保持其本身与文化天然的、本体意义上无法割舍的内在关联性，促进人的自由而全面发展，担当不可推卸的文化责任。

只是当前"文化"一词已被人滥用了，对这种"文化泛滥"的现象，英国马克思主义文艺理论家特里·伊格尔顿指出："我们看到，当代文化的概念已剧烈膨胀到了如此地步，我们显然共同分享了它的脆弱的、困扰的、物质的、身体的以及客观的人类生活，这种生活已被所谓文化主义（culturalism）的蠢举毫不留情地席卷到一旁了。确实，文化并不是伴随我们生活的东西，但在某种意义上，却是我们为之而生活的东西。……我们这个时代的文化已经变得过于自负和厚颜无耻。我们在承认其重要性的同时，应该果断地把它送回它该去的地方。"[①] 近代的高等教育原本是求知者远离尘世烦扰，追求知识和学术的主要场所；所以，高等教育往往被认为是精神贵族和贵族精神的家园。随着近代科学精神的确立，高等教育的社会功能获得发展，高等教育逐渐成为现代社会不可或缺的重要组成部分。社会和大众对于高等教育的文化创造的要求越来越高，期许越来越多，高等教育的文化责任日益凸显。问题是，探索高等教育对社会的文化责任应当去关注高等教育所具有的而其他教

---

① [英] 特里·伊格尔顿：《文化之战》，王宁译，《南方文坛》2001年第3期。

育形式所不具有的文化特征与文化责任。如果说一般的教育形式或教育组织所关注的主要是有限的或短暂的或浅层的文化存在或文化目标，那么，高等教育所关注的文化应该是深层次和先进的文化引领和文化责任。这是高等教育的特性和生命所在，也是高等教育特有的文化责任的源泉。

由此，高等教育所关注的文化是比人的"此在"更高层次上的表征，高等教育的文化责任是现实性和理想性的。理想与现实的核心是形上性的人生观、价值观和世界观。高等教育的文化责任就是高等教育对文化发展的责任，它主要在于创新而不在于守成，在于改变世界而不仅在于解释世界；它通过学术延续来发展人类的文化与智慧，不懈地为现代社会的发展、现代人的生活提供思想资源和理想图景。

在中国现代文化的发展进程中，高等教育曾经发挥了不可替代的作用。在新文化运动和五四运动中，高等教育依其在整个社会精神文化中的核心地位和强大的文化感召力，打破了几千年来基本未变的封闭的文化传统，通过介绍、引入与传播西方先进的科学文化知识，打开了中国人的文化视野，为中华民族的腾飞、民族文化的现代化乃至整个中国社会的现代转型奠定了文化基础，特别是为马克思主义在中国的传播做出了重大的贡献。

中华人民共和国成立后，中国高等教育获得了迅速发展，在人才培养、科技创新、提高整个民族的文化素质等方面都取得了令世人瞩目的成就；特别是改革开放30多年以来，中国高等教育始终坚持社会主义的办学方向，坚持面向现代化、面向世界、面向未来，始终站在改革开放的前沿，不倦地为中国文化的发展贡献自己的智慧。

三、高等教育文化责任的时代内涵

高等教育的文化责任，包括高等教育对内的文化责任和对外的文化责任。对内的文化责任是一种文化自律，传播先进文化和优秀传统文化，消解外来文化及其影响，即守土有责，自觉担负文化的"守门人""把关人"的责任；对外的文化责任就是文化"走出去"，将中国先进的文化输出、传播到世界各地。在高等教育大众化和国际化的进程中，探索高等教育的文化责任，特别对转型期的高等教育具有重要意义。

高等教育必须承担文化责任,但往往必须是必须,还要看高等教育有没有这个能力。中国高等教育经过近几十年的发展,应该说可以或已经具备了承担文化责任的能力。中国高等教育具有承担文化责任的传统。现代社会文化的繁荣与发展,离不开高等教育的贡献。高等教育的性质反映着一种文化的特质,高等教育直观地呈现着一种文化的水平与前景。中国高等教育因其在中国现代社会转型中的特殊地位,有着其自身不可推卸的文化责任。[①]

高等教育在社会快速转型和改变的过程中既感到自己的不适应、落后,又感到自己的一种责任,甚至一种新的责任。高等教育本身就是一种传承,一种文化的传承。经济强不起来,文化也强不起来;文化强不起来,经济肯定强不起来。中国经济的快速发展,为文化发展创造了条件。高等教育是有灵魂的,这个灵魂就是文化。高等教育具有传播知识、教化育人、传承文化等方面的历史责任,具有履行社会发展的责任、民族发展的责任、国家发展的责任。高等教育要有一种勇于担当的精神和历史责任感、使命感,将文化责任列入自己重要的议事日程,并逐渐固化和常态化。高等教育如果没有成熟的敢于承担文化责任的主体意识,如果没有明确而清晰的文化身份、文化定位、文化角色的确立,那么高等教育就很难在纷繁复杂的环境中成就自我,也就很难获得广大人民群众的认同、信任和尊敬。

我们这个时代是精彩的时代,文化发展翻天覆地、日新月异;我们这个时代是一个自信的时代,几千年的文化体系屹立东方;我们这个时代是一个创新的时代,文化得到创新性发展。现在是经济发展最迅速的时期,也是发展机会最好的时期,同时也是中华民族腾飞的关键时期。历史在改变,优秀的传统的东西在渐渐地恢复,而新的东西也在渐渐成长。现在人们都在谈论寻根,文化的传承就是寻根的问题。

社会发展的全球化特征使政治、经济、文化紧密相连,文化在社会生活中的作用愈来愈重要,高等教育作为文化形成和发展的重要中介而负有的文化责任备受关注。国际竞争的加剧,文化产业的发展,教育服务贸易的扩大,加上我国的社会生产还不发达,教育发展的结构性矛盾

---

① 刘伟:《当代教育的文化责任》,《北京师范大学学报》(社会科学版)2007年第3期。

突出，使得高等教育出现了诸多文化问题。国际竞争的加剧，世界政治、经济、文化、社会生活的紧密联系，我国社会生产发展的不平衡，社会风俗、民族传统、宗教信仰的多样性，再加上高等教育自身发展的国际性、经济性等新特点，使高等教育在引领社会文化及自身的文化建设方面都存在着诸多问题。由于中国现代化还远未完成，谨防现代化进程中断是当前中国的头等大事。要实现国家的现代化，没有安定团结的政治局面是不行的。发展是解决中国问题的关键。经济、政治、文化的系统、全面、协调发展意义重大。在发展的过程中，只有凝聚全体中国人民的人心和智慧，启动举国一致的精神力量，才能实现中华民族腾飞的宏伟目标。这种精神力量就是民族的、科学的、大众的文化信仰，这种信仰是中华民族的"国魂"，是国家兴旺、人民幸福的福祉。在现代社会分工中，高等教育承担着独特的文化责任，服务于当代中国文化大繁荣与大发展的高等教育，应当在诠释当代中国改革开放实践、培育当代中国的文化精英、为经济社会的发展提供文化资源、引领中国的文化创新等方面承担起义不容辞的责任。同时，中国高等教育必须始终坚持自己的国情、社情、民情，形成中国特色的现代高等教育，强化高等教育的文化责任。

高等教育的文化责任，就是要有实事求是的科学态度和引领潮流的进取精神。当今社会以信息技术为核心的科学技术的发展，给经济建设和社会发展带来生机和活力，也给文化领域带来巨大变化。这种变化，打破了传统的社会文化结构和文化心理的平衡，为新时期文化的创新发展提供机遇。在经济全球化深入发展的今天，我们应当充分认识我国传统文化的历史意义和现实价值，在继承传统文化的基础上，积极适应世界文化交流的新趋势，大胆吸收借鉴一些有利于我国文化发展的经验，为我所用；同时，又要有效抵制西方腐朽文化的冲突和侵蚀，切实维护中国文化的"根"，使之成为人与人、人与社会、人与自然和谐关系的调节器。如果一个民族的传统文化被割断了，这个民族的精神支柱必然崩塌，这个民族就到了最危险的时刻。改革开放以来，如潮水般涌入的西方文化，正深刻地改变着中国人的文化观、价值观、世界观、人生观以及思维方式与生活方式。国人在沉浸在经济全球化带来的经济繁荣中，享受着丰富的物质生活的同时，对全球化给民族文化带来的威胁应该有足够的警惕性。

文化是一个国家和民族的灵魂和血脉，它延续和承担着国家和民族的文化历史以及现实的核心价值体系。文化不仅仅是民族精神生活长期历史的积淀，它还鲜活地表现在对现实生活的能动反映上，是人们在现实生活中价值观念的表达。文化是一个国家和民族全部智慧和文明的集中体现，也是维系一个国家和民族的精神纽带。民族文化一旦遭到摧毁，这个民族就成为没有自我意识、没有主体性的民族，也就不能表达本民族独特的思想、经验、价值与利益，不能建立起解释自身生活世界、生活经验的意义框架，这实际上就是一个民族的自我放逐。民族文化也是一个民族的黏合剂，是族群认同之根基。民族文化被消解，这个民族也就会因此失去共同的价值信仰、符号体系而分崩离析。① 因此，必须树立国家文化安全意识，提高对文化霸权主义的警惕和防范，正确处理好西方文化与传统文化之间的关系，为确保国家文化安全树立起一道坚实的屏障。

高等教育是一个国家中国民教育的重要组成部分。高等教育是文化传承、文化发展的重要动力。高等教育通过文化选择、文化传承、文化创造，促进社会与经济的发展，同时促进文化的发展。在现代社会政治、经济、文化发展中高等教育具有不可替代的使命。时代和社会的发展期待着高等教育在文化发展中发挥示范作用和价值导引作用，时代和社会的发展也日益使高等教育成为社会文化发展的中心。在全球化和知识经济时代，高等教育将扮演越来越重要的角色，它已经成为"文化的中心"和"精神的殿堂"；时代把高等教育已经推到了前台，赋予了高等教育更加神圣的文化责任和重大的价值期待。

高等教育从来就不是中性的、无立场的，因何而在、为谁立言、培养什么样的人是高等教育在自身发展中必须自觉回答的问题，也是高等教育服务于文化大繁荣和大发展必须解决的前提性问题。当今时代，社会转型，文化发展面临诸多困难，多元文化冲突已成事实。在一个资本逻辑日益强大、市场氛围日趋浓重的文化大环境中，高等教育的发展也面临诸多选择。高等教育必须自觉地坚持自己的文化操守，坚定自己的文化方向，确保高等教育为社会服务、为人民服务、为国家服务、为民族服务，体现中国高等教育的社会主义特质和精神。

---

① 鲁洁：《应对全球化：提升文化自觉》，《北京大学教育评论》2003年第1期。

第二节　高等教育文化责任的现实诉求

高等教育的文化责任，不仅仅是高等教育自身的一种义务，更要上升到一种民族的责任、国家的责任、社会的责任。高等教育的文化责任具有广泛的含义，在其现实性上则表现为一种时代的责任和现实的诉求。我们这个时代迫切需要高等教育来传承民族优秀的传统文化，引领时代的风尚，让中华民族的优秀文化走向世界，让中华民族的文化腾飞！

一、高等教育传承创新传统文化的责任

任何一个民族文化的创新和发展都以这个民族的传统文化为前提和基础，"每一个时代的哲学作为分工的一个特定的领域，都具有由它的先驱传给它而它便由此出发的特定的思想材料作为前提"①。可以说，人类在具有真正意义上的创新方面都没有离开传承，而任何真正意义上的传承也同样离不开人类的创新。

文化是一种软实力，对此人们已达成共识。中国经济的发展，必须从民族文化中获取资源，从民族文化获取灵感。割断民族文化的历史，这个民族就没有了文化的根本；如果一个民族的传统文化失传了，对于这个民族来说简直就是一场灾难，这个民族的精神已经处在危机的边缘。中华民族的悠久文化传统是中国人民取之不尽、用之不竭的丰富资源。高等教育必须在学术上对传统文化进行梳理，继承民族的优秀文化，弘扬民族的文化传统，发展创新民族传统文化，中华民族不仅仅要成为富裕的"经济中国"、民主强大的"政治中国"、科技先进的"技术中国"，也要成为精神富饶的"文化中国"。② 所以说，一个民族的教育，首先应该传承自己民族的文化，并能实现在传承的过程中，对本民

---

① 《马克思恩格斯选集》第 4 卷，人民出版社 1995 年版，第 703 页。
② 参见石中英：《21 世纪基础教育的文化使命》，《教育科学研究》2006 年第 1 期。

族文化进行加工与创新,这是这个民族生生不息的源泉,也是这个民族生存发展的根本。"在中国,你会发现创新对这个国家来说不只是一个简单的需求,而是令中国无法抗拒的诱惑,这也是中国的魅力之一。在中国的每个角落,你都有机会看到中国人正在用新的观念重新塑造自己的生活。"① 曾经与之齐名的文明古国,都已退出了历史的舞台或已失去了往昔的荣光,独有中华民族历经磨难的风雨历程而本色不改,并能屹立于世界东方。

源远流长的中国传统文化,是中华民族在 5000 年的历史长河里不断发展、创造而形成的物质文明与精神文明的总称。它博大精深,是涵盖思想观念、思维方式、价值取向、伦理道德、礼仪制度、行为规范等多方面内容的有机整体,体现着中华民族特有的文化气派与民族气质。中华民族的传统文化,有别于世界其他国家、民族的传统文化的,就在于它的人文精神。这种精神,是中华民族优秀传统文化的核心。中华民族优秀的传统文化是中华民族宝贵的文化遗产,是中华民族的精神纽带和力量源泉。它不仅处处呈现出隽永的历史价值,而且内蕴有实践品格和现代意义。中华民族优秀的传统文化的价值"表现在哲学、史学、教育、文学、科学、艺术等各个领域,乐以成道,追求人的完善,追求人的理想,追求人与自然的和谐,表现了鲜明的重人文、重人伦的特色"②。胡锦涛同志曾说过:"中华民族的优秀文化,生生不息,绵延不绝,是我国人民几千年来克服艰难险阻、战胜内忧外患、创造幸福生活的强大精神力量"。③ 毫无疑问,中国传统文化对中国的价值观念、发展道路、社会生活方式具有深刻的影响,对中华民族繁衍、统一、稳定和自立于世界民族之林起到了巨大作用。

文化是一个民族的灵魂和血脉。在经济全球化的浪潮中,如果一个民族失去了自己民族固有的文化血脉,那么这个民族就失去了自己的根基;而一个国家、一个民族在经济全球化浪潮中不能立足于自己民族文化的发展,这种发展最终注定失败。因为没有了文化,国家、民族也就

---

① [美]乔舒亚·库珀·雷默等:《中国形象:外国学者眼里的中国》,沈晓雷等译,社会科学文献出版社 2008 年版,第 34 页。
② 张岱年、方克立:《中国文化概论》,北京师范大学出版社 1994 年版,第 368 页。
③ 胡锦涛:《在中国文联第八次全国代表大会、中国作协第七次全国代表大会上的讲话》,http://news.xinhuanet.com/politics/2006-11/10/content_5315042.htm。

失去了生存的土壤。事实上，只有不断地丰富和强化自己民族的文化性，才能真正实现民族的发展。马克思、恩格斯认为："古往今来每个民族都在某些方面优越于其他民族。"① 高等教育要维护中国的文化传统、文化利益和文化安全，使博大精深的中国传统文化不在全球化的浪潮中被逐步"消解"，必须肩负起自己的文化使命与责任，继承、传承、弘扬、创新民族优秀传统文化，这才是我们应对全球化挑战的文化根基。胡锦涛同志在美国耶鲁大学讲演时说："一个民族的文化，往往凝聚着这个民族对世界和生命的历史认知和现实感受，也往往积淀着这个民族最深层的精神追求和行为准则。"② 著名哲学家张岱年先生也认为："在一个民族的精神发展中，总有一些思想观念受到人们的尊崇，成为生活行为的最高指导原则。这种最高指导原则是多数人民所信奉的，能够激励人心，在民族的精神发展中起主导作用。这可以称为民族文化的主导思想，亦可简称为民族精神。"③ 由此可见，一个民族的民族精神是从民族传统文化中发展演变而来的，虽然民族精神不等同于传统文化，但民族精神却是对传统文化的提炼，是传统文化之中的精华。因此，"在我们民族发展的过程中，一切最美好、最崇高、最富于理性的、最具有生命力的民族文化传统，经过选择和积淀，从而铸造成了我们的民族精神"④。所以说，传统文化和民族精神具有互相依存的紧密联系，两者不可分割。在《国家"十一五"时期文化发展规划纲要》的"序言"中十分肯定地讲明了这一点："文化是国家和民族的灵魂，集中体现了国家和民族的品格。……五千年悠久灿烂的中华文化，为人类文明进步做出了巨大贡献，是中华民族生生不息、国脉传承的精神纽带，是中华民族面临严峻挑战以及各种复杂环境屹立不倒、历经劫难而百折不挠的力量源泉。"⑤ 悠久丰富的传统文化是我们取之不尽、用之不竭的精神财富，培育和弘扬民族精神必须回归传统文化。

---

① 《马克思恩格斯全集》第2卷，人民出版社1957年版，第194页。
② 《中国国家主席胡锦涛在美国耶鲁大学的演讲》（2006年4月22日），http://news.xinhuanet.com/newscenter/2006 - 04/22/content_ 4460879. htm。
③ 张岱年：《文化与哲学》，教育科学出版社1988年版，第73～74页。
④ 邓鸿光：《个人·社会·历史》，浙江人民出版社1994年版，第161页。
⑤ 《国家"十一五"时期文化发展规划纲要》，http://news.xinhuanet.com/politics/2006 - 09/13/content_ 5087533. htm。

胡锦涛同志在党的十七大报告中明确指出："弘扬中华文化，建设中华民族共有精神家园。中华文化是中华民族生生不息、团结奋进的不竭动力。要全面认识祖国传统文化，取其精华，去其糟粕，使之与当代社会相适应、与现代文明相协调，保持民族性，体现时代性。"① 从一定意义上说，中华民族的传统文化涵盖着许多为人处世的道德规范和生存智慧，是中国人民构筑现代精神文明的基础，在任何时候都不能、也不应该被丢弃和遗忘。

中华民族的优秀传统文化蕴含以爱国主义为核心的民族精神。当前，高等教育需要发挥民族优秀传统文化的资源和力量，弘扬民族精神，培养大学生的民族意识和爱国情怀，增强建设祖国、振兴中华的责任感。优秀传统文化中蕴含的美德为大学生指明了完善人格和道德品质、促进个人健康发展的路径，是锻造大学生思想作风和意志品质的文化养料。优秀传统文化为大学生树立崇高的人生理想和远大的人生信念提供了深厚的文化积淀，大学生可以从优秀传统文化中找到生命的智慧和生存的勇气。高等教育的首要任务是"育人"，高等教育加强对优秀传统文化的教育，有利于大学生树立正确的世界观、人生观和价值观；有利于大学生激发爱国热忱，提高民族自尊心和自信心；有利于大学生提高思想道德素养，消解市场经济带来的负面影响。高等教育对中华民族优秀传统文化的传承，是文化育人的真正体现，是高等教育工作的真正落实，是真正有意义的文化传承。胡锦涛同志在庆祝清华大学建校100周年大会上的讲话中就说过，"全面提高高等教育质量，必须大力推进文化传承创新。高等教育是优秀文化传承的重要载体和思想文化创新的重要源泉"，"要积极发挥文化育人作用"。② 优秀传统文化蕴含宝贵而丰富的教育资源，高等教育对大学生进行优秀传统文化的教育，既是高校素质教育的重要内容，也是高校道德教育和全社会文化建设的重要组成部分。高等教育应当把对大学生进行优秀传统文化教育与熏陶，贯穿于高等教育的始终，这对于促进大学生全面发展，促进优秀传统文化的传承和发展都具有十分重要的意义。

---

① 《胡锦涛文选》第 2 卷，第 640～641 页。
② 胡锦涛：《在庆祝清华大学建校 100 周年大会上的讲话》，《人民日报》2011 年 4 月 25 日。

因为我们当今所处的这个所谓"全球化"时代,实则是一个"后殖民时代",为抵制文化全球化中的同质化,充分发挥文化构建民族国家身份认同的作用,加强民族文化传承具有紧迫性。诚然,全球化确实为中国的发展带来了许多机遇,但也切不能忽视其间的文化同质化倾向,必须谨防跌入"全球化的陷阱"。① 因为,随着全球化时代的到来,空间和时间概念的客观化和普遍化使时间消除了空间,即发生了时空压缩的过程。②全球化所推动的时空距离的压缩,把世界各地不同的人们推到了同一个舞台,并使他们能够第一次真正地生活在一起,即使互相之间并不认识,也能进行有意义的互动。在这种趋势下,世界各地的文化正逐渐脱离产生它的特定社会语境,转而成为一种浮动的符号,直接进入其他不同地域的文化语境,并融入一个巨大的全球文化网络之中,全球化的力量正在同化世界各地的本土文化。③ 文化的趋同性日益增强,具有地域性的民族文化发展受到极大的挤压和限制。况且,"全球化是一个描述性和不着边际的概念,如何理解它,与我们的政治体制休戚相关"④。连发达国家中的有识之士都坦言:"全球危机依然如故,那种在'冷战'中宣称胜利的'历史的终结者'并不足以取代我们对危机的理性分析。"⑤ 何况处于发展中的中国,在时代界定与国际形势估计方面,更应保持冷静清醒的头脑,树立一种明确的文化自主和自觉意识,高度重视并切实加强中国文化的传承与创新,以免在不知不觉中被"殖民"了还在为他者早已预设的全球化圈套而摇旗呐喊、高呼万岁。毕竟,"如今我们所看到的似乎十分'现代'甚至十分'后现代'的'全球化',其实在历史和观念上……都与'殖民'二字有着难以脱开的干系。……在当前的历史条件下,全球化的国际关系背景并不是一个真正公平的'共享'过程。"⑥ 并且,"现代西方文化霸权通过各种不

---

① 参见汉斯-彼德·马丁等:《全球化陷阱——对民主和福利的进攻》,张世鹏等译,中央编译出版社1998年版。
② 王逸舟:《全球化时代的国际安全》,上海人民出版社1999年版,第8页。
③ 陈立旭:《当代文化的一种走向:地域性的消融》,《社会科学》2004年第3期。
④ [美] 阿里夫·德里克:《后革命氛围》,王宁等译,中国社会科学出版社1999年版,第19页。
⑤ Mel Gurtov, *Global Politics in the Human Interest*, Lynne Rienner Publishers Inc., 1991, p. 3.
⑥ 项贤明:《比较教育学的文化逻辑》,黑龙江教育出版社2000年版,第206~207页。

同的大众媒介操控方式,来传播并强化其主流文化观念和价值取向,以使受众国在无意识中对其优越性深信不疑,从而分裂第三世界各国自身的文化传统"①。在这方面,高等教育理应有一个清醒的认识。因为"任何社会都是本土社会,……任何社会建立学校的目的都是为了保证那个本土社会能够延续,而不是为了保证某一抽象的一般社会的延续。"②"教育的本质是文化传承的工具,当今我国教育并未进行有效的传统文化传承。"③"自中国近代大学建立以来,百年的高等教育史也一直是对西方高等教育模仿和追随的历史。从19世纪末的模仿日本建立中国近代高等教育体系到20世纪20—30年代追随美国,再到20世纪50年代向苏联的'一边倒',20世纪80年代以来再度向欧美的学习借鉴,我国高等教育一直处于动荡的被动选择过程中,始终没有确立稳定的、体现民族自主性和民族文化占主体地位的文化模式。其症结何在?笔者认为,其文化根源就在于近代以来一直徘徊在中国人心中的对民族文化的自信心缺失及不认同。"④ 可见,高等教育对中国传统文化的传承和创新,是一个紧迫而光荣的神圣使命。

通过调查可知,大学生了解中国传统文化知识的最主要方式是学校的学习(比例为44.50%),其次是通过自学和家庭教育来了解中国的传统文化(比例分别为26.60%和15.60%),少部分大学生是通过其他的方式(网络、电视、报纸等媒体)来了解中国传统文化。数据显示,真正耐心地、完整地听完过一场(或一段)京剧的大学生只占23.40%,完整看完四大名著的占29.60%,对中国的传统艺术,如书法、陶瓷等,一点都不懂的占17.20%。在进一步对大学生传统文化的考核与分析中发现:在所有被调查者中,最高分75分,最低分13分;样本的均值为42.33分,均值标准差为13.45,中位数为43.75;频数分布可近似为正态分布 N(42.33,13.45),其峰态系数 $K = -0.351$,说明该分布接近于正态分布,稍微扁平,数据分布较分散。可见,当代大学生对中国传统文化知识的了解程度普遍偏低,大多集中在30~40

---

① 容中逵:《当代中国传统文化传承的三种语境》,《社会科学战线》2009年第3期。
② 石中英:《本土知识与教育改革》,《教育研究》2001年第8期。
③ 参见容中逵:《当代中国传统文化传承的三种语境》。
④ 曹南燕、徐伟:《中国传统文化的当代教育价值及其实现》,《理论月刊》2009年第10期。

分段，离及格分（60 分）还有很大的差距。作为炎黄子孙，当代的大学生，这样的情况是非常不应该出现的，而事实说明问题还非常严峻，不容乐观。① 2012 年调查统计数据显示：大学生中有 1.5% 的人从未接触过传统文化，56.7% 的大学生偶尔有所接触，经常接触和学习者约占 41.8%。②《中国教育在线》的调查结果显示，50.0% 的大学生对中国传统文化没有兴趣，20.0% 的大学生持无所谓的态度，20.0% 是中间派，仅 10% 的大学生以传统文化为荣。③ 另据《文汇报》的调查显示，应用型书籍占据了大学生课外阅读时间的一半以上，娱乐休闲类书籍在大学校园同样也很受欢迎。④ 与之形成鲜明对照的是大学生对于古代经、史、子、集的鲜少阅读，能完整背出一些著名古诗词并正确回答出作者的人更是越来越少。在《新闻周刊》的调查中，有 79.0% 的受访者对于传统文化著作"偶尔翻阅"，13.0% 的受访者"敬而远之"，表示"深恶痛绝"者有 2.0%，只有 6.0% 的受访者说"爱不释手"。⑤ 而《华夏时报》对大学生的调查也得出基本一致的结果：能完整背出古诗词或正确回答出作者的大学生占 45.0%，认为传统文化有用的大学生占 20.0%，对传统文化感兴趣的大学生占 30.0%，而认为学习英语是绝对有用的大学生占 97.0%。在对传统节日的重视程度调查中，75.0% 以上的大学生认为诸如中秋、端午等节日重要，但是也认为圣诞节、情人节等西方节日同等重要。⑥ 2015—2016 年之间，作者采取随机抽样调查的方法，选取了中山大学、华南理工大学、广东财经大学、广州大学、广州美术学院、海军广州舰艇学院、广东顺德职业技术学院、上海师范大学、武汉大学和湖北大学等 10 所大学的在校大学生进行了相关调查研究。本次调查共发放问卷 4000 份，回收问卷 3988 份，回收率

---

① 参见杨娜娜等：《关于大学生对中国传统文化了解程度的调查与思考》，《魅力中国》2009 年第 18 期。
② 韩春平等：《数字环境下的大学生传统文化阅读》，《图书与情报》2013 年第 4 期。
③ 陈厚喜：《救救中国传统文化》，http://www.eol.cn/article/20051010/3154795.shtml。
④ 钮怿等：《大学生读书进入"方便面"时代》，《文汇报》2002 年 4 月 25 日。
⑤ 朱萌、张立成：《大学生中国优秀传统文化教育探析》，《思想教育研究》2011 年第 11 期。
⑥ 转引自谭小宝：《对当今大学生传统文化教育的思考》，《当代教育论坛》2008 年第 8 期。

99.7%。其中，有效问卷 3908 份，问卷有效率为 98.0%。① 对问题"你认为在高校开设'中国近现代史纲要'有必要吗？"，回答"很有必要"的占 25.9%，"必要"占 46.6%，"没有必要"占 23.5%，"其他"占 4.0%。虽然回答"很有必要"和"必要"的占 72.5%，但也是不能盲目乐观，因为回答"没有必要"和"其他"的占 27.5%，这个比例不可忽视。对问题"你对下面中国历史人物中的哪些名人比较熟悉（可多选）？"，回答"黄帝"的占 64.4%，"炎帝"占 58.5%，"姜子牙"占 71.5%，"成吉思汗"占 79.6%，"孔子"占 90.3%，"孟子"占 80%，"曹操"占 84.2%，"林则徐"占 74.5%，"李鸿章"占 65.8%，"康有为"占 65.3%，"慈禧"占 68.5%，"文天祥"占 64.8%，"诸葛亮"占 85.1%，"李白"占 88.2%，"杜甫"占 78.7%，"白居易"占 75.3%，"王维"占 68.7%，"司马迁"占 72.8%，"其他"占 15.2%。可见，调查结果应该说喜忧参半，有些历史人物学生还是比较熟悉的，但是仍然有部分学生不熟悉、不了解，这很值得反思。同样，在问题"你对下面近代哪些教育家比较熟悉（可多选）？"的回答中，那就更值得教育工作者深思。回答"比较熟悉"的教育家中，"蔡元培"占 84.0%，"陈嘉庚"占 18.1%，"张伯苓"占 13.0%，"徐特立"占 19.3%，"黄炎培"占 23.2%，"陶行知"占 70.4%，"胡适"占 80.5%，"晏阳初"占 3.9%，"杨贤江"占 1.5%，"其他"占 7.1%。对有些历史人物、教育家等，学生了解与熟悉的程度如此之低，这的确是不应该的。大学生对中华民族的历史特别是教育史缺乏足够了解，这对大学教育是一个讽刺。

  其实，这些调查只是面上调查，而且调查面较小。实际上大学生特别是理工科大学生对于文学、历史、哲学知识很少涉猎，对于中国传统文化不甚了解。大学生疏离传统文化的原因是多方面的。全球化浪潮中外来文化的输入与渗透冲击了传统文化的应有地位，冲淡了传统文化的应有影响，使大学生接受传统文化教育的时间受到"挤压"；市场经济的逐利影响，造成对传统文化的胡编乱造、随意篡改与戏说，好端端的东西被糟蹋，刺激并"熏染"了大学生对传统文化的不良印象；大众文化的勃兴与传播，消费文化的凸显、追捧和张扬、蔓延，"稀释"了

---

① 本次调查从 2015 年 2 月开始，到 2016 年 9 月完成统计工作。

高等教育对传统文化的教育及其效果；大学生"流行文化"的光怪陆离，方兴未艾，盛行风靡，使高等教育呈现出传统文化教育的"尴尬"；网络信息文化的出现，更显得高等教育对传统文化的教育方式和教育效果明显"滞后"，甚至有大学生开始质疑中华民族悠久的传统文化，认为那些老古董的东西已经腐朽、过时，跟不上时代的步伐。"建设优秀传统文化传承体系，弘扬中华优秀传统文化"①，这是国家、民族赋予高等教育的神圣使命。事实上，高等教育是文化传承最为直接而根本的有效途径。文化首先表现出具有其历史的继承性特征，在此基础上进而表现出创新性的属性；但是纵观人类发展的全部历史，它实际上是一部文化史，文化的基本属性仍然是继承性。因为人类的文化只有在继承的基础上才能创新；可以肯定地说，没有继承就没有创新。美国文化哲学家怀特说过："文化是一个连续的统一体。……文化发展的每一阶段都产生于更早的文化环境"，"现在的文化决定于过去的文化，而未来的文化仅仅是现在文化潮流的继续"。②怀特的话表明：文化的发展是内在的生长过程，是传统文化与现代文化不断交替发展的过程。因此，无论是物质文化、精神文化，还是制度文化等都是以继承性为条件的，这样文化才能得以存在和不断发展。虽然文化传承的方式有多种，但唯有广义上的教育才是文化传承可靠而有效的途径。因为文化和教育具有高度重合性，教育的本质功能是"主体间的文化传承"③，严格说来，教育是文化的产物，教育本身就是一种文化活动。

高等教育要寻求当代文化与传统文化能够融合的方面，在着力培养学生现代观念意识的同时注重民族文化传统的教育，对学生进行民族的、现代的、科学的观念意识的教育，使大学生具有民族特点的完善人格。传统文化教育必须紧跟时代步伐，富有时代精神和鲜明特色，要不断创新传统文化教育的形式和载体，适应大学生成长的思想和心理特点，深刻把握教育的规律性，切实提高传统文化教育的实效性。

高等教育进行传统文化教育，是一个继承、发展和创新的过程。为

---

① 《胡锦涛文选》第 3 卷，第 639 页。
② [美] 怀特：《文化科学》，曹锦清等译，浙江人民出版社 1988 年版，第 325、326 页。
③ 雷鸣强：《教育功效观：一个教育原理的新视角》，湖南师范大学出版社 1999 年版，第 89 页。

此，必须坚持民族性与世界性相统一的原则。陈寅恪先生曾说过："其真能于思想上自成系统，有所创获者，必须一方面吸收输入外来之学说，一方面不忘本来民族之地位。"① 因此，高等教育必须既植根于浓厚的民族土壤，又置身于宏大的世界背景；既富有鲜明的民族特色与时代特征，又具备气度恢宏、厚德载物的宽容精神。

传统文化是现代化不可或缺的历史文化资源。传统是动态的、不断变化和发展的，不能把传统文化看作一潭死水，简单地将其归结为"过去的历史"，而应看到它同时关系着民族文化的现在与未来。波普尔曾针对那种妄图"彻底清洗社会这块画布——创造一块社会的白板，然后在它上面画出崭新的社会制度"的理论指出："没有比毁掉传统的构架更危险的了，这种毁灭将导致犬儒主义和虚无主义，使一切人类价值漠不关心并使之瓦解。而且，一旦毁灭了传统，文明也随之消失。"② 不同国家现代化的启动与推进，都必须从本民族文化传统中得到营养与支持，这一点早已被已经走上现代化道路的各个国家所证实。

即使在今天，传统文化在日本现代化进程中依旧表现出巨大的张力和活力：传统文化中的"和"思想是日本企业成为高效团队的精神主导和联系纽带，"民本"思想是自由民权思想家走上追求民主之路的桥梁，"义利之辨"是日本资本主义兴起和发展的道德支柱，"忠孝"观念为近代日本的国家和企业服务，"中庸"概念协调着日本的现代政治，等等。这些都充分显示出传统文化力量在日本现代化历程中独具的驱动作用。日本现代化的历程表明，保持传统文化同样可以谋求现代化。③ 正如联邦德国《法兰克福汇报》这样评论："我们必须探求日本人成功的原因，这就是他们在确保处于技术化的环境中的传统价值。即它的技术是西方的，但精神仍然是日本的，任何日本人都没有在繁荣的国度里产生过铲除深深扎根于日本历史上的神道教、佛教和儒教的精神根源的想法。"④ 任何一个民族文化的发展都是一个连续不断的过程，抛弃文化

---

① 陈寅恪：《金明馆丛稿二编》，生活·读书·新知三联书店2001年版，第284～285页。
② 转引自肖祥《文化霸权与青年文化意识的现代化》，《理论月刊》2004年第7期。
③ 欧阳康、张冉：《中华传统文化：中国特色社会主义道路的文化资源》，《江汉论坛》2009年第6期。
④ 转引自焦树安：《世界比较哲学动态》，《中国哲学史研究》1981年第4期。

传统，割断历史联系，只会使现代化的发展失去根基。

随着时代的发展和人类的进步，人们越来越认识到，文化的生存状态不仅积淀着一个民族和国家过去的全部文化创造和文明成果，而且蕴含着它走向未来的一切可持续发展的文化基因。"激活传统和坚持开放，是全球化格局中中国文化发展的逻辑。"① "只有深深植根于改革开放和现代化建设实践，融入亿万人民群众开拓美好未来的历史进程，才能创造出无愧于伟大时代的中华文化。"② 高等教育要培养大学生开放的世界眼光，使中国传统文化走向世界，也使世界优秀文化走向中国，两者交相辉映，最大限度地吸收外来文化的营养成分以滋补自身，即采外来文化之长，固民族文化之根。

二、高等教育引领社会主义核心价值观的责任

核心价值观是一个社会的全体成员应有的终极信念，是一个社会的核心文化体现，它是一个国家和民族的精神准则。习近平总书记指出："把培育和弘扬社会主义核心价值观作为凝魂聚气、强基固本的基础工程，继承和发扬中华优秀传统文化和传统美德，广泛开展社会主义核心价值观宣传教育，积极引导人们讲道德、尊道德、守道德，追求高尚的道德理想，不断夯实中国特色社会主义的思想道德基础。"③ 一个民族的核心价值观不可能脱离民族的传统文化，特别是民族的优秀传统文化。因为，人民深深地受到它的优秀文化影响，在其血液中流动着这些文化的合理因子，并一代一代地向下遗传，延续着中华民族的古老传说，这就是中华民族几千年来不能切断的文化血脉和价值传统。习近平总书记指出："不忘本来才能开辟未来，善于继承才能更好创新。对历史文化特别是先人传承下来的价值理念和道德规范，要坚持古为今用、推陈出新，有鉴别地加以对待，有扬弃地予以继承，努力用中华民族创

---

① 叶中强：《全球化与中国传统文化价值重估》，《毛泽东邓小平理论研究》2006 年第 9 期。
② 刘云山：《更加自觉、更加主动地推动社会主义文化大发展大繁荣》，《十七大报告辅导读本》，人民出版社 2007 年版，第 12 页。
③ 《习近平谈治国理政》，第 163 页。

造的一切精神财富来以文化人、以文育人。"① 一个民族如果忘却了自己民族久远的历史，或割断自己民族的传统价值观，走向历史虚无主义和民粹主义，这都是危险的，这个民族也不可能长久。习近平总书记指出："抛弃传统、丢掉根本，就等于割断了自己的精神命脉。"② 一个民族的核心价值观，同时应该在民族历史文化的基础上吸收新的合理要素，根据社会发展、时代发展和人民大众的要求进行补充与完善。既要高瞻远瞩地反映人类社会的理想目标，把握民族的长远利益，又要给自己的民族预设一个方向，给自己的人民一个美好的未来，凝聚人心、鼓舞人心、激励人心。这就是一个民族的核心价值观的感召力和号召力。因此，可以说核心价值观是一个国家和民族价值体系中最本质、最有影响力的价值观念，它支撑着或影响着并左右着国家和民族的所有价值判断。

党的十八大报告强调指出："倡导富强、民主、文明、和谐，倡导自由、平等、公正、法治，倡导爱国、敬业、诚信、友善，积极培育和践行社会主义核心价值观。"③ 这一论述非常清楚地明确了社会主义核心价值观的基本理念和具体内容，非常清楚地指出了社会主义核心价值体系建设的现实着力点，是中国共产党在新的历史条件下对社会主义核心价值体系建设的新部署和新要求。社会主义核心价值观是现实理性和走向未来的价值积淀，是社会主义精神和价值体系中最根本、最重要和最集中的价值内核，揭示的是社会主义价值体系中最本质的永恒的精神要素，反映了社会主义核心价值体系的丰富内容和实践要求，它融国家层面的价值目标、社会层面的价值取向和个人层面的价值准则为一体。从国家、社会、公民三个维度凝练阐述社会主义核心价值观的内涵、层次，是对社会主义核心价值体系的高度概括和理性升华。社会主义核心价值观体现了价值上的"最大公约数"，不但能最大限度地为改革的推进整合力量、凝聚共识，也能最大程度地为改革带来的利益调整减震和抗压。社会主义核心价值观的确立、成型和系统化、理论化，必将成为人们共同遵循和维护的行为准则，内化于人们的思想和心灵深处，进而

---

① 《习近平谈治国理政》，第 164 页。
② 《习近平谈治国理政》，第 164 页。
③ 《胡锦涛文选》第 3 卷，第 638 页。

作为人们的价值传统和文化精神长期稳定下来,发挥代代相传的价值传递效用。历史和现实一再证明,只有建立共同的价值目标,一个国家和民族才会有赖以维系的精神纽带,才会有统一的意志和行动。没有核心价值观,民族就没有凝聚力,国家就没有前进的动力。改革开放以来,我国取得了举世瞩目的成就。在前进的道路上,也遇到过各种艰难险阻。但无论是顺境还是逆境,那些长期以来指导我们成功的价值观却历久弥新,以其巨大的精神力量激励着人们奋勇前行。胡锦涛同志指出:"我们说要建设社会主义核心价值体系,马克思主义指导地位是最根本的。要坚持不懈用马克思主义中国化最新成果武装全党、教育人民,使之真正深入头脑、扎根人心,转化为广大干部群众的自觉行动。"[①] 让我们以此为基本遵循,把培育和践行社会主义核心价值观落实到经济发展实践和社会治理中,把社会主义核心价值观要求体现到经济建设、政治建设、文化建设、社会建设、生态文明建设和党的建设各领域,推动培育和践行社会主义核心价值观同实际工作融为一体、相互促进,进一步弘扬中国精神,凝聚中国力量,把中国特色社会主义伟大事业推向前进。"积极培育和践行社会主义核心价值观是维护我国意识形态安全的迫切需要。……面对价值观领域的渗透与反渗透斗争,我们不能掉以轻心,必须坚守好价值观领域这块阵地,确保意识形态安全。……应清醒地认识到,价值观领域的博弈是激烈的、长期的、复杂的。提炼社会主义核心价值理念,逐步培育社会主义核心价值观,是有效应对西方敌对势力对我实施价值观渗透战略的客观要求。"[②] 正确理解社会主义核心价值观的内涵,深刻把握积极培育和践行社会主义核心价值观的重要性,对于推进社会主义核心价值体系建设,用社会主义核心价值体系引领社会思潮、凝聚社会共识,具有重要的理论价值和实践意义。它是全体中国人民的共同追求,是兴国之魂、立国之本、强国之基。

因此,社会主义核心价值观反映着现实中人民大众的需要并对现时代进行了必要的关照,它是中国共产党人智慧的高度凝练,是国家和民族的精神支撑。时代的反映和人民大众的现实需要,是核心价值观形成

---

① 《胡锦涛文选》第2卷,人民出版社2016年版,第528页。
② 教育部中国特色社会主义理论体系研究中心:《深刻理解社会主义核心价值观的内涵和意义》,《人民日报》2013年5月22日。

和发展的现实基础。如果脱离时代的发展和人民大众的现实需要，核心价值观就失去了落脚点和归属，就缺乏培育的土壤和践行的动力。

中共中央办公厅在《关于培育和践行社会主义核心价值观的意见》中明确指出："把培育和践行社会主义核心价值观融入国民教育全过程"①。国民教育的整个过程中都要进行社会主义核心价值观的培育和践行，那么高等教育就不仅仅是一个教育问题，更应该是一个核心价值观的引领问题。无论从理论上讲，还是从实践上讲，高等教育对引领社会主义核心价值观具有不可推卸的责任。

高等教育就是要培养德智体全面发展的人，这就必须培养大学生良好的世界观、人生观、价值观、道德观、法制观，必须加强对大学生进行核心价值观教育。高等教育与社会主义核心价值观具有内在的相关性。高等教育是中华民族振兴和腾飞的基石，实现中华民族伟大复兴的中国梦，必须坚持教育优先发展，必须把培育合格的接班人作为高等教育的根本任务，就是要培养有理想、有道德、有文化、有纪律的德智体美全面发展的社会主义建设者和接班人。社会主义核心价值观所倡导的富强、民主、文明、和谐，所倡导的自由、平等、公正、法治，所倡导的爱国、敬业、诚信、友善，是新时期赋予高等教育的新任务和新要求，引领社会主义核心价值观也是新时期高等教育的必然选择。

如果高等学校不从课堂上培养青年大学生的社会主义核心价值观，不能让大学生从课堂上接受正能量，不能让大学生潜移默化地受到优秀教师的积极思想的正面影响，无产阶级不去占领这块阵地，资产阶级以及其他一切剥削阶级思想就会占领这块阵地，不良的负面信息就会乘虚而入，严重地影响青年大学生的身心健康，这将是很危险的。习近平总书记指出："要切实把社会主义核心价值观贯穿于社会生活方方面面。要通过教育引导、舆论宣传、文化熏陶、实践养成、制度保障等，使社会主义核心价值观内化为人们的精神追求，外化为人们的自觉行动。"②高等教育要把培育大学生社会主义核心价值观贯穿大学教育的全过程、全方位，高等学校要提供大学生践行社会主义核心价值观的平台，把青

---

① 中共中央办公厅：《关于培育和践行社会主义核心价值观的意见》，http://news.xinhuanet.com/politics/2013-12/23/c_118674820.htm。

② 《习近平谈治国理政》，第164页。

年志愿者活动、学雷锋活动有机地结合起来，拓展大学生践行社会主义核心价值观的有效途径，把家庭教育和社会教育衔接起来，实现学校教育、家庭教育和社会教育的一体化、系统化，共同承担起培育和践行社会主义核心价值观的责任。

高等学校是文化高地，是思想的发源地，应当引领社会主义核心价值观，推动和促进社会主义核心价值观不断转化为人民群众的集体意识和个体的自觉行动，在日趋激烈的全球思想文化舆论竞争中掌握主动权和话语权。面对改革开放和发展社会主义市场经济条件下思想意识领域多元多样多变的新特点，面对世界范围思想文化交流交融交锋形势下价值观较量的新态势，积极培育和践行社会主义核心价值观，对于巩固马克思主义在意识形态领域的指导地位、巩固全党全国人民团结奋斗的共同思想基础，集聚全面建成小康社会、实现中华民族伟大复兴中国梦的强大正能量，确实具有十分重要的战略意义和不可估量的重大作用。

高等教育培育社会主义核心价值观，必须适应大学生的身心特点和成长规律，优化高等教育的顶层设计，增强教育的科学性；必须构建大中小学校德育课程之间的有效衔接，增强教育的系统性；必须创新大中小学德育课教育教学，推进社会主义核心价值观进教材、进课堂、进学生头脑，同时要外化为行，增强教育的实效性，这就是培育和践行的问题。事实上，青年学生不缺乏相关的知识，而且中国的教育从小学到大学都在传授知识，把思想道德、核心价值观都当成知识进行教育，进行考试，知与行在现实中严重脱节。

高等学校要将培育和践行社会主义核心价值观落实到教育教学和管理服务各环节，覆盖到学校的方方面面和所有人员，形成后勤服务、课堂教学、社会实践、校园文化多位一体的落实平台。习近平总书记指出："要发挥政策导向作用，使经济、政治、文化、社会等方方面面政策都有利于社会主义核心价值观的培育。要用法律来推动核心价值观建设。各种社会管理要承担起倡导社会主义核心价值观的责任，注重在日常管理中体现价值导向，使符合核心价值观的行为得到鼓励、违背核心价值观的行为受到制约。"[①] 充分利用学校报刊、广播电视、网络等途径，把学雷锋和志愿服务结合起来，建立健全志愿服务制度，完善激励

---

① 《习近平谈治国理政》，第165页。

机制和政策法规保障机制；开展礼节礼仪教育，在重要场所和重要活动中升挂国旗、奏唱国歌。

高等教育不仅仅要培养大学生的社会主义核心价值观，而且要承担社会责任，引领社会核心价值观，为社会积极营造讲诚信、讲责任、讲创新、讲奉献的良好氛围，激发国家和民族的精神动力。高等教育引领社会主义核心价值观，就是要发挥自己的优势，整合学校、家庭和社会各方力量，凝聚社会成员的共识，引领社会全面发展进步的"铸魂工程"，为社会长远、稳定发展提供根本价值遵循和价值依托，为实现中华民族伟大复兴提供强大的精神力量。当前，中国的改革进入深水区，由改革触及的利益而导致的各种矛盾错综复杂，但是改革必须深入进行，因为只有改革，中国才有出路。因此，高等教育应当强化社会主义核心价值观的宣传教育，注重示范引领，牢牢占领文化阵地，在与各种文化交流、思想交锋、价值碰撞中高举中国特色社会主义伟大旗帜，找准与广大人民群众思想的共鸣点，在社会层面上助推公序良俗和文明风尚的形成，达到春风化雨的效果，引领时代发展潮流。

培育和践行社会主义核心价值观，要坚持以人为本，尊重群众主体地位。人民是历史的推动者和创造者，也是培育和践行社会主义核心价值观的主体，培育和践行的全过程必须体现人民的根本利益诉求，符合最广大人民的共同意志。要坚持以理想信念为核心，抓住世界观、人生观、价值观这个总开关，引导人们树立共同理想，铸牢精神支柱。各级党委和政府要切实负起政治责任和领导责任，把这项任务摆上重要位置，建立健全培育和践行社会主义核心价值观的领导体制和工作机制，加强统筹协调、组织实施和督促落实，提高工作科学化水平，在培育和践行工作中发挥政治核心作用和战斗堡垒作用。

培育和践行社会主义核心价值观，广阔天地在基层，生动实践在社会，丰富经验在群众。每个人既是接受者也是实践者，既是传承者也是弘扬者。要坚持联系实际，坚持改进创新，让广大群众充分参与进来。当不同地区、不同行业、不同群体的人民怀着对未来生活的美好期待汇聚在实现中国梦的伟大旗帜下，这样的生动景象、豪迈气魄、恢宏力量，必将创造人民的幸福生活，成就民族的伟大梦想。

思想是行动的引领，理论是实践的指南。培育和践行社会主义核心价值观并不是一句简单的口号，更不是一个空洞的召唤，必须把以

"三个倡导"为基本内容的社会主义核心价值观融化到思想中，在思想上形成共识，成为思想的指引、精神的追求、价值的坐标，体现在行动上，重在认知认同、做到知行统一，必须付诸全体公民的实际行动，要坚持内化于心、外化为行、固化以制。习近平总书记指出："道不可坐论，德不能空谈。于实处用力，从知行合一上下功夫，核心价值观才能内化为人们的精神追求，外化为人们的自觉行动。"① 具体到我们每个人来说，必须从我做起，从一点一滴做起，以自己平凡而高尚的行为彰显社会主义核心价值观的基本要求和崇高价值理念，形成自觉的价值取向、价值追求、价值尺度和价值原则，成为践行社会主义核心价值观的先行者、引领者、示范者和推动者。

三、高等教育在文化"走出去"中的责任

党的十八大报告中指出，确保到 2020 年实现全面建成小康社会宏伟目标，中华文化走出去迈出更大步伐，社会主义文化强国建设基础更加坚实。中国文化博大精深，源远流长。中国文化走出去，如同中国经济走出去一样，都是中国国家的现实要求。"中国文化走出去战略的深入实施，必须完成从加强对外文化交流、扩大对外文化贸易到为中国文化价值观在全球舞台争夺不败之地，并争取主动地位的质的跨越，全方位构建中国文化话语权，提升国家的实力和国际竞争力，在全球文化竞争舞台上，介绍中国经验、中国观念。这就是中国文化'走出去做什么'的定位。"② 中国文化"走出去"，所承担的是全球化背景中展现中国文化活力的先锋使命。

改革开放的中国，不应该仅仅只是全球物质产品的创造者，也不应该仅仅给世人呈献出一种暴发户的简单形象或土豪式的挥霍者。中国文化博大深邃，不仅本身就是足够具备国际比较竞争优势的独特"商品"，而且还承载着远比一般商品贸易更为重大的民族使命和历史意义。中国文化不仅应该"走出去"，而且必须"走出去"。自古以来，

---

① 《习近平谈治国理政》，第 173 页。
② 严隽琪：《实现文化"走出去"的跨越式发展》，《中国社会科学报》2011 年 7 月 26 日。

中国文化对世界产生了并仍在产生着巨大的影响。近年来,党和国家加快实施文化"走出去"战略,不断强化推动中华文化走向世界。

高等教育,对于推动中国的文化——特别是中国教育文化"走出去",肩负有义不容辞的责任。因为,中国文化"走出去",当然也包括高等教育的"走出去",它是中国文化"走出去"的重要组成部分。即高等教育的文化责任既包括对内的文化责任,也包括对外的文化责任;既包括中国自然科学"走出去",也包括中国哲学社会科学"走出去"。高等教育可以也应该在推动不同文化之间、不同文明之间相互理解和融合等方面发挥积极作用,充当国际文化交流的"文化桥",在参与国际文化、教育、科技合作与交往过程中,以人才培养为突破口,以文化传承创新为主线,以深化改革为动力,培养大批具有国际水平的优秀人才,凝练学术思想,铸造学术精品,展示中国优秀的传统文化,阐释中国发展道路,培养和提升全民族的文化自觉与自信,提高中国文化的影响力与竞争力。

文化是流动的,越流动的文化越有生命力。中国经济的崛起为文化"走出去"提供了坚实基础。尽管我们欣喜地看到,世界对中国的态度正在发生转变,但这种转变是戏剧性的、感性的,"洋人们"对中国仍然不甚了解。虽然"洋人们"由过去的"中国崩溃论""中国威胁论""文化赤字"渐渐地转变成"中国机遇论",但现在大张旗鼓地强调"中国责任论""国家垄断资本主义"等为代表的曲解中国的论调在西方此起彼伏。实际上,伴随着中国经济责任的增大,中国的政治责任也在增大,中国的文化责任更将非常鲜明地凸显出来。亨廷顿在当年发表"文明冲突论"的时候,就已经从思想上、舆论上把中国的文化推到了风口浪尖,不过当时的世人还没有拿它当那么回事,大家都似乎觉得那还是非常遥远的事情。这也许是亨廷顿的一句调侃,却没有想到在今天变成了现实。"今天的中国,早已经不再是'中国之中国',甚至不是'亚洲之中国',而是'世界之中国',文明与文化也早已经过了'被迫交往'的时代,由'自发交往'走向'普遍交往'。我们应在这样的背景和前提下确立文化自信,然后勇敢而稳健地走出去。相信在这种勇敢稳健的行进中,中国终将拥有更大的战略选择余地,并在塑造世界未来的进程中，发挥更重要的影响。"① 事实上，随着中国的经济、政治被推到世界的前沿，中国文化也前所未有地引起世界各国的广泛关注，正发生着前所未有的世界性影响。我们说这种影响和关注本身就意味着中国文化的世界责任。

中国文化"走出去"的目的是向世界展示中国传统文化的价值以及中国文化的精神，让中国文化的正能量走向世界。它是在非传统安全成为国家主要安全威胁的背景下，维护中国文化安全和意识形态安全的重要举措。文化是国与国之间加深理解和信任的纽带，它是沟通不同文化背景的人的心灵的桥梁。高等教育肩负文化传播的使命，恰当的文化"走出去"策略可以引导并激发国外读者对中国文化的精华产生浓厚兴趣。因此，中国文化"走出去"应在以原文为中心和以国外读者为中心之间进行协调，找到其平衡点，并通过高雅的学术品位传神达意，以扩大中国文化的国际影响力。这就需要高等教育在传播中国文化的过程中，在"走出去"和"请进来"的学术交流中，对国外读者的需求进行调研，不能只满足于"以我为主"的单向推广，还应考虑"他者接受"的许多具体问题。

高等教育在中国文化"走出去"的过程中，要"掌握他们习惯的表达和接受方式，找到相互认知、相互欣赏、合作交流、求同存异的切入点"②。中国社会科学出版社社长兼总编辑赵剑英认为："当前我国对外文化交流与传播总体形势是好的，但是，文化'走出去'也面临严峻挑战。比如，主流意识形态的国际影响力不足，中国特色社会主义道路、理论、制度的对外阐释不足，导致以'中国威胁论''中国责任论''国家垄断资本主义'等为代表的曲解中国的论调在西方此起彼伏；文化输出过于注重形式，内容的凝练和渗透不足；中华文化国际传播力、影响力和竞争力与当前中国国际地位不相适应；国际文化传播人才严重缺乏；文化传播的市场化、资本化运作水平低；文化走出去主要靠官方力量推动，民间力量发挥的作用尚且有限。此外，当代中国人怎样在全球化背景下建构自我文化身份、向世界展示一个现代中国的文化

---

① 汪涌豪：《中国文化走出去的宏富之路》，《浙江日报》2011 年 1 月 14 日。
② 王国平：《让中国文化更好"走出去"——对话中国外文局局长周明伟委员》，《光明日报》2013 年 3 月 12 日。

形象，也是当前非常艰巨的任务。"① 赵剑英认为，中华文化"走出去"主要包括两方面内容。一方面是当代中国文化，最主要的是社会主义核心价值观和中国特色社会主义理论"走出去"。特别是当代中国精神，尤其是改革开放30多年来，中国故事背后的中国精神、独特价值的反映与呈现，它折射出当代中国文化在"走出去"战略中的短板问题，这已经影响到中国文化国际竞争力的提升。另一方面是传统文化精华"走出去"。这一类文化既是传统文化中的精髓，又在当代中国焕发出新的生机与活力，是展示中国形象的重要载体。从传统的或过往的中国文化"走出去"的实践经验来看，在中国文化的对外交流或贸易往来中，西方都不同程度地存在着对中国文化的偏见，对此我们应该有足够的认识。中国文化"走出去"已经到了一个关键的节点，那就是需要中国文化的学术"走出去"、中国文化的思想"走出去"，以此提高中国文化影响力，向世界证明中国道路、中国制度、中国理论的有效性、科学性、合理性。高等教育在这方面是大有作为的。中国文化"走出去"，首先遭遇到的"瓶颈"是语言和文化问题。因此，在很多人看来，这仅仅是一个翻译问题，也就是说，不少人还是停留在传统翻译学领域谈论翻译的"归化"或"异化"问题。② 所谓"归化"，指"译者所要做的就是让他/她的译作'隐形'，以产生一种虚幻的透明效果，同时遮掩住其虚幻身份，使译作看上去'自然天成'，看不出翻译的痕迹"③；所谓"异化"，指"通过干扰目标语文化中通行的方法，来彰显异域文本的差异性"④。美国华盛顿大学伯佑铭教授认为："中国国际综合实力、政府文化活动、意识形态差异、影视传播、作家交流、学术推动、中国当代文学中的地域风情、民俗特色、传统和时代的内容，以及独特文学经验和达到的艺术水平等，都是推动当代文学海外传播的重

---

① 赵剑英：《"走出去"已到关键节点》，《中华读书报》2013年8月28日。
② 杨四平：《"走出去"与"中国学"建构的文化战略》，《解放军艺术学院学报》2013年第2期。
③ Lawrence Venuti, *The Translator's Invisibility: A History of Translation*，上海外语教育出版社，2004，p. 5.
④ Lawrence Venuti, *The Translator's Invisibility: A History of Translation*, p. 20.

要原因。"① 北京师范大学艺术与传媒学院教授、首都文化创新与文化传播工程研究院院长于丹认为:"在差异之中建立一种信任和理解,完成一种积极有效、有诚意的沟通,在此基础上才能谈得上用好的文化特质来影响其他的文化。"② 质言之,中国文化"走出去",不仅仅是个翻译问题,而是一个内外多因素影响的综合性问题。高等教育既要为中国文化"走出去"做好分内事,也要尽力协调好方方面面。

没有周密的市场风险分析和妥善的政治、社会公关,中国文化盲目"走出去"会被莫须有的"国家安全"理由钳制,中国文化的对外发展也会遇到政治和社会阻力。中国在美国的"孔子学院"中国籍员工的签证摆乌龙事件,正是美国政府和社会抵制中国文化渗透的反映。中国文化"走出去"的海外政治风险和社会风险的导因是中国的政治主张和理念与西方世界的主流价值观不完全兼容,这就导致了任何以"中国"界定的人或物在西方社会整体上会被另眼相待。任何中国人或中国企业,要在西方世界融入当地社会,必须首先付出争取平等准入机会的成本和代价。中国文化"走出去"的普通商业行为,在西方政治体系中却额外地增加了政治和社会风险,加上西方社会负面行为对市场的钳制,大大地增强了中国文化"走出去"的难度。后"二战"时代中国被划分到西方主流世界的对立面,这造成了西方政治世界和社会大众对中国的潜意识敌意和情感隔阂。中国的决策者在改革开放后灵活地运用外交手段化解了这样的困境,赢得了难得的30年和平发展的战略机遇期。但中国经济的迅速崛起和中国硬实力的增强,使美国感到了更多的威胁。近年来美国"重返亚太"策略的实施,以及由此产生的围堵及遏制中国发展的布局,充分说明了中国要继续和平发展,不得不面临美国越来越大的阻力和破坏的主要矛盾。中国与西方主流世界在意识形态上的矛盾在可以预见的将来是不可调和的客观存在,中国"走出去"策略的实施,必须在正视这个客观存在的前提下,采取相应的有效措施来化解西方社会对中国的误会,加强西方民众对中国和平发展道路的理解与接纳。

---

① 刘江凯:《本土性、民族性的世界写作——莫言的海外传播与接受》,《当代作家评论》2011年第4期。
② 王国平:《文化"走出去"避免入误区》,《光明日报》2013年6月19日。

文化主导时代的来临，使文化在打造国家软实力方面有着独特的作用。一个国家的文化"走出去"，不仅可以实现其应有的经济价值，而且可以通过文化交流开展对外友好活动，进行对外宣传，能传播或表达一个国家的价值观念，从而在国际上形成广泛的亲和力与认同感。中国文化"走出去"的核心要素，就是要继承中华民族的优秀传统文化，利用中国文化的元素，包装、提升和研发出大批既代表中华民族文化的精髓，又能为国际文化市场欢迎的优秀产品。《周易》需卦，上六爻辞说："入于穴，有不速之客三人来；敬之，终吉。"如何理解"敬之，终吉"？就是要尊敬对方，就是要学习对方的优点，如此才能获得成功。中国文化"走出去"需要学习西方的经验，学习西方国家的国际化理念、规则。中华民族虽有 5000 年文化历史，但西方有着近 300 年科技强势；中国文化既然要"走出去""走进去"，在时间与空间均无优势的情况下，学习、融合、取长补短，就显得尤为重要了。中国文化"走出去"，绝对不是一个单纯的文化贸易活动，也绝不是可以一蹴而就的事情。它是一项光荣而艰巨的文化使命，具有强烈的时代感与历史感。

中国文化要"走出去"，在域外得到广泛传播，乃至产生深度的接受和影响，落地生根，就必须把"走出去"与"留下来"联动起来，把"走进去"与"扎下根"结合起来。这是中国文化"走出去"正在面临的大问题。从玩具到服装，从工艺品到打火机，在当今世界上的许多地方都可以看到中国生产的东西。然而，走出国门的知名品牌却寥若晨星，令国人感叹不已。中国的文化产品更是如此，能走向世界的文化品牌少得可怜。尽管丰富的中国文化项目为国外观众提供了巨大的选择空间，在中外比较中又加强了观众的记忆，但是有多少中国文化可以长久留在当地人的文化记忆中？由于文化差异，一些被视为中国文化符号的东西难以走出去；由于急功近利，一些高雅的东西被庸俗化，好端端的"玩意儿"成了文化垃圾，对文化传播有很大的"杀伤力"。美国学者柯兰齐克在《魅力攻势：中国的软实力如何改变世界》一书中指出，中国在软实力方面存在弱势，原因之一，是"中国还没有一个真正世界意义上的文化品牌"。话虽刺耳，但给人警示，发人深思。在文化竞争日趋激烈的当今世界，如果没有叫得响的文化品牌，我们即使能输出一些文化产品，也只能做"当街练摊儿"的小贩或"提篮小卖"

的游商。① 在世界文化交流、交融的背景下,世界渴望了解中国,越来越多的老外对中国文化产生了浓厚兴趣,中国文化"走出去"是大势所趋。越是这样,越是应当注重文化产品的质量,呵护中国文化的品牌,珍惜中国文化的声誉,把真正的精品输送出去。如果急功近利,以次充好,倒了人家的胃口,砸了自家的牌子,实在得不偿失。

文化与科技的融合,科技是突破口也是加速器,增强了中国文化"走出去"的创造力和传播力。高等教育的技术支持,是助推中国文化"走出去"的强大动力。同时,高等教育中的人文社会科学"走出去",也是中国文化"走出去"战略的重要组成部分,实施高校人文社会科学"走出去"计划,对于提升高等教育国际化水平、扩大中国学术的国际影响力等,均具有重要现实意义。高等教育要在中国文化"走出去"中发挥作用,必须发挥自己的科技优势,实施强强联手,打造文化"走出去"的航空母舰。全国政协委员、北京外国语大学副校长金莉说:"热闹非凡的各项'走出去'活动都是各主体单位自己在'走'。就拿高校来说,高校单独'走出去'并不是最理想的,最好的形式就是校校联合、校部联合,打破政府、行业、企业的界限,形成一种合力。""'走出去'在机制、体制上要进行创新。高等学校在决策、智库战略、数据库等方面都能发挥自己的力量。"② 欠缺的,不是好观众而是好作品。中国文化"走出去",就是要走出国家队的姿态,不仅要生存,更要有尊严地生存,以中国文化的精神传播中国影响力。"走出去"、留下来,就是要走进去,走下去,"走基层",无论在中国还是在国外,"群众路线"都有特别重要的意义。外交学院院长(曾任驻法大使)赵进军认为:"这表明,开展国际文化交流,需要重视各方资源,包括华侨华人、留学生,都是重要的力量。在这方面,我们需要有更多的作为。"③ 这里,就给高等教育的文化责任留下了较大的空间。

有研究表示,国外对中国文化的兴趣、普遍认识以及了解接受程度,很大一部分仍然在饮食、功夫、京剧等传统领域。文化"走出去",怎么走、展示什么、表达什么,需要更长远、更有高度的考量。

---

① 陈原等:《走出去,更要留下来》,《人民日报》2010 年 10 月 15 日。
② 高剑秋:《民族文化"走出去"要形成合力》,《中国民族报》2013 年 3 月 8 日。
③ 王国平:《文化"走出去"避免入误区》。

"但是也应看到，中华文化'走出去'的现状与我们的期许仍然存在着很大的差距。尤其是随着我国综合国力的不断提高，出于不同目的、针对中国的各种误解、扭曲甚至妖魔化中国发展的舆论此起彼伏，形势要求我们通过深化文化交流与合作、加强文化传播、扩大文化贸易，充分发挥文化交流在沟通心灵、加深理解、传播友谊等方面的重要作用；通过文化的交流与合作，表达我们与国际社会一道，共同建设一个美好和谐世界的愿望与主张。"① 中国文化与世界交往的速度要进一步加快，力度要进一步加强，需要在工作机制、工作载体、工作渠道和方法等多方面不断改进、加以保障。为此，我们建立了一系列对外文化工作机制，初步有效地整合了"走出去"的资源和力量，使得中华文化大踏步、大手笔地"走出去"。文化"走出去"要稳行。"2011年，中国企业走出去的失败率全球第一，而且效益普遍不高，亏损企业超过20%。"② 不能为了走出去而走出去，"走稳"是为了"走好"，要把中国的故事更好地告诉世界，让世界听得懂中国的和谐声音。在实现了经济快速发展之后，我们应该清醒地认识到，没有一个与之相称的、被世界所认知和理解的现代形态的中华文化，中国的大国地位是无法奠定的；没有中华文化的复兴，也就没有中国的真正崛起。而中华文化在世界历史上的地位和感召力，必然使得中国人以文化大国乃至文化强国来期许自己的国家；中国经济高速发展所承载的国际期待和所肩负的国际责任，也必然要求我们通过中华文化来传播和谐理念、完善中国表达、树立中国形象。中华文化走向世界也是与他国文化友好交流、相互借鉴、不断交融的过程。推动中华文化更好更快地"走出去"，既是中华民族复兴道路上的基本要求，也是国际社会的现实需要。

面对"中国走向世界""21世纪是中国的世纪"的时代呼声，中国文化"走出去"，到底是为了向世界解释中国崛起的意图，还是要另立一个足以与西方抗衡的主流文化标准，还是与西方携手建立一个公正、和平的东西文化秩序？很显然，后者是中国文化"走出去"的理想境界。这里需要特别强调的是，"中国文化走出去的发展战略，并不

---

① 赵少华：《文化走出去，为了认知和理解》，《人民日报》（海外版）2010年10月2日。
② 张珊妮：《"走出去"失败率全球第一》，《湖北日报》2013年9月13日。

意味着要用中国文化的优势与特长去覆盖别人，或借中国文化的固有特点来回避质疑"[1]。诚然，让世界学术界关注中国、研究中国问题，是中国学术走向世界的一个前提。同时，中国学术走向世界，不仅要研究中国问题，也要研究世界性问题。中国文化"走出去"对外传达的应该是建设和谐世界的理念，进而呈现在世人面前一种真实的中国价值观，以化解西方世界国人对中国的误解，促进中国经济发展，是中国文化"走出去"的重要问题。东南大学党委书记郭广银同志认为："在中国迅速崛起和全球化深入发展的时代背景下，中国学术走向世界应走出'自我'解释的狭隘路径，转向从人类共同发展的宽广视野来考虑与谋划。"[2] "'文化至上'虽然像个虚画的梦，而文化的责任却是实实在在的。如若我们真能建成一个没有文化乞丐的社会，遍地都是君子或'神仙'，理想'王国'也就可以固若金汤了，战争就不难被拒于'城'外了，'桃花源'里也就会有人类真正盛大的狂欢节了。"[3] "走出去"战略固然要求中国学术具有更为明显的普适特色、更为广泛的传播空间、更具影响的世界地位，但这一切都必须建立在坚实的民族根基之上。要站在当今中国的实践立场和生动的日常生活视角，使学术活动的民族表达方式、讨论模式、传播途径等更能反映时代特征、呼应时代重大问题、满足人民群众的时代需求，从而避免出现说"过时的中国话""听不懂的中国话"的现象。

第三节　高等教育文化主体的文化责任

高等教育的文化主体，从一般意义上讲当然是高校，即高等教育本身；实际上真正的主体应该是高校的教师和学生，离开了教师和学生，

---

[1] 汪涌豪：《化解误解，促进发展——中国文化走出去的宏富之路》，《浙江日报》2011年1月14日。
[2] 郭广银：《中国学术走向世界要确立全人类视野》，《中国社会科学报》2013年3月22日。
[3] 阎纯德：《"文化至上"和文化责任》，《中国文化研究》2000年春之卷（总第27期）。

高等教育也就一无是处，所谓的责任和使命就成为无稽之谈。因此，责任和使命最终都必须落实到高等教育本身，特别是高校的教师和学生身上，这是研究的重点，也是研究的落脚点。

一、高等教育的文化意义与文化使命

高校是文化创新的前沿，是"以文化人"的重要阵地，它塑造着促进社会发展进步的主体，即人。这是高等教育文化意义的基本蕴含。高等教育的一切社会意义，都是通过其培养有素质的人来实现的。因此，在一定程度上可以说，一个国家高等教育的兴盛衰落，直接关系着这个民族的兴盛衰落，以及这个国家、民族、社会的文明程度。高校是一个高密度的文化组织，文化意义是高等教育的首要意义。自从高等教育诞生以来，高等教育的文化意义及其实现，便紧紧地与高等教育的存在和发展相伴而存。

美国著名学者亚伯拉罕·弗莱克斯纳曾说："善于思考的美国人有意或无意地认识到，知识和理智可能是决定我们发展方向的因素。在增进知识、发挥理智的作用、创建和维护真正的优势方面，大学是或应该是所有机构中最为重要的。因此，与美国的人口、战舰、大厦、飞机或生铁的年产量比较起来，美国大学的地位和性质是反映美国文明的地位和前景的更公正的标志。"[1] 这就是对高等教育文化意义的高度评价。他还结合霍普金斯大学对美国文明的促进作用进行了论述："1876年霍普金斯大学谨慎地打开它的校门……以来，不过几代人时间，一个民族就征服了一个大陆，创立了一种社会和政治秩序，维护了民族的团结，创建了教育的、慈善的、卫生的和其他种种能够发挥作用的机构，使美国发生了惊人的变化。"[2]

英国学者S. A. M. 艾兹赫德曾将中国在1650—1833年之间，"中国和西方最先进的国家之间就已经存在着巨大鸿沟"，即"中国的相对

---

[1] [美]亚伯拉罕·弗莱克斯纳：《现代大学论——美英德大学研究》，徐辉、陈晓菲译，浙江教育出版社2001年版，第32页。

[2] [美]亚伯拉罕·弗莱克斯纳：《现代大学论——美英德大学研究》，第32~33页。

停滞"和"欧洲无法阻挡的生机与活力"① 的重要原因归结为国民的"识字率"。因为"18 世纪的欧洲,尤其是欧洲西北部,见证了文化教育从城镇到乡村的突破,从精英阶层到普通民众的拓展"。而"中国在 18 世纪经历了文化能力的退缩,从乡村向城镇萎缩,从普通大众缩小到精英阶层。……但到了 19 世纪,中国……有识字能力的人也仅占总人口的 30%。……这一比率……远远落后于 1800 年英国的平均水平,英国当时的情况是 67% 的男性、51% 的女性都接受过教育"。②

如果把时间从公元 1800 年再推进 100 年,梁启超先生更是以一种悲怆之笔调,描写了中国"文化能力的退缩",即在"四万万人中,其能识字者,殆不满五千万人也。此五千万人中,其能通文意、阅书报者,殆不满二千万人也。此二千万人中,其能解文法执笔成文者,殆不满五百万人也。此五百万人中,其能读经史,略知中国古今之事故者,殆不满十万人也。此十万人中,其能略通外国语言文字,知有地球五大洲之事故者,殆不满五千人也。此五千人中,其能知政学之本源,考人群之条理,而求所以富强吾国进化吾种之道者,殆不满百数十人也。"梁先生悲叹,"以此而处于今日脑与脑竞争之世界,所谓'盲人骑瞎马,夜半临深池',天下之险象。孰有过此者也!"③这就是"中国积弱之源"。

今天的中国,经济社会正在快速发展,这与中国公民文化能力的迅速提升无疑有着直接而深刻的关系。高等教育的文化意义在实现社会意义之中获得了充分彰显。高等教育所具有的日益重要的文化意义,已经将高等教育推到了国家软实力竞争的前沿阵地。

伴随中国经济的飞速发展,科学技术是第一生产力得到广泛验证,文化软实力正在加速成为经济发展的硬实力,高等教育的功能和面貌正在发生着广泛而深刻的变化:高等教育从传统的所谓知识工厂和思想库,正日益成为科学技术转化为生产力的"孵化器",成为社会发展进步的"加速器";高等教育已经从可望不可及的边缘状态走向了人民大

---

① [英] S. A. M. 艾兹赫德:《世界历史中的中国》,姜智芹译,上海人民出版社 2009 年版,第 275~276 页。
② [英] S. A. M. 艾兹赫德:《世界历史中的中国》,第 290~292 页。
③ 易鑫鼎:《梁启超选集》(上卷),中国文联出版社 2006 年版,第 17~18 页。

众,昔日的"象牙塔"已经成为社会经济发展的"轴心"。在社会经济发展的进程中,高等教育担负着重要的文化使命。

1917年蔡元培就任北京大学校长时发表演说,指出:"大学者,研究高深学问者也。"高等教育是科学研究的重要阵地,科学研究也是高等教育的重要职能。因此,高等教育在文化使命上,肩负着传承、探索、研究、创新人类文化的历史使命。事实证明,高等教育在国家文化建设和发展中扮演着非常重要的角色,是社会思想、文化发展的风向标,成为新观念、新思想、新理论的发源地。"当今世界激烈的综合国力竞争,不仅包括经济实力、科技实力、国防实力等方面的竞争,也包括文化方面的竞争。世界多极化、经济全球化的深入发展,引起世界各种思想文化,历史的和现实的,外来的和本土的,进步的和落后的,积极的和颓废的,展开了相互激荡,有吸引又有排斥,有融合又有斗争,有渗透又有抵御。总体上处于弱势地位的广大发展中国家,不仅在经济发展上面临严峻挑战,在文化发展上也面临严峻挑战。"①中国高等教育在外来文化挑战中发挥了自己应有的作用并获得长足发展,高等教育在文化的碰撞中交流,在文化的融合中发展,并日益成为文化交流、文化融合的重要桥梁。中国高等教育在推动不同文明之间、不同文化之间的相互理解、相互融合中发挥了重要作用,在融通中西文化方面具有重要的文化使命。

现代高等教育的地位和作用日益重要,高等教育的文化功能和社会意义日益凸显,高等教育在社会经济发展中具有无法替代的作用。"大学不是一个温度计,对社会每一流行风尚都作出反应。大学必须经常给予社会一些东西,这些东西不是社会所想要的(wants),而是社会所需要的(needs)。"② 因此,高等教育必须加强自身的文化建设,加强对外文化沟通与交流,积极参与国际文化、教育乃至科学技术的合作,以自身的文化创新促进社会文化的创新,使之成为文化建设、文化发展、文化创新的先行者、引领者和倡导者。

高等教育是培养人的最有效方法、最有效途径和最有效力量,高等

---

① 江泽民:《在中国文联第七次全国代表大会、中国作协第六次全国代表大会上的讲话》,http://news.xinhuanet.com/china/2001-12/19/content_169235.htm。

② [美]亚伯拉罕·弗莱克斯纳:《现代大学论——美英德大学研究》,第114页。

教育具有的内在的不可替代的力量就是这种文化的力量、文化的影响，高等教育也正是通过实施有规律的教学和营造文化氛围来有计划、有步骤地培养社会需要的高素质人才。"教育是一个民族最根本的事业，涉及千家万户，惠及子孙后代，关系国家的前途命运和长治久安，是人民群众普遍关心的重要工作，在构建社会主义和谐社会中起着十分重要的作用。"① 高等教育作为一种文化力量，具有文化示范和引导价值，在培养社会需要的高素质的创新型人才中发挥着重要作用，担负着文化传承和文化建设的重要文化使命。

高等教育的功能所体现的文化使命就是培养人，或者说使人学会做人。因为，人从来就不是抽象的人，而是活生生的具体的人，这样所有的人就都会在特定的文化中被评价、被需要而被定义，所以人离不开教育，离不开文化。从文化的意义上说，高等教育不仅仅传承、发展、创新了文化，而且创造了具有文化生命的个体，即活生生的生命载体，使得人类的文化不断得到发展，薪火相传而绵延不绝。文化是高等教育的本质特征，高等教育的文化水平制约着高等教育文化使命的完成，在实现高等教育的文化使命中扮演着非常重要的角色。文化是人的本质力量的对象化，文化是由人来创造的，而文化一旦被人创造形成，必将成为培养人的鲜活土壤，对人的生存和发展产生深远的影响。纽曼认为"大学是传播普遍知识的场所"，德国人则主张大学是"探索和传播高深学问"的机构。② 国家通过高等教育对人类的文化知识进行严格的批判、选择、加工和整合，再通过教师和学生向外进行传递，转化成国民的文化素质，成为这个时代的合格建设者。

二、高校知识分子的文化责任

中国知识分子素来就有"天下兴亡，匹夫有责"的浩然正气，具有"为天地立心，为生民立命，为往圣继绝学，为万世开太平"的文化使命感。在实现中华民族伟大复兴的历程中，中国的知识分子任重而道远，自觉担负起时代赋予的神圣的文化责任。早在1943年，延安大学校长

---

① 周济：《坚持教育优先发展切实促进教育公平》，《求是》2006年第23期。
② 李萍：《大学文化内核与创新人才培养》，《中国高等教育》2006年第13期。

吴玉章就曾经说过,"延大今后不应当只是学科学的学校,而应当是学做人的学校。"① 高等教育的文化责任的落脚点就是培养人,或者说使人学会做人,即以学养人,以文育人。人不仅是环境的产物,更是教育的产物。教育使人从一个生物性的人逐步转变成为一个社会性的人,成为一个合格的人,成为一个对社会有意义的人。所以,教育从哲学层面而言,就是逐步扬弃或升华人的自然本性的过程,超越于自然性的人而成为文化的精神的人。因此,人接受教育的过程,也就是人进入一种特定的文化的精神的生活的样态,从而把人自身提升到一种理想性的存在的高度。因此,在一定意义上,教育不仅仅创造了具有文化生命的个体,而且也使得历史文化传统获得活生生的有价值的生命载体,从而使文化得以传承下去。在此,高等教育的文化责任既是共时性的,也是历时性的。

由于高等教育是当代中国的文化中心,其责任就应当坚守当代中国的精英文化,培育当代中国的文化精英。就当代中国的具体情况而言,接受过高等教育的文化精英已经成为中国社会中各行各业的中坚力量。然而,一个不可否认的事实是,在市场经济及其经济全球化的背景下,受全球教育发展大趋势的影响,中国高等教育的国际化趋势发展迅速;结合中国经济发展的实际需要和具体国情,中国高等教育又呈现出大众化发展趋势。由于高等教育系统内评价体系的不完善和不严谨,使得"大学城"蒸蒸日上,航空母舰似的"城际大学"愈演愈烈,高等教育这块"净土"在经济大潮的冲击下也难以独善其身。

高等教育的文化责任关键在于高校教师的文化自觉、文化敏感和文化素养。文化自觉是基础。文化责任首先是一种文化自觉。"文化自觉,主要指一个民族、一个政党在文化上的觉悟和觉醒,包括对文化在历史进步中地位作用的深刻认识,对文化发展规律的正确把握,对发展文化历史责任的主动担当。"② 高等教育的文化自觉,就是用先进文化引领社会进步的责任,传承民族优秀文化的责任,满足人民文化权益的责任,提高国家文化软实力、维护国家文化安全的责任。

有了高度的文化自觉,还要有一定的文化敏感。文化敏感的要义就

---

① 曲士培:《中国大学教育发展史》,北京大学出版社2006年版,第294页。
② 云杉:《文化自觉 文化自信 文化自强》,《红旗文稿》2010年第15期。

在于能敏锐地感知和透彻地理解国内外事件的文化意义及其价值。这些事件的文化意义及其价值或隐或现地隐含在事件的事实之中，必须经过由表及里、由浅入深的分析，才能将其揭示和展现出来。如果缺乏对文化价值的感知理解和分析判别能力，就难以自觉地进行文化识别，更谈不上履行文化责任了。这就是一个知识分子的社会良知，一个文化人的使命。

文化自觉也好，文化敏感也好，归根到底在于提升知识分子的文化素养。虽然从整体上来说，高校教师的文化素养是比较高的，但我们也应当看到，也不论你承认或不承认，总有那么几颗"老鼠屎"影响了"一锅粥"。现在人们谈论较多的是过去的知识分子有担当。前些年，人们在处理某些事情时，还对教师有所期待，往往诧异于"你是老师？"或"还是老师！"亦或"还是老师呢！"，而当今，是教师也好，不是教师也好，已经见怪不怪了。

改革开放以来我国所进行的波澜壮阔的社会大变革，不仅仅是经济体制的转型，更是一场深刻的文化变革。我国高等教育突破传统的禁锢，孜孜不倦地引进西方的学术观念、理想、志趣、问题和方法等，并将其中一些消化、吸收，一些则照搬使用。这一方面给我国高等教育的拓展和创新提供了新的元素和空间；另一方面却使中国学术的话语体系日益西化，结果是中国学术的民族性渐渐地缺失，学术对话与批评被抑制，学术评价与评估国际化，中国的学术已经有种脱离中国现实的倾向，很值得关注。近些年来，高等教育的文化反思被提到议事日程。许多学者开始重新审视自己的学术身份和文化责任，探索中国学术的发展和创新的新路径，中国特色、中国气派、中国风格的学术已露雏形。

教育，尤其是高等教育总是在传递、延续着一种文化，同时在不断创造着先进文化，为文化的发展提供新血液、新生机和新的前途，为社会提供政治经济发展的文化范式。因为高等教育不仅仅具有教学的功能，还肩负有科学研究的任务，担负着文化的创新和传播。"大学之所以存在，至少部分原因是它们能够影响思想和生活变动的方向。"[①] 高等教育的目的是人的现代化，这是一个极为丰富的现代主题。人的现代化与文化是分不开的，现代文化或文化现代化的过程，本身就是促成和

---

① ［美］亚伯拉罕·弗兰克斯纳：《现代大学论——美英德大学研究》，第35页。

追求人类精神完满性的过程。

高校教师是一个比较独特的社会群体,他们不但是文化传承与文化创新的主体,而且是具有强烈社会责任感的社会群体,承担着责无旁贷的文化责任。高校教师作为掌握着人类先进科学文化知识的当代知识分子,必须真正认同社会的主流文化,坚持科学发展观,用社会主义核心价值体系引领多样化社会思潮的正确导向,坚持弘扬主旋律和提倡多样性的统一,尊重差异,包容多样。

高校教师要身体力行,创新先进文化,以推动中国特色文化的大发展大繁荣。高校教师作为各类精神产品的生产者,其本身就是当代先进文化创新发展的主力军,担当着创新先进文化的历史重任。高校教师要遵循文化发展的一般规律,大胆创新,勇于创新,不断提高文化创新能力,在理论上和实践上积极探索文化发展的新路径,以优秀的文化成果,不断提升文化内涵,不断提升文化整体水平,推动文化迅速发展。

高校教师要继承民族传统美德,弘扬民族文化。"民族的生生衍续,靠的是文化的维系,民族文化、民族精神是民族凝聚力的核心和基础。"[①] 任何一个民族都因拥有自己的文化灵魂而生生不息。高校教师要积极参与全球文化沟通与对话,促进文化交流,促进中国文化"走出去"发展战略。当今世界,随着全球化、市场化的进程,伴随着科学技术的深入发展,任何一个民族都自觉不自觉地被卷入文化的世界潮流中,文化不可能徘徊在全球化之外而孤芳自赏;事实上,文化也只有在多元文化的沟通交流与对话框架中,才能保持自身文化的相对独立性和开放性。

三、青年学生的文化责任

习近平总书记在党的十九大报告中指明:"使命呼唤担当,使命引领未来。""青年兴则国家兴,青年强则国家强。青年一代有理想、有

---

① 刘从德、董莎、方永武:《文化和谐与构建和谐社会》,《理论前沿》2005 年第 23 期。

本领、有担当，国家就有前途，民族就有希望。"① 这就对青年学生提出了新要求。高校培养的主体是青年学生，他们是国家的未来和希望。现在的青年学生有其自身的特点，有值得欣慰的地方，也有许多的遗憾。在青年学生中不乏道德失范、民族文化归属感失落的情况。现在的青年学生不同于往昔，他们生下来就接受英语、网络、全球化熏陶，虽然过年没有年画和鞭炮却有圣诞树和汉堡，没有笔墨纸砚却有鼠标和计算机，没有写信和收信却有网络和微信，活脱脱没有中国味却好像很有"国际范"；没有读过多少传统文化的典籍，却对传统文化表现出异常的冷淡与漠视；对西方文化知之甚少或完全陌生，却对西方文化表现出无限的崇敬和认同。中国人缺少了中国传统文化抗体，渐渐地对民族文化缺少了自信，慢慢地放弃了对民族文化的坚守。

高等教育就是要培养民族文化的传承者和民族事业的建设者，而不是培养自己的掘墓人、反叛者，或无所作为的人，或不合格的人，即智力或体力或身心不健康的人。青年学生要成为民族文化的主体，就意味着要进行文化担当，体现着一种文化责任的主动承载。当今时代我国正处于社会转型期，青年学生担负的文化责任亟需文化自觉。文化自觉强调的核心最终落脚于文化主体的自觉文化承担。换言之，文化自觉强调的就是文化主体在文化发展中的主体意识。没有文化自觉，青年学生就会淡化自身在文化发展中的主体意识，继而逐渐丧失对自身文化现状及其未来发展的清晰认识和理解，在与世界其他文化的交流中极易迷失自己的方向，使文化行动变得随意、忙乱而浮浅。通过文化自觉使青年学生对自身文化进行的自省自察，以及对他者文化的自觉甄别，激发青年学生对自身文化的积极主动关注、反思及发展的责任感，提高青年学生发展自身文化的自主意识，促使青年学生积极进行文化对话和交流，使青年学生在合理处理自身文化发展问题的过程中，自觉提高对文化的控制力和影响力。因此，青年学生务必增强文化的自我意识，树立正确的文化观念；明确自己的文化立场，提升应有的文化厚度，培养自己的文化反思精神；彰显时代文化特色，突出自身的文化个性。当代青年学生应该使文化自觉成为自身文化发展中的品质和积极实践，以更好地实现

---

① 习近平：《决胜全面建成小康社会　夺取新时代中国特色社会主义伟大胜利》，http://cpc.people.com.cn/n1/2017/1028/c64094-29613660.html。

自身的文化担当。

要使中国从文化大国变为文化强国,就要提升中国的文化软实力,就要有一种文化责任,就要着力构建中华主流文化。主流文化是一个国家、一个民族、一个时代顺应历史发展和符合现实要求的社会心理而形成的文化精神主流。任何一个国家的文化软实力都是以其自身的主流文化为坚实基础;离开了自身的主流文化谈论文化的实力无异于纸上谈兵、空中楼阁。毋庸置疑,中国当代的主流文化,必须是反映全球化、中国现代化大趋势和国内各个亚文化群体共同要求的文化基础上的先进文化;主流文化要体现民族精神"传统的"与"现代的"统一、"世界的"和"民族的"统一、"大众的"和"精英的"统一。主流文化就是在多种文化的竞争统一中形成的,具有高度的融合力、较强的传播力和广泛的认同力。这种文化形式下的主流文化不仅有着强大的精神感召力,引领不同文化群体的价值取向,构建文化的核心价值体系。这才是真正意义上的文化期待和文化责任。

第四章 挑战与困境：国家文化安全面临的现实

虽然和平与发展仍然是世界的主题，但是当今世界却正在发生着深刻而复杂的变化，特别是经济全球化的快速发展，网络信息化的持续推进，科学技术的不断突破，使得传统的格局被打破，新兴市场国家和发展中国家的整体实力逐步增强。由此全球发展的平衡被打破，不平衡发展成为趋势，强权政治、新干涉主义和霸权主义迅速抬头，国家安全、文化安全、教育安全、网络安全等问题成为全球性问题。面对当前国际国内形势，中国也不能置身事外，国家文化安全问题日益凸显。

第一节 经济全球化对国家文化安全的挑战

中国文化安全问题提上议事日程是近30多年来的事情，只是近些年来情况变得越来越严重，越来越复杂，所以引起了国家的高度重视。在计划经济时代，国门紧闭，"反资""反修"日常化，国家安全不能说固若金汤，但至少可以说国家文化安全那是铜墙铁壁。改革开放的大门打开了，伴随经济全球化的进程，文化贸易的快速发展，文化的经济功能获得认同，文化从经济发展的后台走到前台，文化领域的安全问题才逐步凸显。在资本主义强势经济和发达的科学技术的双重夹击中，发展中国家的文化安全问题面临挑战。

一、经济全球化打开了文化封闭的大门

当今，我们已经生活在一个全球化的世界。在这个"全球相互依

存"的世界中，各国的政治、经济、文化等事件、现象相互交错交融，盘根错节，也使全球化成为我们生活在其中而无法忽视的时代场景。在这一广泛而复杂的全球化背景中，经济全球化最为引人注目。对于经济全球化的开始，学界一般有三种看法：第一种是"短时段"说，即认为经济全球化起始于20世纪，但对具体的年代仍有争议。有学者认为经济全球化始于第一次世界大战之后，世界经济政治秩序的重组；也有学者认为经济全球化始于第二次世界大战之后，主要标志是一系列深刻影响世界经济政治秩序的国际组织的出现，如国际货币基金组织、世界银行、关税和贸易总协定（GATT）等；还有学者认为经济全球化的起点为20世纪80年代末，随着"冷战"结束，美苏两大敌对阵营瓦解，大批原来社会主义阵营的国家也解除封闭，转轨至市场经济体制，并投入世界经济的大潮中。第二种是"中时段"说，即认为经济全球化源起于资本主义的起源及其世界性扩张。西方工业文明的发展不仅使西方成为当时世界文明的发动机，也使西方开始以世界"经济中心"与"文明中心"的姿态崛起于世界舞台。随着15世纪的地理大发现和西方国家对亚洲、非洲、美洲殖民地的开拓，西方国家工业文明的扩张以血和火的方式拓展到世界各地，并开始形成一个真正意义上的全球市场。第三种是"长时段"说，即认为经济全球化早在1500年以前就已经展开，只是那时其规模还比较小，其经济中心也随着当时世界文明国家中心与边缘的更替而不断轮换。相对来说，影响较大且占主流地位的是"中时段"说。在《共产党宣言》中，马克思就指出，随着地理大发现和西方国家殖民地的开拓、工业文明的扩张，世界开始出现经济全球化的端倪："不断扩大产品销路的需要，驱使资产阶级奔走于全球各地。它必须到处落户，到处开发，到处建立联系。资产阶级，由于开拓了世界市场，使一切国家的生产和消费都成为世界性的了。……它们的产品不仅供本国消费，而且同时供世界各地消费。旧的、靠本国产品来满足的需要，被新的、要靠极其遥远的国家和地带的产品来满足的需要所代替了。过去那种地方的和民族的自给自足和闭关自守状态，被各民族的各方面的互相往来和各方面的互相依赖所代替了。"[①] 可见，经济全球化是一个历史过程，是不可逆转的历史趋势。到了20世纪后半叶，

---

① 《马克思恩格斯选集》第1卷，第275～276页。

经济全球化更是驶上了快车道。

简单来说,经济全球化在20世纪的加速发展可归结为如下几个原因:第一,生产力发展是其根本原因。从工业革命开始,世界文明就历经了几次重大变革,世界生产力水平更是在一日千里的科学技术进步带动下呈现几何水平的提升。这一情况在客观上要求经济规模的全球扩张、产业结构的全球布局与生产销售全球发展的深化。第二,技术进步是其强大推手。远洋运输与航空业的发展使货物、劳动力的全球流动更为便捷,而信息技术的发展使全球缩小为一个地球村,在促进各种人财物信息交流的同时,也极大降低了信息交流的成本。第三,各种国际经济组织的建立,使国际经济秩序有了制度保障,使自由流动的市场元素在一套虽然复杂但有规则、有预见性的章程中能顺利地运转和相互融合、竞争。

值得注意的是,全球化的特点是形成了一个立体化和高度复杂的网状体系,经济全球化对今天的世界影响如此之深,很大程度上对原来地理界限分明的国家、地区的经济、政治和文化样态进行了重塑。经济全球化的一个重要衍生物,是文化伴随着经济在全球范围中突进,突破了各个国家与地区的疆域,渗透到全球的每一个角落。现今,已经很难找到一片像亚马逊原始雨林深处那样不被外界打扰与影响过的文化处女地。单纯的文化封闭不仅越来越像明日黄花般不合时宜,也逐渐在经济全球化大潮的冲击下成为一种曾经有过的传说。马克思同样早有论断:"物质的生产是如此,精神的生产也是如此。各民族的精神产品成了公共的财产。民族的片面性和局限性日益成为不可能,于是由许多种民族的和地方的文学形成了一种世界的文学。"[①]

对于由经济起始而给文化带来影响的现象,有研究者用文字给出一幅生动的图景:"美国公民从床上醒来,这床的式样起源于近东,在传入美洲前被北欧人所改造。他盖的被子是棉制的——棉花最早在印度种植;或是亚麻的——亚麻为近东的产品;或是羊毛的——那也是出于近东所开始驯养的动物;或是绸缎——这则是中国人的创造。……他匆匆地穿上他的拖鞋,这是东部林地的印第安人的用品。然后走进洗澡间,里面的设备是欧洲和美洲的发明的混合物,这都是近代的。他脱掉睡

[①] 《马克思恩格斯选集》第1卷,人民出版社1995年版,第276页。

衣，这原是印度的长袍，洗澡的肥皂是古代高卢人的所有物。随后他刮胡子，这种自我虐待的方式看来是从苏美尔或古埃及传入的。"① 这幅图景初看起来带有一种隐喻的意义，意为一个人简单平凡的日常生活已经深深浸润在全球化中。但上文所述的"美国人"，其实在全球化的今天尽可以换成"中国人""印度人""法国人""阿拉伯人""南非人"等，都可以成立。我们甚至可以把上文中的"美国人"替换为自己，把其周遭的事物替换为我们身边之物。那么，我们可以轻易地发现，这幅图像描摹的也不过是当今大多数人的一个生活小样态。在今天，一个国家的公民某种意义上说已经成了"世界人"，因为他（她）衣食住行所遇到的一切都可能在来源上或者是最初的源头上，来自其母国外另一个遥远的国家或地区。

二、文化从后台走向前台

从古到今，文化和经济从来不是双轨运行的两种现象；相反，很多时候，它们都是并肩而行的。例如，早在汉代，西方世界在通过丝绸之路获得古代中国制造的瓷器与丝绸、茶叶等林林总总的物品时，也构筑起对一个遥远东方国度文化繁盛的想象。13世纪的《马可·波罗游记》更是把这种文化想象推向一个新的高峰。马可·波罗笔下的杭州商业兴隆，主要行业有12种，每种行业的经营商户多达12000户。而我国盛唐时的万国来朝，在我国与周边国家经济互通有无的同时，文化的交流也呈现出繁荣昌盛的景象。例如，唐代宫廷的音乐，即"燕乐"中的七部乐、九部乐，除了吸收当时汉族和多个少数民族的音乐外，还吸收了龟兹（今库车）、天竺（今印度）、高丽（今朝鲜）等国家的音乐成分；唐朝盛行一时的佛教则是从印度传播过来的。到了近代，我国对西方国家销售大批瓷器和绸缎等物品，在一个文化大国的形象背后是一个经济大国，为我国赚取了大量的贸易顺差，也为英国发动"鸦片战争"以扭转利润颓势埋下了悲壮的伏笔。

到了今天的经济全球化时代，尤其是知识经济的突起，文化和经济

---

① ［美］克莱德·伍兹：《文化变迁》，施惟达等译，云南教育出版社1989年版，第25～26页。

的关系更是像扭麻花一样缠绕难分。文化作为一种资本或消费品，其经济价值越发得到重视、挖掘和开发。资本是在物质再生产过程中能带来增值效应的生产要素，一直被看作经济增长的核心要素。在传统经济理论里，资本指的是投入生产的所有物质资源，主要是物化形态的，如生产工具、厂房、运输和通讯设施等。法国社会学家皮埃尔·布迪厄在《文化资本与社会资本》中，对资本的概念进行了拓展，首先提出"文化资本"这个词。他认为资本有三种存在形态：第一种是实物资本，是一种被制度化的财产权形式。实物资本也就等同于传统意义上的资本；第二种是社会资本，是由社会关系所形成的资本形式；第三种是文化资本，以人们获得教育资格的形式被制度化。皮埃尔·布迪厄特别指出，文化资本在一定条件下可以转化为经济资本。皮埃尔·布迪厄的贡献在于首先点出了文化作为"资本"形式的存在，与经济紧密相连且可以相互转化的深刻关系。皮埃尔·布迪厄的"文化资本"说已经成为当代经济理论的一个热门词汇，促使人们更为关注经济行为中的文化变量。20世纪80年代新古典增长理论超越了古典增长理论把劳动和物质资本作为经济增长因素决定力量的观点，认为知识进步等物型资本才是经济增长的最终决定力量。1998年，澳大利亚经济学家 David Throsby 指出，文化资本是以财富形式表现出来的文化价值的积累，是支持着身份和权利合法性的知识或思维形式的财富。[①] 文化以资本的方式注入商品，引导着我们的消费。

当人们在消费法国的香水和鹅肝酱时，也在享受法国文化中的奢靡和尊贵；当人们在消费麦当劳、可口可乐和万宝路香烟时，也在享受想象中美国的西部文化和当今的大众时尚。文化不仅是一种资本，或者说，文化在当今的经济全球化时代，已经演化为一种生产力形态，并成为构成一个国家生产力结构和核心经济竞争能力的一种强大资源，一种主要依靠知识、技术、思想、信息、创意等精神元素的资本增值形态。同时，文化也是一种商品。文化产品本身就可以带来高额利润，文化凭借自身就可以成就一个庞大的市场。比如美国，当今的文化产业产值已经占到 GDP 总量的 1/4 左右，是仅次于军事工业的第二大产业。在美国前 400 强的公司中，有 72 家与文化相关；美国的音像业已超过航天

[①] 周玉波：《文化产业与经济发展》，湖南师范大学出版社 2010 年版，第 2～3 页。

工业,成为出口贸易的第一创汇大户。[①]

可以说,自20世纪后半叶起,文化与经济一体化的趋势越来越明显,文化经济一体化甚至已成为现代经济社会的一个重要特点。现代经济中,凡是与文化相关的科学技术、信息、创意、品牌等要素越来越具有举足轻重的意义,这些要素也越来越成为一个公司、城市、国家获得核心竞争力和利益增长点的重要砝码。同时,随着文化商品化的规模化,文化产业概念浮出,成为许多国家政府努力打造的朝阳产业,并被放到一个国家战略性高度上来认识和打造。可以说,在古代,文化是经济行为的附属品;在近代,文化是实现经济扩展与目标的工具;而当今,文化已从经济行为发生背后被掩盖的阴影中走出,走上轰轰烈烈的经济前台,成为难以忽视甚至集万千宠爱于一身的核心部分。

三、西方强势文化对中国文化的渗透

虽然自古以来,不同文化在不同国度之间的交流与往来一直没有停息过,但得益于科学技术的飞速发展,资本、人员、信息等的交流从来没有像当今这个时代这样密切与频繁。当随着经济与文化一体化的深入,全球越来越成为一个真正意义上的"地球村"时,我们却发现,就如同贸易上不同国家存在着贸易顺逆差一样,文化上也呈现明显的文化流动的不平衡性。显然,在这一文化流动中,往往呈现出文化从发达国家向不发达国家的强势流动,从西方国家向东方国家的流动。当然,文化的流动不是绝对意义是单向的,只是从数量和比例上,因为呈现出一方向另一方流动的巨大态势,像洪水泛滥,而另一个方向的文化流入却非常细微,如溪流入泥地,才显得像"单向"的流动。无疑,西方发达国家凭借着近几百年来在经济上的绝对霸权地位,占据着技术、人才、资金的优势,获得竞争的先机,它们既是经济全球化的始作俑者,也是新一轮文化经济全球化规则的制定者和裁决者,因此也成为这个全球化世界中利益的最大获得者。

文化经由经济为推手,越来越走向全球化前台的中心。作为一种强势文化的代表,西方国家的文化产品也像潮水般汇入整个世界,对其他

---

① 周玉波:《文化产业与经济发展》,第9页。

国家和地区的文化生产、文化传统结构和价值观造成强烈冲击。西方学者伯努瓦指出:"一件有利于理解文化全球化性质的新奇事物,即资本主义卖的不再仅仅是商品和货物。它还卖标识、声音、图像、软件和联系。这不仅仅将房间塞满,而且还统治着想象领域,占据着交流空间。"①

西方各国由于近几百年来所形成的经济技术强势必然会形成一种文化的强势,并如同在经济、技术领域造成的垄断地位一样,形成一种文化垄断。这一点在美国身上体现得尤其明显。据联合国教科文组织20世纪80年代末的统计,美国控制了全球75%的电视节目的生产和制作,许多第三世界国家的电视节目有60%~80%的栏目内容来自美国,几乎成为美国电视节目的转播站;在美国自己的电视中,外国节目的占有率只有1.2%。美国的电影产量占全球影片产量的6.7%,但却占了全球影片总放映时间的50%以上。从世界总体来说,在全世界跨国流通的100本书中,有85本是由发达国家流向发展中国家;跨国流通的每100小时音像制品中,有74小时是从发达国家流向发展中国家。②

可以说,美国现在的世界霸权地位的形成和巩固,固然有其在经济领域、科学技术领域在世界上占绝对优势地位的实力和影响力的原因,而美国对文化领域地位的倚重和对其绝对实力优势的打造也不能小视。德国《明镜》周刊1997年10月下旬的一期封面文章曾如此描述:"在现代历史上没有一个国家像美国这样完全控制着地球。从加德满都到金沙萨,从开罗到加拉斯加,美国偶像影响着全世界。'"日本学者也毫不客气地指出:"对于许多发展中国家来说,21世纪的所谓现代化就是'自由化'和'民主化',就是同国际网络联系在一起的信息化。因此,欧美尤其是具有压倒一切影响力的美国的价值观已超越国界并渗透到世界各地。"③ 美国妄图通过"文化侵略"在全球文化中独占鳌头的行为可见一斑。美国"通过推行传统意义上的文化来影响一个国家的政治文化,影响其政治政策的制定,使之符合自己的利益,从而让'文化'成为了侵略的武器"④。利用文化作为武器,对其他国家进行侵略和干

---

① 王列、杨雪冬编译:《全球化与世界》,中央编译出版社1998年版,第10页。
② 陈晓宇:《全球化背景下美国大众文化的扩张》,《国际新闻界》2009年第8期。
③ 大泽保昭:《国际间的联系》,《东京经济新闻》1998-1-5(2)。
④ 陈明芳:《警惕经济全球化进程中美国的"文化侵略"政策》,《电子科技大学学报》(社科版)2003年第4期。

涉，比单纯从经济上进行遏制和军事上的打击更为阴险狡诈和可怕；因为文化看似无形，更利于隐蔽，更像一只披着羊皮的狼。"所以美国一直认为像以前日本妄图通过侵略战争占领领土来达到称霸世界的目的是行不通的，通过文化侵略来占领目标国人们的意识思维形态，从而影响其政策向有利于美国的方向发展却可以收到事半功倍的效果。所以，'文化侵略'作为美国的侵略和控制的手段就显得不足为奇了"①。美国的文化产品、文化价值观、文化规则共同构成一股巨大的文化力量，在制造出大量文化顺差的同时，也试图重塑世界的文化版图和政治经济版图。可以说，"现在世界上几乎每个国家都无一例外地感受到美国文化所带来的强大的'冲击'"②。

对于美国式文化武器的运用，美国学者约翰·耶马曾说："美国的真正'武器'是好莱坞的电影业、麦迪逊大街的形象设计厂和马特尔公司、可口可乐公司的生产线。美国制作和美国风格的影片、服装和'侮辱性的广告'成了从布琼布拉一直到符拉迪沃斯托克的全球标准，这是使这个世界比以往任何时候都更加美国化的最重要因素。"③ 美国对中国的文化侵略从来就没有停止过，过去没有，现在更加没有。美国充分利用中国的改革开放，利用先行制定的游戏规则，在文化产品的合法外衣掩盖下，附加上美国的文化意图，对这个世界上最大的社会主义国家进行多方面的文化渗透和侵略。美国中情局就明目张胆地制定了对中国进行文化侵略的政策，即"中国十诫"，其中最主要的计谋和策略就是："第一，尽量用物质来引诱和败坏他们的青年，鼓励他们藐视、鄙视并进一步公开反对他们原来所受的思想教育，特别是共产主义教育。……要毁掉他们一直强调的刻苦耐劳的精神。第二，一定要尽一切可能做好宣传工作，包括电影、书籍、电视、无线电和新式的宗教传布。只要让他们向往我们的衣、食、住、行、娱乐和教育的方式，……第三，一定要……让他们的头脑集中于体育表演、色情书籍、享乐、游戏、犯罪性的电影以及宗教迷信。第四，时常制造一些无事之事，让他们的人民公开讨论。这样就在他们的潜意识中种下了分裂的种子。特别

---

① 陈明芳：《警惕经济全球化进程中美国的"文化侵略"政策》。
② 张骥、李辉：《冷战后国际政治中的文化冲突》，《现代国际关系》2002年第4期。
③ [美] 约翰·耶马：《世界的美国化》，《参考资料》1996年8月10日。

要在他们的少数民族……"①

当有清醒的中国学者在大声疾呼"现代化"不等于"西方化",更不等于"美国化"时,人们却无奈地发现,美国的文化产品却在经济全球化所形成的世界一体化环境下涌入,许多明显充满美国和西欧特征的文化产品潜移默化地进入人们的日常生活,影响了人们的思维方式,形成了各种各样的"西式想象",甚至威胁到本土文化和传统文化的正常生长。稍微留意一下,我们甚至会震惊于强势文化凭着与巨额资本的合谋,已经蛮横地改变着中国当代的文化生态。每个城市最繁华的商业地段,都充斥着肯德基、麦当劳、必胜客等洋快餐的门店,愚人节、情人节、万圣节、感恩节成为许多商家与年轻人追捧的节日,而在越来越零落褪色的中国各古都各村落,大型的楼盘起着洋名,以美国式、意大利式、西班牙式、法国式、英国式等的建筑风格售卖着异国风情。而每年仅仅一二十部的美国大片,每逢上市时,总能轻易在中国掀起观影热潮,成为时尚话题,收益上也可以与中国国内几百部影片的年收益分庭抗礼。作为文化的弱势者,怎样摆脱文化上的被动地位,重塑中华文化雄风,这是一个艰涩而沉重的时代追问。

第二节 网络信息对国家文化安全的挑战

习近平总书记指出:"网络安全和信息化是事关国家安全和国家发展、事关广大人民群众工作生活的重大战略问题,要从国际国内大势出发,总体布局,统筹各方,创新发展,努力把我国建设成为网络强国。"② 网络信息技术的发展突破了传统的地理疆域,文化打破了固有的屏障,在整个网络系统中奔腾穿梭,文化的多样性繁荣茂盛,文化间的相互影响日益频繁,文化在交流交融交锋中获得发展,文化也在不知不觉中彼此渗透。特别是西方强势文化,借助其科学技术,通过其控制的网络信息平台对发展中国家进行的文化颠覆活动,日甚一日。中国是

---

① 李刚:《中情局"中国十诫"》,《环球》2001年第9期。
② 《习近平谈治国理政》,第197页。

发展中国家,是社会主义国家的旗帜,西方国家通过网络信息平台对中国的渗透活动尤其疯狂,中国国家文化安全亦面临挑战。

一、网络成为西方国家向中国进行文化渗透的主要载体

2006年的美国《时代》周刊,其年度人物特刊的封面有某种象征意味,其封面不像往期是当时世界上的风云人物,而是一台计算机,计算机显示屏上显示着硕大的英文单词:"YOU"。对此,《时代》周刊解释说,在"新数字时代的民主社会",当选者正是使用互联网或创造互联网内容的每一个人。

网络信息技术的发展至今不过几十年的时间,从1958年互联网在美国国防高级研究署萌芽,1969年斯坦福大学实验室第一封电子邮件诞生,20世纪90年代初美国"信息高速公路"计划推行,1994年中国成为真正具有全功能 internet 的国家,到现在互联网已经和许多人的生活息息相关。可以说,互联网的发展不仅是文化传播手段的革命化,还创造了一个全新的文化领域与时代。2000年1月,美国的传媒界发生了两件大事:一是老牌传统媒体时代华纳与网络媒体在线 AOL 的合并,二是有着悠久历史的美联社与成立仅仅4年的网络媒体 CNET 达成合作协议,这是美国传统媒体与网络媒体的第一次合作。"从长远看,互联网也最终会成为中国新闻消费者的主要媒体"在20世纪末还是一个预言,如今已成为了现实。

互联网的发展速度在媒介历史上是前所未有的。通常,一个媒体从诞生到成熟的标志是拥有5000万的客户群。以这个标准衡量,广播经过38年发展才得以成熟,有线电视则用了13年实现这个目标,而互联网如果从1995年商业化开始来计算,它仅仅用了3年就超过1亿用户。在中国,互联网的发展速度也令人咂舌。据中国互联网络信息中心(CNNIC)的第40次《中国互联网络发展状况统计报告》称,至2017年6月,我国网民规模达7.51亿,手机网民规模达7.24亿,网民中使用手机上网的人群占比高达96.3%。[①] 也就是说,中国的网民人数已占全国人口的将近60%。刨去偏远乡村中的老弱妇孺,对于城市人群中

---

① http://news.xinhuanet.com/zgjx/2017-08/07/c_136506155.htm.

的绝大部分来说,他们的生活已和网络紧密相连。习近平总书记指出:"我国互联网和信息化工作取得了显著发展成就,网络走入千家万户,网民数量世界第一,我国已成为网络大国。"① 网络已成为现代人的一种生存方式。

随着信息技术的发展,网络已经深深浸润到我们生活的方方面面,成为现代人生活的一部分,在把我们生存的世界变为一个真正意义上的"地球村"的同时,也极大地改变着我们的生存方式和面貌,使不同国度、不同时区的人们可以在同一时间分享和交流信息,呈现出"天涯若比邻"的现代场面。习近平总书记指出:"当今世界,信息技术革命日新月异,对国际政治、经济、文化、社会、军事等领域发展产生了深刻影响。信息化和经济全球化相互促进,互联网已经融入社会生活方方面面,深刻改变了人们的生产和生活方式。"② 可以说,从 20 世纪 80 年代开始的新一轮经济全球化浪潮,其最显著的推手就是网络信息技术。我们已经难以想象,没有了互联网,人们现在的政治、经济、文化生活会是多么的不便。互联网络的飞速发展已经成为知识经济与信息时代一个最外在、最显而易见的特征。同时,也因为互联网天量信息中所包含的良莠莫辨的内容,以及超越以往任何传媒获取信息的方便性,对中国的文化安全造成挑战。

互联网之所以取得突飞猛进的发展,和它的几个突出特点有关:一是互联网传播的时效性。比尔·盖茨曾说:"如果说 80 年代是注重质量的年代,90 年代是注重再设计的年代,那么 21 世纪的头 10 年就是注重速度的时代。"③ 对于传统的纸质媒介来说,如期刊、报纸,信息的更新期一般为每个月、每周或每天,电视的时效性快一点,但很多时候也比事件实际发生的时间要滞后一点。信息互联网作为传播媒介的一种,把传媒中追求的"第一时间"消息、"即时新闻"等理想变为现实。互联网的信息更新的速度以小时甚至分钟为周期,随着微博、微信的兴起和"随手拍"在人群中的增多,信息经常以"零时差"的方式

---

① 《习近平谈治国理政》,第 197 页。
② 《习近平谈治国理政》,第 197 页。
③ [美] 比尔·盖茨:《未来时速》,蒋显景、姜明译,北京大学出版社 1999 年版,第 1 页。

进行呈现。二是互联网传播内容的海量性。互联网的内容浩若烟海。随着各种纸质文本,包括经典书籍的电子化,互联网类似一座存量丰富的图书馆。而各种电影电视等节目资源也进入互联网中。同时,互联网还有数之不尽的新闻、游戏、单位与个人信息,并通过超文本链接的方式连接到世界各地的相关资源库。三是互联网传播的低成本。互联网的信息发布很多时候只需要一台电脑一个人就可以实现。同时,发布的信息几乎可以不花费什么额外的成本,就能大量地进行复制、粘贴或重新编辑组装。

网络文化作为一种由信息技术革命性发展而形成的新型文化,其积极作用是毋庸置疑的,但是它也对我国的文化安全带来挑战。除了上述几个特点,互联网最引人瞩目的是它的开放性特征。互联网相对于传统媒体来说,是一个没有屏障、可以自由进入的开放性空间。这种开放性意味着对于每一个上网用户来说的一种超越现实生活身份地位的平等。在互联网的世界里,每一位上网客户剥离了日常的身份与地理位置的局限,在这里无论你是美利坚合众国的高官、华尔街的财富新贵,还是日本某所大学的教授和高才生,也不论你是中国某一个偏远乡村的留守儿童还是印度新德里大街上的一个普通商贩,在网络面前,他们都是被一视同仁的信息接受者,也是信息发布者。你可以随心所欲地浏览你关注的新闻,和素昧平生的人一起在网络上玩游戏、聊天、发邮件,也可以在各种论坛上抒发自己的见解、讨论问题,发布微博和微信。网络的开放性体现在信息选择上的自主、交流上的平等和内容的五花八门。网络的开放性尤其给那些在现实生活中因为阶级、种族、性别等而被忽视和淡漠以待的群体提供了一个可以表现自我、张扬内在的平台,每一个网络个体只要愿意,都可以成为一个独立、自由的文化创造者与阐述者。正是网络的这一开放性特征,使网络吸纳着不同的文化形态,也使各种意识形态和价值观相左的亚文化在网络空间上共存共荣。英国学者约翰·诺顿认为:"计算机世界是我所知道的唯一真正把机会均等作为当代规则的一个空间。"[①] 全球化时代,互联网发展以巨大的开放性使全球任何国家、地区的信息、思想实现了快速双向流动,这种流动因为避

---

① [英] 约翰·诺顿:《互联网:从神话到现实》,朱萍等译,江苏人民出版社2000年版,第272页。

开了传统媒体严格、专业的信息审查和管制，基本上是无障碍性的流动传播。习近平总书记指出："网络安全和信息化对一个国家很多领域都是牵一发而动全身的，要认清我们面临的形势和任务，充分认识做好工作的重要性和紧迫性，因势而谋，应势而动，顺势而为。网络安全和信息化是一体之两翼、驱动之双轮，必须统一谋划、统一部署、统一推进、统一实施。"① 因此，相对于传统媒体来说，互联网上的信息容量巨大，鱼龙混杂，良莠难分，各种掺杂淫秽、色情、暴力等不良思想和意识形态，甚至挑动民族矛盾、国家分裂的东西隐藏在各种包装光鲜的措辞和视频里，对我国的文化信息安全、管制造成很大的威胁。胡锦涛同志指出："随着信息传播技术迅速发展和信息传播渠道日益多样，我国社会舆论环境和舆论格局正在发生深刻变化。加强和改善党对新闻媒体的领导，有效引导社会舆论，是加强党的执政能力建设的重要方面，也是对党的宣传思想工作的重要考验。"② 这就为网络信息化时代维护国家文化安全指明了方向。

二、西方国家对网络话语权的操控与渗透

2014年初，我国互联网一夜之间陷入瘫痪状态，并维持了一天之久。事后媒体揭露事件原因，是中国所有用户的信息都要通过设在美国的根服务器才能顺畅使用。而这次中国的网络瘫痪是因为设在美国的一个相应对接的根服务器出现了问题。一个世界第二经济大国的所有网络信息，竟然要绕地球一圈才能返回传递，而根服务器设在他国土地说明中国网络信息的命门不在自己手上，随时可能被他国掐断。这个偶发事件使人在惊出一身冷汗的同时，也清晰地让我们意识到"数据鸿沟"的存在。虽然我国互联网在最近十几年中取得了飞速的发展，网民人数已居世界第一，成为一个互联网大国，但是"数据鸿沟"问题始终存在，并越来越成为我们提及国家文化安全时一个挥之不去的阴影。"数据鸿沟"指的是由于信息和通信技术在全球的飞速发展和应用，使国家与国家之间、地区与地区之间甚至国家内部群体之间获得与使用信息

---

① 《习近平谈治国理政》，第197～198页。
② 《胡锦涛文选》第2卷，第529页。

技术的差距。习近平总书记指出:"网络信息是跨国界流动的,信息流引领技术流、资金流、人才流,信息资源日益成为重要生产要素和社会财富,信息掌握的多寡成为国家软实力和竞争力的重要标志。"①"数据鸿沟"的存在使看似平等、开放的互联网实际上向西方倾斜,尤其在话语权上,西方媒体凭借着强大的技术和传媒优势,从西方利益出发,牢牢把控住互联网时代的话语权,操控着互联网上的舆论风向。

西方国家对互联网话语权的操控,主要是凭着以下方面的优势实现的:

一是西方国家的技术优势。因为互联网最初诞生在美国,美国一开始就处于互联网时代的领跑状态,并成为互联网全球发展规则的创立者、设计者。全球一共有13台顶级域名服务器,其中10台在美国。这就意味着全球大部分国家的网络信息传播必须绕道美国,并绝对依赖于所对应的美国域名服务器的正常使用。一旦因为某种自然力的破坏或美国国内人为的原因对其对应的域名服务器加以限制或破坏,这些国家的网络服务将面临瘫痪状态。以下数据也证明美国在互联网世界的绝对霸主地位:世界上最大的软件公司是美国的微软公司,最大的系统供应商是美国的思科公司,最大的互联网在线传媒集团是美国在线;美国拥有世界上最多的网络安全公司和全世界3000多个大型数据库中的70%;互联网访问量居前的100个网络站点,有90多个设在美国境内。因此,习近平总书记明确指出:"信息技术和产业发展程度决定着信息化发展水平,要加强核心技术自主创新和基础设施建设,提升信息采集、处理、传播、利用、安全能力,更好惠及民生。"②

二是西方国家的传媒优势。在纸媒和电影电视传媒时代,西方国家因为资金、技术优势在世界上一枝独秀。进入互联网时代,美国传媒纷纷进行技术转型,实现传统媒体和新媒体的联姻,并把媒体进行网络化改造。可以说,每一家有影响力的媒体都有了网络版,更加注重信息的即时性、超链接性与互动性,以保持长期以来的传媒优势。据统计数据表明,世界上大约有80%的信息,由美联社、路透社、合众社和法新社这四大通讯集团进行发布。这意味着信息来源基本由几大新闻媒体垄

---

① 《习近平谈治国理政》,第198页。
② 《习近平谈治国理政》,第198页。

断了。而与此相应，其他100多个国家的成千上万的通讯社和国家媒体成为信息供应仅仅只有20%的绝对弱势者，这些具有本国本民族价值观的信息在垄断信息汪洋大海般的包围下，只能有限传播或被直接地湮灭了。信息供应的垄断意味着大部分人们所能了解的信息，都是经过信息垄断集团的价值选择的。当一条完整的信息经过选择性的解读，西方媒体借助垄断优势所提供给我们的一个"完整"的世界实际上是分崩离析的，其客观公正性也仅仅是基于西方利益集团的"客观公正"。

与此形成鲜明对比的是，尽管我国是世界第一人口大国、第一网民人数大国、第二大全球经济体，但我国网上流入与流出的信息相比极其悬殊，网上中文信息的比重只占所有网络信息的1%。[①] 这意味着我国网民很多时候接收的是国外编辑的信息，我国在世界上发言的声音极其微弱。所以在一些关键的事情上，即使是正义和理由充分的发言，也难以对世界民众产生恰当的影响力，对我国的文化传播是一种很大的困扰。学者李希光甚至这样形容："在国际新闻的报道上，由于全球媒体强大的新闻垄断，特别是国内网络的自由畅通和发展，国际上重大的新闻议题的框架设置权正悄悄地……转移到美国媒体和美国政府手中。"[②] 对于这种情况，阿尔温·托夫勒在他的《权利的转移》一书中早已点明："世界已经离开了暴力和金钱控制的时代，而未来世界政治的魔方将控制在拥有信息强权人的手里，他们会使用手中掌握的网络控制权、信息发布权，利用英语这种强大的文化语言优势，达到暴力金钱无法征服的目的。"[③] 西方国家积极发展互联网，有着十分明确的文化战略指向，即紧紧围绕着其国家利益的战略扩展和霸权的可持续。1995年1月，美国政府商务部发布的《全球信息基础设施合作议定书》提到："在21世纪即将到来的时候，自由的人民必须做出抉择……高速发展的全球信息基础设施将促进民主的原则，……世界上的公民，通过'全球信息基础设施'，将有机会获得同样的信息和同样的准则，从而使世界具有更大意义上的共同性。"

---

① 胡惠林：《文化产业发展与国家文化安全》，广东人民出版社2005年版，第130页。
② 李希光：《谁在为中国媒体国际报道设置框架——〈中国青年报〉国际报道议题设置与框架选择分析》，http://www.media.tsinghua.edu.cn.
③ [美]阿尔温·托夫勒：《权力的转移》，周敦仁等译，四川人民出版社1992年版，第105页。

什么是"更大意义上的共同性"？无疑，就是美国的价值观和符合美国利益的全球游戏规则。这一点，美国学者罗斯科普夫曾赤裸裸地宣称："促使世界由不同民族间存在的分歧朝着共同利益方向发展，这符合美国的普遍利益。如果世界向同一种语言发展，美国要确保这一语言为英语；如果世界趋于共同的电信、安全与平等标准，则应向美国方向靠拢；如果世界通过电视、收音机与音乐相联系，这些都要由美国来制作；如果要形成共同价值观的话，当然应由美国的最为适宜。"[①] 可见，美国等西方国家投入重金和大量技术人才发展互联网，是深刻意识到全球信息技术的发展，对世界下一步政治经济文化进程的重要影响和支配作用，而这些也将进一步构成世界未来文化和文明的实体方向和格局框架。西方世界利用在互联网的技术、人才、资金优势，企图建立起一套以西方文化、意识形态为中心的网络世界，以"世界性"的话语包装来掩盖其"西方化""美国化"的文化霸权本质。

三、西方国家通过网络对中国的煽动与颠覆

网络世界不只是一个虚幻的自由世界，它是日常生活和行为规则的一个缩影。西方国家的实际霸权延伸到网上，以超强的控制力与网络媒体的开放性、即时性合谋，对西方国家来说，这是一柄针对文化弱势国家的宣传利器。对于中国来说，因为不能把自身拒斥于因特网外，网络上西方充满煽动与颠覆的文化信息就是一个需要正视的问题。习近平总书记指出："没有网络安全就没有国家安全，没有信息化就没有现代化。"[②] 西方国家凭借着互联网上的技术优势，长期扮演着信息与文化输出的角色。而因为他们对中国复杂心态下的防范与敌视，在涉及中国的问题时，时时以一种"妖魔化"的态度攫取事物对他们视角有利的一面，或玩弄两面手法进行污点化描述。这种复杂心态的成因主要是自"冷战"以来共产主义阵营与资本主义阵营的长期对峙，中国日渐崛起对美国日渐形成的压力与竞争态势，以及挑战美国主导的"二战"后

---

① 转引自李鑫炜：《体系、变革与全球化进程》，中国社会科学出版社 2000 年版，第 56 页。

② 《习近平谈治国理政》，第 198 页。

世界不公正秩序的可能性。

西方国家一方面在网上极力宣扬西方的价值观念和社会制度,以"普世价值"的字眼代替西方所崇尚的所谓"人权""自由""民主"等概念,把资本主义国家的制度视为具有历史终结意义的最高状态;另一方面从自己狭隘的价值观视角出发来论述中国文化、报道当代中国,意图把中国文化纳入西方价值观的批判视角,并改变其固有的发展方向和脉络。

中国传媒大学前校长刘继南曾经对部分世界主流媒体所报道的中国形象进行内容分析,结果发现这些媒体的很多报道具有强烈的政治倾向,并且以负面的报道为主。其中,《泰晤士报》中的中国负面性新闻占其涉华新闻的54%;《纽约时报》涉华新闻负面报道为26%,正面报道仅为8%;《时代》周刊涉华新闻负面报道为31%,正面报道仅为5%。① 另一个关于《纽约时报》2009年涉华报道的专题研究发现,该年度报道中国的742篇报道中,负面态度的占343篇,占总数的46.23%;相对中立的为41.24%;正面性新闻只有12.53%。②

西方媒体戴着有色眼镜观察和选择着报道的素材、角度,打造出灰暗的"中国图像",比较常见的手法有:

一是刻意歪曲,移花接木。这类报道经常采用罔顾事实真相的手法,把一些乙时乙地发生的细节、图像搬移到甲时甲地,以貌似"有图有真相"的报道混淆视听,愚弄受众,抹黑中国政府与人民的形象。以2008年发生在西藏的暴乱事件为例。德国RTL电视台网站的新闻栏目登出一幅说明为"中国警察在西藏镇压抗议者"的图片,实际上这却是发生在尼泊尔加德满都,游行者被警察驱散的场景。美国福克斯电视台网站登出一幅描述藏人被中国军人拉上卡车的图片,实际发生地是印度。多媒体新闻通讯社ANI引用了中国CCTV 4的一段视频,原本里边一名藏族妇女用普通话说的原话是:"我的心情是非常沉重的。这些少数分裂分子搞的破坏活动,我们都是见证。好日子不过,小孩上学的

---

① 刘继南、何辉等:《镜像中国——世界主流媒体中的中国形象》,中国传媒大学出版社2007年版,第7页、第43页、第84页、第195页。
② 张陈琛:《2009年〈纽约时报〉上中国形象的框架分析》,复旦大学2010硕士学位论文,第11页。

也不让上，正常的上班也不能上班，破坏了我们的好日子。"该媒体标配的英文字幕竟然与原话来了个 180 度转弯，变为"昨天所有的藏人都上街了。下午三四点钟的时候，军队来朝我们喷有毒的催泪气体，还抓了一二十个人"。① 标题也特意改为《藏人发泄怒火》。《法兰克福汇报》《柏林晨邮报》《南德意志报》《柏林晨邮报》等一些德国主流的报刊，刊登的同一口径的一张"抓捕抗议者"的照片，实际上是中国武警在解救被袭击民众。这些西方传媒的做法固然令人愤慨，可是他们并不是西方媒体的个例，而是代表了西方媒体在对华报道中尤其是涉及西藏、新疆问题时的普遍做法。

二是模糊焦点，选择性取材。信息媒体的意义载体诸如文字、图片、视频、声音等，其意义不仅在于其符号自身，还在于在传播当中对其的编码与选取。西方媒体通过对真实场景的"选择性"截取与编辑和某种视角立场的偏移性报道，模糊真正的重点，误导受众。如在西藏事件的报道中，CNN 网站刊发的一张照片显示的是一辆解放军军车向前行进的照片，军车行驶前方有一些人群。从图片上看，CNN 想暗示的无疑是解放军无视群众的生命安全，持续前进的负面形象。但我们从另一个渠道看此幅照片的完整图像却是，在军车的侧面，一群暴徒向军车投掷石块，给军车造成严重威胁。另有媒体把解放军军队救助的场景进行了选择性取像，照片突出了警察的形象，救护车上的"急救"字样置于图像的背景边缘处，配上的说明为"拉萨目前有大量军队"。这种编辑方式容易使受众首先去关注拉萨的军事存在，而忽略了解放军的人道主义救助及其与被救护群众的融洽关系。

三是放大缺点，屏蔽优点。每个社会都必然存在一些不足之处，也总有一些闪光的地方。在 2014 年俄罗斯索契冬奥会上，西方媒体在集体无视俄罗斯为冬奥会的巨大付出和努力，无视冬奥会开幕式对俄罗斯文化与辉煌历史的华美展示，却把注意的焦点集中在开幕式"五环变四环"的小瑕疵和运动员村一些不太完善的设施上。西方媒体在对索契冬奥会的报道中放大缺点、屏蔽优点的手法也是他们涉华报道的一贯作风。如在对上海世博会的报道中，《纽约时报》就特别提到了一个故意敲外国人竹杠的司机，并认为政府不让民众穿睡衣上街涉嫌"侵犯

---

① 《国外媒体歪曲拉萨事件　中国网民自发反击》，《中国青年报》2008 年 3 月 26 日。

人权";对于世博会对于中外城市文化的展示和志愿者的热情服务却甚少提及。

四是字眼的倾向性。文字通常具有强烈的意识形态指向性与引导性。对于同一群体、同一事件的不同描述,在看似中立的报道下,往往可以把受众思维引向报道者所希望的路径。我们看到同样是骚乱,当骚乱发生在巴黎或洛杉矶时,行凶者被称为"暴徒",政府对之进行处理善后是理所当然的;类似事件发生在中国时,行凶者却被称为"抗议者""和平示威者",似乎是受到政府不公正对待的无辜人士,政府出面处理则被用上了"镇压"的字眼。当洛杉矶的长跑人群遭遇炸弹袭击时,西方媒体众口一词声称是恐怖袭击;但是当一个暴徒在中国采取自杀式袭击,造成无辜群众伤亡的惨烈事件时,西方媒体不仅没有将这一事件定义为恐怖事件,反而以同情口吻探究"抗议人士"行为背后的原因。清华大学新闻与传播学院的史安斌曾说:"同样的事件,发生在西方世界和发生在中国,它们报道的方式却不一样。这次它们其实是在事情更多的细节还没有出现时就先贴上个标签,这已经不是新闻报道,而成了一种道德判断。"[①] 这种带有意识形态色彩并充满敌意的言语描述,其实也是一种杀伤力极强的语言暴力。而正是这种语言暴力,在西方压倒性传播的优势中被放大,很多时候被不加分辨地接受,以一种"照妖镜"的姿态妖魔化着本是一个正常国度的中国。

在纸媒时代或者电视传媒占优势的时代,因为获取资料的困难、接触渠道的有限、国家对传统媒体的严格管制,这些具有颠覆性、煽动性的信息一般比较难大范围被中国的普通民众所接触,对中国民众的影响力相对有限。但是随着网络媒体的发达,曾经的国与国之间获取信息的地理与时空"鸿沟"被打破,这些不良信息可以伴随着互联网以极低的成本来到我们面前。胡锦涛同志指出:"加强互联网信息内容的安全管理,已经成为新形势下进行思想政治斗争的一个重要方面。"[②] 胡锦涛同志在《牢牢掌握意识形态工作领导权和主动权》一文中进一步指出:"要加强对互联网特别是新媒体平台的应用和管理,科学把握其特

[①] 《全球华人抗议西方媒体歪曲报道西藏暴力事件》,http://news.enorth.com.cn/system/2008/03/25/003030353.shtml。

[②] 《胡锦涛文选》第1卷,第538～539页。

点和管理，理顺管理体制，引导网上舆论，有效防范和遏制有害信息传播，使互联网等新兴媒体成为做好意识形态工作新平台。"① 尤其是中国的网民数量巨大，而从学历上说，大学以上水平的人群几乎都会上网；从年龄阶段来看，又以中青年人占绝大多数。这就意味着，我国最有影响力、创造力和活力的人群都容易受到网络信息的干扰与影响，这不得不引起我们的高度警醒与反思。习近平总书记指出："要制定全面的信息技术、网络技术研究发展战略，下大气力解决科研成果转化问题。要出台支持企业发展的政策，让他们成为技术创新主体，成为信息产业发展主体。要抓紧制定立法规划，完善互联网信息内容管理、关键信息基础设施保护等法律法规，依法治理网络空间，维护公民合法权益。"② 东欧与苏联的政治巨变就是一个前车之鉴。西方人士曾坦率承认：信息革命在共产党社会的崩溃中起了关键作用。之后，"颜色革命"陆续在独联体、中亚、中东等地区发生，尤其是乌克兰的社会政治乱局，以及当前叙利亚等国家的动乱局势，这一切背后都可以看见美国政府和新闻媒体煽风点火的影子。防范西方不良网络信息的长驱直入，杜绝"颜色革命"在中国的重演，已是一个迫在眉睫的时代课题。

第三节　高等教育安全关涉国家文化安全

　　高等教育是国家文化的重要组成部分，是国家文化的前沿阵地。国家文化安全也包括高等教育的安全问题，而高等教育的安全必然会影响和触及国家文化安全。国家文化安全与高等教育有着内在的必然联系，彼此互相影响。国家文化安全是高等教育安全的前提和基础，高等教育安全有利于国家文化安全的稳定与发展。

---

① 《胡锦涛文选》第 2 卷，第 529～530 页。
② 《习近平谈治国理政》，第 198～199 页。

一、传统与主流价值观的迷失

钱锺书在小说《围城》以辛辣幽默的手法早已昭告世人,大学教师也是众生之中的常人,有着浓浓的人间烟火气。但是人们在谈及大学的时候,常会念起清华大学原校长梅贻琦的一句名言:"大学者,非为有大楼之谓也,有大师之谓也。"正所谓大学之"大"不在于高楼广厦,大师才是大学最核心和宝贵的财富。而大师之大,"大"在其作为大学学人必须具备的广博精深的知识,也"大"在其高远的学术追求和淡泊明志、宁静致远的人生境界。

透过时间发黄的卷轴,无论是民国清华四大导师、西南联大教师在抗战时困顿奔走中的坚持,还是中华人民共和国成立初期大学教师的意气风发和改革开放之初大学教师"莫道君行早,还有早行人"的起早贪黑,这些是"经师"也是"人师"的高校群像最生动地诠释了作为"知识分子良心"的大学学人应有的品质,也告诉我们在外界世界纷繁变乱的异动中,大学学人为了求真、向善的理想应该做出怎样的坚守。

但是,当人们在抱怨和担心着当代大学生的精神生态时,作为大学生学术与人生导师的大学教师的精神生态同样令人担忧。几部以高校为背景的小说给人们勾勒了另一番景象:"张者《桃李》中的法学教授是一心向钱看的律师'老板',史生荣《所谓教授》中的教授专修为官之道,阎连科《风雅颂》中的文学教授有着荒诞的人生。这一次,邱华栋的《教授》瞄上的是经济学教授。"① 对于小说《教授》中描绘的声色犬马的人物形象,由长江文艺出版社出版的该小说的封面图片带有强烈象征性、暗示性色彩,可堪玩味。图片上是三位站立着的男子;西装革履,皮鞋锃亮,一位带着金丝眼镜,头顶上"教授"二字的书名点出了三人身份。如果说《儒林外史》是晚清时代科举制背景下学人的"群丑图",《桃李》《所谓教授》《风雅颂》《教授》等书展现的则是当代中国大学文化的迷失。事实上,现实生活中高校的文化生态比书中描绘的更为"活色生香",更"生猛刺激",也更触目惊心。某报纸曾对

---

① 邱华栋:《经济学家的"巫师"生活》,《青岛晚报》2008年11月23日。

高校丑闻做了一个总结，列举了中国高校十大荒唐事件，[①] 这里就不一一而论。

但是，这十大高校丑闻放到如今再评，可能早已见怪不怪，其中多条丑闻在今天看来只是属于"边角料"，早已跌出"十大"之列。这些年，高校丑闻层出不穷。身份上看，从学生到老师、行政管理人员；学历层次上看，从本科生、硕士生、博士生到博士后；职称上看，从一般的"青椒讲师"，到副教授、教授，甚至"大腕级"的博士生导师。其中，一些高校的新闻事件极度刺激你的神经，挑战你的想象力，令人感到难以置信；有的高校新闻更是上了娱乐版，成为饭后奇谈。当前的这些不正常现象是传统与主流价值观在遭遇裂变与迷失后的表象，从深层来说，这些现象可以归结为高校文化在价值观上"西化""空心化""庸俗化"和"泡沫化"的反映。

高等教育领域意识形态和价值观上的"西化"倾向，体现在部分师生在20世纪80年代以来我国学习西方思想文化的热潮中逐渐产生的对西方文化价值观的膜拜和对所谓西式民主、自由等"普世主义"价值的向往。而对于"普世主义"背后的西方文化立场和文化利益，一向维护美国利益的美国专家亨廷顿都曾经在著作中点明："这个词（指普世主义——作者注）已成为一个委婉的集合名词，它赋予了美国和其他西方国家维护其利益而采取的行动以全球合法性。"[②]"西化"倾向的发展往往会造成对自身高等教育文化传统的无视和对原有社会主义价值观的轻视。而对于在我国这片土地上成长和发展起来的高等教育来说，正是中华民族特有的传统文化和社会主义价值观，才是高等教育得以安身立命的精神源头。

二、高等教育文化生态的"西化"倾向

M大学曾经制定一份《教师聘任和职务晋升制度改革方案》（征求意见稿，以下简称《方案》），在当时M大学校园乃至中国学界引起了

[①] http://news.163.com/06/1027/17/2UF5CCOK00011SM9_3.html.
[②] ［美］塞缪尔·亨廷顿：《文明的冲突与世界秩序的重建》，周琪等译，新华出版社2002年版，200页。

激烈的争论。不同的利益攸关者从不同的角度对意见稿展开争论。当人们以为反对者大多会来自改革方案实施后受影响较大的弱势群体，即年轻教师或留校教师的时候，却发现一些貌似"利益超脱者"甚至从方案中受益的老教师也对方案持强烈质疑。在反对声浪中，尤其值得注意的是部分学人对《方案》背后所隐藏的文化思想和取向的关注。其中，M大学的一位教授的评论可以代表这部分学人的意见，他将对《方案》的解读归结为一句话：以美国为榜样，以市场为导向，以管理为中心。联系到《方案》》发布之际，正值国内一些著名大学，尤其是"985"系列的重点大学订立雄伟目标，发出向"世界一流大学"发起冲击的号召。不少学校制定出了具体的实现"世界一流大学"的时间表，甚至给出了达标的具体年份。这次改革所代表的方向——"以美国为榜样"，其实已经在明里暗里被许多学校所采纳，成为其创建"世界一流"或创优争先的"终南捷径"。如果连作为中国大学最优秀代表的M大学也以"美国一流"当作"世界一流"的标准，遗憾地忘却了自己曾在中国近代文化史上起到的文化标杆角色和对新文化的孕育、催化作用，如果M大学也没有融合本土经验，结合本土视角，发挥本土优势，以自己为标杆成为"世界一流大学"一个中国版本的底气，中国大学费尽心思地争创一流最好的结果也可能只不过是对"美国一流大学"的亦步亦趋、邯郸学步。在中国高等学校向"世界一流"、现代化疾速前行的过程中，照搬照抄西方经验，把"世界一流"、现代化等同于"西方化"甚至美国化，是中国当代高等教育界甚至文化界的一种普遍现象。这种大学文化生态上的"西方化"与依附取向尤其明显。

现在，学校管理体制上的西化取向问题严重。M大学人事改革方案引起较大争议的其中一条是关于打破教师铁饭碗和防止"近亲繁殖"所做出的规定。M大学在学校网站上特别推荐了一篇文章，其中写道："美国、德国和其他发达国家的大学为了保证这种教席的开放性、选聘的公平性，都实行一个非常严格的规定：本校毕业的博士不允许直接留在本校任教，而必须至少在校外工作两年或更多年限以后才有资格来应聘母校的教职。为了回答可能的反对意见，笔者愿意在这里举出一个中国人熟悉的美国人来做例子。基辛格当年在哈佛大学政府系取得博士学位后，因为才识实在令所在系的教授心动，想直接留下他任教，甚至想动用特别程序，但是权衡再三，学校还是放弃了，基辛格仍然先得到校外任职，两年之后他才回到母校任教。"① 其实，对于避免学术"近亲繁殖"问题，大家的态度基本一致。但在这里，令人反思的是，文章中特别提到了"美国、德国和其他发达国家的大学"的做法，似乎带有一种引用"权威"的意味，以此强化增加教师席位规定的合法性和话语权。其时一件与之遥相呼应的事情也让人感觉意味深长：另一所著名大学的校长对M大学的改革表示欣赏与钦佩，其表态被刊载在《人民日报》的头版，表示希望其正在某地筹建的研究生院也能"一步到位实行与国际接轨的新体制"。"与国际接轨"句式的使用与上列的"美国、德国和其他发达国家的大学"的提法有异曲同工之妙，不仅在中国高等教育界广泛流行，并进一步在中国高等教育国际化浪潮中成为许多高校进行"国际化"路径改造的"标准用语"。

在语法和意思上，"与国际接轨"的表达是含糊的，也带有歧义。因为世界上各国因为国情不同，教育体制也不尽相同。如果说亚、非、拉的国家和地区因为教育落后，不能代表要接轨的国际标准，那么发达国家当中，欧洲各国与美国的教育体制也有相当大的差别。即使美国内部，常春藤名校与一般高校、社区学院，在体制上也有不同，那么与国际接轨应该接的是哪个轨呢？还是只要是美国或欧洲国家的，只要我愿意或觉得合适，搬用过来就算是"接轨"了呢？在M大学《方案》中，第37条引起的争议特别多："除少数特殊学科外，新聘教授应能用一门外文教学授课。"什么是少数特殊学科，《方案》中并没有声明，但潜台词无疑是对于大多数学科，为了达到一流，外语授课是应该的和必要的；对于少数特殊学科，能保留中文教学显然是特别照顾、法外施恩了。这个条款由于反对声浪太大，在第二次征求意见稿中被删除了。但这种鼓励老师在大部分学科中尽量用双语或者英文授课的做法在国内许多大学，尤其是重点大学里已是常见的事情，并以双语或英语授课所达到的比例作为学校"高等教育国际化"实现的指标。报上曾经刊载过一幅照片，照片上是北京一所著名大学的附属医院正在组织医院的临床医生和实习生、进修生们进行英语查房，并"通过英语汇报病历、讨论组织方案"。② 作为一位中文教授，陈平原教授以一个想象式的情

---

① 参见韩水法：《谁想要世界一流大学？》，《读书》2002年第3期。
② 《英语查房》，《人民日报》（海外版）2003年7月12日。

景反驳了用英语授课背后的"国际化"逻辑:"想想北大课堂上,说《诗经》的,讲老子的,还有讨论焚书坑儒的,全都一口美式英语,实在有点滑稽。"① 其实,这种设想在别的学校已然发生。

另外,在职称评定上,有的高校为了与国际接轨,把原来的讲师、副教授、教授的名称进行更改,把"讲师"名称改为"助教授"。在引进人才上,许多高校也表现出对西方学者或海归博士的偏爱。2017年陕西某科技大学聘请一个在美国和日本待了几年的博士做教授。其在与女环卫工人争执中,暴打女环卫工人。事后他竟然以"不了解国情才打人的"作为借口。这种无德无才的人真不知是怎样引进的。为了向"一流"冲刺,向"国际化"进军,在大学的考评指标里,在国外期刊发文是一个重要的参照指标。西方或海归学者在语言方面自然拥有极大的优势。如果说,在授课或发文方面对西方学者或海归学者的喜爱只是潜台词,很多学校其实在招聘简章中已经把对西方学者和海归学者的偏爱摆到明面。许多学校在招聘条件后面会特别加上一句"有海外留学经历者优先",让之前还自信满满的"土鳖"博士、学者们顿时自惭形秽、黯然神伤。中国大学在管理思想上的西化其实体现在方方面面。在现在国内高等教育国际化和争创"世界一流大学"的浪潮中,因为缺乏对大学本质的真正认识,为了实现"一流","在我国建设世界一流大学,必须依照国际标准,而不是国内标准"②,一味地推行管理国际化、课程国际化、学生国际化、教师国际化等,更是使得这种盲目"国际化"的思想走向极端,使本来是一种令自己发展壮大的"国际化"从手段变成"目标";由于定位不清,也很容易使"国际化"走偏,变为自我殖民的"西化"。更有甚者,把"国际化"当作一种为大学争名誉、光门面的包装手段,而忘却了大学本应具有的最基本的学术与真理标杆。哥伦比亚大学的程星教授曾回忆一次令他尴尬的国际会议。他写道:"话说北京一所顶尖大学筹办国际教育方面的学术研讨会,拟邀请海外学者参加并作主题发言。好事的朋友见到筹委会的通知,便极力推荐我去参加,因为我在美国多年从事与主题相关的工作。不巧的是,会议时间与我的另一项活动冲突,于是我便将一位亚裔背景

---

① 陈平原:《国际视野与本土情怀》,甘阳、李猛编:《中国大学改革之道》,第113页。
② 施一公、饶毅:《靠什么创建世界一流大学》,《光明日报》2008年4月2日。

的同事推荐给北京方面。这位同事不仅在美国学术界声名卓著,而且其流利的中文亦可减少会议发言翻译的麻烦。很快,我的同事就收到筹委会一封言辞恳切的回信。来信首先对我同事的'报国热情'大加肯定,然后直截了当地通报说,因为他们正在筹办的是'国际学术研讨会',因而他们所希望邀请的是美国白人学者,这样才能充分体现会议的'国际化'特点。"① 真是不可思议。

  高等教育在学术理念与范式上也存在"西化"取向。美国学者阿特巴赫曾指出一个事实, "发展中国家的学术职业属于边缘性职业。……学术界本身具有等级性,工业化国家的研究型大学处于国际知识系统的中心。这些大学确立范式,生产研究成果,掌握主要的国际杂志和其他通讯方式。……在 21 世纪,英语是学术沟通——杂志、因特网和国际会议——使用的主要语言。"② 因为西方多年来形成的强大的文化教育实力,"西方中心主义"在一定程度上客观存在,西方的学术话语、学术规范在文化霸权的支撑下,作为一种强势话语体系成为"国际通用标准"。中国长期以来在学术文化上的弱势地位,使得中国在参与国际学术圈子时,被迫遵从西方已经定型的学术范式和规则。但是,与之相关的一个重要问题是,当我们提出要融入国际学术文化圈,实现教育与文化崛起时,如果过分依赖西方的学术评价体系与话语体系,将这种对西方话语的"移植",接受西方体系的考核和评估,当作融入世界学术文化的成果并为此沾沾自喜,那么我们必将在这个貌似"得到"的过程中失却宝贵的自我评判、自我修正的能力,失却教育文化崛起当中的一个最重要的前提,即学术的独立与自主。可惜,在当今的中国高等教育领域,这种学术理念与范式上的"西化"举目皆见。经济管理类或者自然科学类、理工类学科一般因为紧跟国际学术前沿,成为充斥西方话语、引进西方学术体系和评价标准的"重灾区"。同时,人文社会科学的学科和领域同样难逃被西方话语淹没、用西方案例作为"普世案例"、以西方理论的手术刀剖析中国现象问题的命运。对于这种中国学者们自动放下自我思考的权利,集体奉西方理论与话语体

---

  ① 程星:《细读美国大学》,商务印书馆 2006 年版,第 218 页。
  ② [美] 菲利普·G. 阿特巴赫:《失落的精神家园:发展中与中等收入国家大学教授职业透视》,施晓光译,中国海洋大学出版社 2006 年版,第 3 页。

系为尊的现状,陈晓明这样形容:"前辈们奉'德先生''赛先生'为中国新社会的理想;现在,我们奉理论大师的著作为圭臬,谈论福柯、拉康、德里达、巴特、杰姆逊、哈贝马斯、列奥塔德……认为只有弄通他们的理论才能与西方对话,才能汇入当前国际学术潮流。我们谈论'后现代主义''后结构主义''晚期资本主义''后工业社会''第三世界''后殖民地文化',我们谈论我们自己……,结果发现,我们谈论的也都是西方的话语。这是一个无法摆脱的怪圈。"① 韩水法则忍不住感叹并表达了沉重的忧思:"最为可悲的是,中国整个学术界从思想、理论到方法又再一次屈从于西方之下,人们又一次为西方人打工,不过,这次换了主义,不再为少数几个人打工,而是为整个西方思想打工。……比如从黑格尔、尼采、海德格尔、哈贝马斯、实用主义一直到形形色色的后现代思潮——所统治,中国人的独立的思想难见其踪影。"② 对此,任教于美国纽约大学的学者张旭东也批评道:"现在,中国任何一个现象都只能在别人的概念框架中获得解释,好像离开了别人的命名系统,我们就无法理解自己在干什么。我们生活的意义来自别人的定义"③。由于西方话语与评价标准大行其道,中国大学之前重自然科学轻人文科学的不良取向进一步加重。因为理工学科的研究内容比较容易融入西方背景,容易在国际上进行交流讨论,发表成果,从而提升学校国际化的水平和指标。但是人文类学科尤其是中国哲学、中国文学等传统学科,却因为自身的特点难以被西方话语所统摄和理解。而在"没有西方背景就将失去权威性"的现行评价潜规则体系中,无疑加速了中国传统学科在大学地位中的边缘化,使之成为中国高等教育领域学术理念与范式上"西化"取向的最大受害者。面临着西方气势汹汹的话语霸权,中国的人文学者从来没有这样卑微与忐忑,"一个在中国有着悠久历史,长期形成的审美知识系统在西方现代知识的观照下似乎失去了意义。……那些由东方文化酝酿而成的艺术审美感受,例如神韵、意境、境界、意象等等,都将失去它们的观照对象,也将失去它们的魅

---

① 陈晓明:《填平鸿沟,划清界线——"精英"与"大众"殊途同归的当代潮流》,《文艺研究》1994年第1期。
② 韩水法:《大学与学术》,北京大学出版社2008年版,第47~48页。
③ 张洁宇:《全球化时代的中国文化反思:我们现在怎样做中国人——张旭东教授访谈录》,《中华读书报》2002年7月17日。

力。它们无法解释今天的艺术创作,因为今天的艺术叙述是直白的,用不着东方式的含蓄曲折",同时,"人们经常在担心,中国的文学能不能够准确地按照西方的审美习惯翻译到国外去,如果不能,就会造成西方人不能充分地了解中国文学,中国文学就不能问鼎诺贝尔文学奖。西方人不能了解中国文学,与西方人尚未习惯中国文学的叙述方式有关,所以中国文学有改造的必要,有向诺贝尔奖靠拢的必要"。① 一时间,对中国古典文论、对中国哲学做现代改造的呼声成为时代景象,呼声中那种要以"现代改造"来重塑中国传统文化新生的心态,让人感到中国传统学科今天在理论上深深的自卑与面对强势话语的手足无措。

更可怕的是,这种举目"西化"的自我殖民行为在高校成为一种流行、一种"紧追国际前沿"的想象,并在众人皆施行皆赞赏皆习以为常的惯习下内化为"集体无意识"。翻开许多高校的教材或指定选看的翻译书籍,一提到西方的理论家,就会冠以这样的介绍:当今世界最伟大的思想家,西方知识界最著名和最有代表性的学者,世界学术某个领域最权威的、旗手式的知识标杆人物。西方理论在大学课堂可以说已经成为主流理论,成为教科书和教学内容的主要内容。而大学教师们带着对这些西方理论和人物的崇拜在教学中频繁引用这些"权威"理论,把这些理论作为国际"主流""前沿"和"放之四海而皆准"的标尺,在很少带有足够的质疑和反思的情况下用外国"先进"的手术刀为"落后"的中国诊断,开出相应的药方。学校课堂知识的权威和代际传播,会轻易地在为西方理论和话语体系"合法性"和"先进性"的构建中,把接受知识和智慧培训的青年学生变为西方理论范式的拥护者和传递者。同时,国内博士生一般都被要求在核心期刊上发表一遍或几篇文章方能毕业,而在一些著名大学的某些学院和学科——一般是经济管理类或者自然科学类、理工类学科,为了体现该学院或学科的高水平和达到"国际水准",规定博士生必须在国外的 SCI 期刊发表文章,才能毕业。这种对论文中"西方"硬性指标的规定更是强化了学术圈中西方话语的强势地位,加剧了学术理论与范式"西化"在知识精英分子中的代际传播。

---

① 苏桂宁:《全球化背景中的中国文学叙述》,童庆炳、畅广元、梁道礼主编:《全球化语境与民族文化、文学》,中国社会科学出版社2002年版,第505~506页。

英语地位的过分拔高问题非常明显。在我国，大学文化生态的一个不正常现象就是对英语地位的过分拔高。高校对英语地位的绝对重视不是偶然的，它延续了我们教育体制中对英语的一贯重视。许多学生从小学开始就接触英语，而英语课程的核心地位从初中起就开始牢固树立了。在高中，无论高考科目方案如何改变如何优化，在"3+1""3+2""3+N"的选项中，英语与语文、数学一起，永远是雷打不动的核心科目。在大学，英语的强势地位不但没有减弱，反而大大增强。原来高中的三大核心课程之一的数学随着大学专业的分化，在大学很多专业已经不复存在。另一门高中的核心课程——语文到了大学，只剩下了开设一个学期的"大学语文"，虽然在有的学校是全校必修课，但因为这门课程不是专业课程，兼带有美文赏析的性质，很多学生也就是简单应付，过关了事；有的学校甚至视"大学语文"为鸡肋，把它取消了。唯独同是高中核心课程之一的英语，到了大学，仍然显示出其不可或缺的强势地位。任何专业的四年制本科学生，在大学的四年里，前两年都要上必修的英语课；大学英语的难度比高中更加大，也更为复杂，学时学分也在全部课程里占据极大的比重。对于学生来说，英语是无论如何也怠慢不得、难以忽悠的一门学科，因为是否学好英语关系着自己的前途和命运。有的院校，直接把学生能否拿到毕业证、学位证与英语四六级是否通过挂钩，成为学生头上长久悬挂的"达摩克利斯之剑"。对于找工作的毕业生，英语四六级过关则是一张能顺利找到工作的通行证。前几年，许多企事业单位招聘，除了国际贸易、国际金融等对外交流很多的专业外，许多一般在工作中很少用上英语的专业，也都会要求应聘者英语四级或六级过关，公务员考试同样有此要求；对于想继续攻读硕士或者博士的学生，英语也是一道难迈但必须要过的门槛。英语是硕士和博士入学考试的必考科目，对于许多考生来说，英语水平高，考试就成功了一半；反之，对于一些专业水平高但是英语相对较差的考生，很多时候的命运就是一次次与心仪的学校、导师擦肩而过。对于想出国深造的考生，GRE、托福和雅思更是一张通往国外高校的门票。对于许多学生，大学生涯中，伴随时间最长、付出精力最多的课程就是英语。对于有的学生，选修课可以敷衍着过，专业课可以应付着过，唯独在英语上极其认真与投入：四级通过，继续考六级；六级通过，继续考研究生英语；研究生英语通过，又奔向下一个目标，即GRE、托福和雅思。

在中国日益融入全球化的今天,对英语的重视是正当的,也是必需的。我们不否认英语作为一个交流工具对高校师生向世界学习、与世界对话的重要性。但是,我们需要反思的是,大学四年,一个学生的时间、精力是有限的,在全部课程中因为对英语课程的时间、精力上的倾斜是否会挤压其他专业课程的学习?英语在学习、毕业、找工作、升学时的压倒性地位是否有理由继续存在?英语在升学考试中的过分强调,是否会造成选拔人才时对一些优秀人才的错失?对英语大幅抬高的同时是否会造成母语使用在高校的萎缩和贬抑?英语抬升母语贬抑的状态是否会进一步加剧我们与西方教育文化在交流对话中的不平衡地位?这些都是摆在我们面前迫在眉睫的问题,有的教训已然发生。

如果说,随着高等教育国际化的推进,一些外国学者引进的增多,部分高年级本科专业课程和研究生课程确有英语授课的必要,那么对于英语授课的推广绝不应该是无原则和多多益善的。我国一些重点大学的社科人文类课程,尤其是涉及中国传统文化背景的学科,如果不顾实际弃母语而说英文,那么很可能会削足适履,把传统文化精华硬套在英语的外壳里,出现词不达意、境界全失的情况。同时要注意,在高等教育国际化的背景下,已经使学生和教师开始产生用英语授课的课程高人一等,纯中文授课的课程就是"落后、过时"的刻板印象。对英语地位的不恰当拔高,还会产生一些奇怪的现象。比如在上海举办的第四届全球华人物理学家大会上,500多名来自世界各地的学术精英济济一堂。然而,有心人发现,从论文汇编到会议网站,从演讲到提问,甚至会场门口的指南,全是英文。有位香港大学的博士很纳闷:为何论文汇编没有中文?甚至有学者申请用汉语做报告竟然没有获得大会主办方的同意。只有诺贝尔奖得主、美籍华人丁肇中教授,坚持用汉语做报告,成为唯一"反潮流"者。类似的事件还发生在2006年的北京人民大会堂,当时正值国际弦理论大会开幕,三位科学家面对6000多名听众的演讲,都使用了英语发言,主办方显然过高估计了听众们的英语听力水平,竟然没有设置同声传译。在中国本土举办的会议,竟然英语一统天下,母语是中文的本土学者也要用英文发言,否则就是对规则的侵犯。这样的事件,真的难以想象是否会发生在其他任何国家。说好听点是重视英语的地位,体现会议的"国际水准";但是一个会议的水平从来不是由发言者使用的语言决定的,会议水平的高低根本上看还是取决于学者们汇报的学术成果含金量的多少。这种抬英语贬母语的现象只能说明会议举办者骨子里的自我贬抑与矮化。

三、教育主权遭受侵蚀危及国家文化安全

所谓教育主权，是指一国所固有的自主处理本国教育事务和独立处理国际教育事务的权力，它是国家主权在教育上的一种表现形式。历史上我国在半殖民地半封建社会曾有过一段教育主权与国家命运一道不能完全自主的屈辱历史。中华人民共和国成立后，出于对摆脱中国近代史上积贫积弱时期我国国家主权和教育主权受国外侵略势力干扰的耻辱感，和建立一个社会主义独立大国的民族性渴望，我国对教会大学和私立大学进行清理整顿，实现了政府对教育主权的完全收回和把控。直到改革开放前的很长一段时期，我国高等教育领域一直是清一色的公办大学，并且沿用了计划经济体制的强烈色彩，大学的大大小小的人财物都由政府统一分配和管理，教育主权一直掌握在政府手中，由此也牢牢把控住高等教育文化方向的倾向性和话语权。可以说，中华人民共和国成立后很长一段时间内，我国对教育主权是完全把控的。

改革开放后，我国的高等教育也重新调整了姿态，日渐融入了世界教育交流、合作的潮流当中。尤其是我国在 2001 年 12 月 11 日正式加入世界贸易组织，标志着我国在经济领域乃至教育领域进一步向世界开放，同时要受到国际规则的约束。对于世界贸易组织，许多国人一直怀有一种相当复杂的心态。加入世界贸易组织，提升高等教育国际化水平，实施跨国教育，对我国有着积极的作用。我国与亚洲、非洲、拉美的一些发展中国家一样，积极开展高等教育国际化和跨境教育是出于两方面的考虑。一方面是本国由于资金、人才不足，不能提供充分的高等教育学位以满足适龄人群的需要，通过外来教育资源的引进以缓解本国教育资源的不足。另一方面是希望通过引进西方国家先进的教育理念、模式和经验来推动本国高等教育水平和竞争力的提升。如新加坡提出"环球校园"口号，目前已经引进超过 20 所国外知名高校，以打造全球教育中心之一；马来西亚制定了通过跨国教育把其打造为"区域高等教育中心"的目标；沙特阿拉伯、阿联酋、卡塔尔等也积极引进国外优质教育资源，形成了诸如迪拜知识城、国际学术城，卡塔尔教育城

等高教特区。有学者还总结了跨国教育对我国将产生的另外一些积极影响，比如外国教育的输入等于在教育领域引入了新的竞争机制，有利于推动我国教育改革的深化，在世界贸易组织法律框架体系内，有利于推动依法治教水平。① 然而，加入世界贸易组织的另一面是，我国是人数上的教育大国，在高等教育水平上却远非教育强国，与西方发达国家与地区存在相当大的知识差距。加入世界贸易组织，国外的高等教育资源能以一种更便捷的方式进入中国，对中国高等教育是否会造成一种洪流式的冲击？中国相对弱小的高等教育，在少了封闭条件下的保护之外，是否能承受这种冲击？这些问号不仅打在教育界的学者心头上，也打在许多关心中国教育的人心头上。2002年，时任教育部部长陈至立特别在《中国教育报》上撰文提到，中国加入世界贸易组织受到的挑战之一就是"维护教育主权的任务十分艰巨"，应该"依法规范中外合作办学，维护教育主权"。② 这里特别提到"中外合作办学"是因为跨境教育在我国发展迅猛，加入世界贸易组织必然会加速跨境教育在我国的发展。目前，我国不允许外国教育机构和个人在我国单独办学，跨境教育在中国的办学形式主要是中外合作办学。2003年3月由国务院颁布的《中外合作办学条例》界定中外合作办学指"外国教育机构同中国教育机构在中国境内合作举办以中国公民为主要招生对象的教育机构的活动"③。对于世界贸易组织背景下我国的教育主权问题，政府一直非常关心，这从2006年、2007年教育部两次发文可以看得很清楚。

2006年2月发布的《教育部关于当前中外合作办学若干问题的意见》中特别指出："要增强政治敏感性，牢固树立教育主权的意识，维护好国家安全、社会稳定和正常的教育秩序。"④ 2007年4月，《教育部关于进一步规范中外合作办学秩序的通知》则提到"中外合作办学工

---

① 陈昌贵、谢练高：《走进国际化——中外教育交流与合作研究》，广东教育出版社2010年版，第506页。
② 陈至立：《我国加入 WTO 对教育的影响及对策研究》，《中国教育报》2002年1月9日。
③ 教育部法制办公室：《教育法律法规章汇编》，教育科学出版社2004年版，第180页。
④ 《教育部关于当前中外合作办学若干问题的意见》 [2009 - 04 - 13]. http://www.moe.edu.cn/edoas/ websitels/82/infoZ1382.htm。

作中仍存在一些突出问题",包括"个别地区和学校缺乏依法办学和维护教育主权的意识违规办学,损害教师和学生的合法权益,甚至已经引发了群体性事件"。[①] 这说明随着我国高等教育国际化的深入和中外合作办学活动的日益展开,教育主权问题不是预想性的"狼来了"问题,而是实实在在地对我国的高等教育事业造成了一定的威胁。

可以说,教育主权问题的发生在我国高等教育领域几乎是必然的。首先,随着高等教育国际化的深入发展和跨国教育的发展,在一个更加开放的大环境中,原来国家提供大一统高等教育的情况被打破,提供高等教育的机构从原来的纯一色公办高校转为公办、民办兼有,高等教育的学生、教师、管理人员的成分也更加国际化和复杂化。我国的某些教育法规根据世界贸易组织的需要必须做出一些修正以与之接轨,如同在经济领域出现一些原有国家权力向国际组织的让渡,教育权也出现了某种让渡。这意味着我国政府对教育主权曾经的完全把控在加入世界贸易组织的背景下必然会出现种种缝隙和空白,而这些权力的真空与空白地带最容易引起国外教育机构、组织、势力等对潜在利益的明争暗斗。其次,这个"必然"来自高等教育国际化过程中,我国与国外教育合作方在动机、目标和利益追求上的错位。根据教育服务出口贸易的理论,国际教育合作必然存在"服务出口"的一方和"服务进口"的一方。我国处于高等教育的弱势位置,在中外合作办学中基本上是"服务进口"一方。高等教育国际化研究的代表人物、加拿大的简·奈特认为,在国际教育合作中,教育服务出口一方和教育服务进口一方在动机上存在着相当大的差异。她总结指出,从教育服务出口国来看,其合作的主要动机是:①高等教育国内能力过剩;②产生收益;③扩大国际知名度和品牌效应;④建立战略文化、政治、经济和教育联盟;⑤研究机构的创新和加强;⑥使国内研究机构进一步国际化;⑦教育是进入其他领域贸易服务的渠道。而从教育进口方来看,其动机主要为:①有限的国内高等教育能力难以满足不断增长的高等教育需求;②教育服务贸易为学生接受专业知识、技能培训提供了更多的机会;③教育服务贸易通过本国市场的准入制度,引入一些知名的、有声望的外国教育提供者来进一

[①] 《教育部关于进一步规范中外合作办学秩序的通知》[2009-04-13]. http://www.moe.gov.cn/edoas/websitels/level3jsP? tablename=643&infoid=27355。

步提高高等教育的质量;④创建文化和政治联盟;⑤保证贸易援助开发项目的发展和经费;⑥发展人力资本和遏制人才流失;⑦外国教育机构带来的竞争可以提高国内高等教育研究机构的成本效益;⑧进口教育服务项目比出国留学可能会产生更好的价值。因此,对于教育合作交流双方,其合作的根本动机和出发点存在很大的差异。从合作的深层动力看,每一方都希望通过合作获取自己想要的利益,动机、目标的不同根本上在于双方在利益追寻上的不同。对于合作的双方而言,出于对利益实现的需要和渴望,都希望采取对自己有利的措施,实现己方利益的最大化。但由于双方利益上的错位,意味着在合作中一定会存在一些潜在冲突与利益纠纷,这也就为我国教育主权问题的产生埋下伏笔。

  美国著名学者阿尔特巴赫在《开放时代的中国高等教育》一文中曾对此情况评论道:中国扩大自有择校的范围与外国在华利益的增长不期而遇……虽然外国合作者自身的动机和中国的利益会不谋而合,但是他们的动机有时候也与中国大相径庭。外国机构和政府通常也有其他的动机。一些外国大学与中国有着悠久和深厚的历史联系,他们的动机主要是学术方面的交流。……另外一些外国大学有意于为自己国内的学生提供一个在中国学习中国文化、语言和历史的地方,从而给学生直接感受中国在学术界、社会、商业环境等方面的变化的机会。这种项目是许多美国大学和欧洲大学国际化战略的一部分。中国正在成为一个研究的"热点"。[①] 简·奈特和阿尔特巴赫对教育合作当中的外国合作方的动机分析提醒我们,国外合作方的动机和利益追求往往具有多重性,有"显性目标",也有"隐性目标"。比如,在教育服务出口贸易盛行的今天,西方国家已经越来越少地采取教育援助的方式,而是把教育输出和教育服务贸易相连,以实现巨额的经济利润。目前,我们可能很多时候以一种"经济"的眼光注意也理解了合作外方的这一"显性目标";但是,对于合作外方的"隐性目标",我们却关注得不够,比如奈特所指出的"扩大国际知名度和品牌效应""建立战略文化、政治、经济和教育联盟"等。奈特对此还进一步发表观点认为:"随着教育国际贸易服务不断增加,教育服务贸易的风险和效益越来越强烈地表现在国家层面

---

① P. G. Altbach, "Chinese Higher Education in an open-door era", *International Higher Education*, No. 45, 2006.

上",也就是说教育领域作为一个整体,同样也经历了其他政治领域的事情。因此,我们不仅仅应该关注教育合作中我方利益的实现程度,还应观察和留意合作外方所关注的真正目标和动机。也许,在经济最大化的包装下,"隐性目标"的达成才是其追寻的"金羊毛",并可能成为威胁我国教育主权的最大隐患。

在这里,除了教育主权问题、国家文化安全问题,还涉及人才安全的问题。这应该说是一个更为严重的问题。通过我们的高等教育,培养的人才最后却一去不返,更有甚者是少数人还在国外做出有损国格的事情。这本身就涉及文化安全,甚至直接反映了国家文化的不安全,很值得我们深入分析研究。人才对一个国家的重要性不言而喻。法国的魁奈以一个经济学家的眼光说:"构成国家强大的因素是人……人本身就成为自己财富的第一个创造性因素。"① 蔡元培则以大教育家敏锐和深远的眼光强调:"人才是国之元气"。在知识经济时代,人才对国家综合国力、综合竞争力的影响更是空前的。美国哈佛大学教授罗伯特·巴罗曾对98个国家和地区1960—1985年间人均GDP增长率与人力资本的关系进行研究,发现一个国家或地区经济增长率与其人力资本投入高度正相关,相关系数达到0.73。他得出结论,在知识社会中,体能、技能、智能三者存在两组简单的等比级数规则,人的体能、技能与智能对社会财富的贡献之比为1∶10∶100。

作为一个发展中大国,我国面临着在世界综合国力竞争赛场上的严峻挑战,同时也背负着使一个民族日益崛起的重担和复兴中华文明光辉文化荣光的民族梦想。这一切,都有赖于中国能培养出大批合格、优质的人才。这些人才必然以祖国为荣,以祖国的利益作为自己的利益,把自己的梦想与"中国梦"融汇合流,为祖国的繁荣昌盛而不懈奋斗、努力。至2014年底,我国科技人力资源总量已达8114万人,其中全时投入研发活动的人数达371.1万人·年,均居世界第一位。② 但是这个数量放到我国13亿多人口的基数上看,比例仍然偏低。因此,作为一

---

① [法]魁奈著:《魁奈经济著作选集》,吴斐丹等译,商务印书馆1979年版,第103页。

② 罗晖:《我国科技人力资源的总量、结构与利用效率》,《中国国情国力》2016年第7期。

个国家精英人才和高端人才培养的核心倚重力量，高等教育对培养大批合格、优质人才具有义不容辞的责任。美国学者波特认为："无论国家规模大小，精英永远是相对稀少的资源，而一个国家的成功也得通过教育和引导使精英选择最具优势的工作。"① 从国家文化安全的角度，高等教育并不仅仅应该重视培养人才，也应该让培养的人才资源能最大限度地服务于国家，为一个国家的文化发展提供"江山代有才人出"的不竭动力与滋养，也为国家的政治、经济、科技提供可靠的人才力量和创造源泉。然而，让人遗憾也让人痛心的是，一方面是中国各行各业对高精尖人才的"求贤若渴"，另一方面是中国高等教育培养出来的大批毕业生源源不断地通过留学、移民等各种方式流失到西方发达国家和地区，造成中国在人才培养上一边"造血"一边"失血"的尴尬局面。

改革开放后，我国高等教育在留学政策的制定上，尺度上总体说是越来越灵活开放，并采取公费和自费留学两种方式，鼓励个人的留学深造。一方面，留学生为中国向世界高等教育的前沿迈进提供了源源不断的给养，极大地促进了中国的高等教育发展。另一方面，由于中国处于教育洼地，社会发展总体水平与发达国家存在相当的差距，我国的高等教育领域人才流失现象相当严重。第一，高等学校的学生、教师通过留学深造、访学等途径滞留不归。从1978年开始，随着我国留学人数的快速增长，留学人才流失海外的现象也愈发严重，我国是目前世界上数量最大、损失最多的人才流失国。留学的中国学生毕业后大多数选择在海外发展，且大部分到最后流向美国。从1978年到2010年，中国各类出国留学人员总数达190.54万人，却只有63.22万名留学人员学成后选择回国发展。② 从比例上看，滞留在外的留学人员人数相当惊人。尤其值得注意和警惕的是，我国投入巨大的人力物力建设的一批代表国内最高教育与科研水平的重点高校，其培养的学生本应成为我国社会主义建设的栋梁之材，也是我国维护文化安全、政治安全、经济安全等最重要的依仗力量，但这些顶尖高等学府的人才流失尤为严重。第二，高等学校学生、教师在国内高校毕业后以谋求国外工作或移民的方式流失国

---

① ［英］迈克尔·波特著：《国家竞争优势》，李明轩、邱如美译，中信出版社2007年版，第452页。
② 焦新：《我出国留学和留学回国人数双增长》，《中国教育报》2011年3月3日。

外。据中国社会科学院发布的《全球政治与安全（2010年）》报告显示，中国已成为当今世界最大的移民输出国。中华人民共和国成立后至2010年，我国有三波移民浪潮：20世纪70年代末以底层劳工移民为主；90年代则是以留学生毕业后直接移民为主；现在移民浪潮的主力为新富阶层，其中就有一大批在国内高等学校或高精尖领域工作的知识精英，以技术移民获得绿卡。2010年，中国共有超过7万人获得美国绿卡，排名全球第二，仅次于与美国接壤的墨西哥。据美国国务院（DOS）网站公告：截至2016年11月1日，中国有25万多人申请移民美国，排名全球第五。第三，中国归国人才的"二次流失"。曾几何时，海归人才头上罩着一圈炫目的光环。随着近年来出国留学人数绝对数的增加，虽然回归比例仍不容乐观，但归国人员的数目也增加很快，用人单位也逐渐以一种理性、平常的态度看待归国人员。"海归"光环消失的同时，"海待""海失"现象开始浮现。同时，虽然我国越来越重视高层次留学人员的引智工程，如"千人计划""百人计划"等的展开，对优秀海外留学人员的引进获得很大进展，但由于国内外在学术环境、人才培育机制、激励机制等方面存在较大差异，部分留学人员回国后难以适应国内的工作环境，导致再次流失。

  中国严重的人才流失现象对中国造成的伤害是巨大和深远的。中国为精英人才尤其是高层次人才付出的大量资源付诸东流，造成中国经济、政治、文化、军事等领域人才后备资源的不足与乏力，使其在创造力、竞争力方面遭遇严峻挑战。中国人才的外留等于无偿为发达国家进行了精英人才的人力培训，使我国的人才竞争力和综合竞争力与别国对比更显薄弱。如果中国的留学人员，尤其是高层次留学人员的回归率在一个较长的时期内仍处于低位，那么在未来的国际人才竞争乃至国家整体实力竞争中，中国将处于十分不利的局面。种种情况警戒我们，如果我们不能切实找到有效途径扭转国内高等教育领域尤其顶尖高校成为"留学预备班"、高层次人才回国意愿不足、回国人员的二次流失等尴尬处境，我国文化安全在人才源头上就难以获得切实的保障。

第五章 借鉴与参考：美国、日本和印度维护文化安全的举措

世界上没有一个国家对自己国家的文化安全不重视，只是重视的程度和能力的大小问题。有的国家很想重视，但有时是力不从心；有的国家很重视，但可能不得法。而有的国家既重视，并且很得法，效果非常明显。这就需要学习，需要借鉴。在这里选取美国、日本、印度作为典型分析，是因为美国是发达国家，日本是"儒学文化圈"中的发达国家，而印度是发展中国家，这些国家维护国家文化安全，特别是高校维护国家文化安全的经验，具有一定的参考价值。

第一节 美国维护国家文化安全的方略

随着"冷战"结束后美苏两强对峙局面的解体，美国无论在经济实力、政治实力、军事实力还是文化实力上，都是当今世界无可争辩的唯一超级大国。见微知著，一叶知秋，从几个方面我们可以一窥美国超强的文化总体实力。从文化产业上说，美国拥有世界上最为强大和发达的文化产业；在高等教育领域，美国拥有世界上最多的世界一流大学；在网络信息领域，美国占据了相关标准及其制定的最高点。作为超级大国，美国把国家文化安全和国家利益紧紧捆绑在一起，其维护国家文化安全的做法经事实证明，是有力而且有效的。

一、把国家文化安全纳入国家发展战略

文化是"软实力"的理论已经成为一种世界共识。这个理念率先

由美国学者约瑟夫·奈提出并非偶然，它清晰地呈现出美国对国家文化安全的战略性眼光，也呈现出美国深刻认识到文化对于国家综合国力和国家利益、国家安全的重要性，以及寻求一种长期世界霸权的深谋远虑。追寻国家利益的最大实现，是美国文化安全战略的最根本原因。美国作为一个推崇现实主义的国家，实实在在地感受到文化作为一种实现国家利益的手段乃至目的的好处。文化在美国人手里，成为一种权力、一种资源。从汉斯·摩根索到基辛格，他们的观点中都明确地把美国的国家利益与文化结合在一起。约瑟夫·奈的文化软实力理论也暗含着除了硬实力资源外，美国可以更微妙巧妙地运用文化软实力，以维持在国家间相互依存领域中领导地位的文化思路。

美国文化实力的增长与美国文化世界性影响力和辐射力的增强、扩张，与其从一个偏居一隅的国家逐渐崛起为一个世界性大国的步伐是一致的。独立战争后，美国国力获得大幅增长，同时，第二次科技革命的许多发明诞生在美国，使得美国的技术文化获得了世界性赞誉。美国文化实力的一枝独秀和文化霸权的确立是在第二次世界大战。战争使欧洲的老牌帝国们元气大伤，美国凭借着本土远离战争主场和作为反法西斯联盟成员之一的姿态成为战后的最大赢家，树立起人类正义与自由捍卫者的形象。当老牌西方国家在战争的创伤中遍地哀鸿时，凭借着"马歇尔计划"，美国对欧洲进行经济输血，同时也宣告了一个新的世界经济、政治、文化盟主的诞生。从此，美国的文化影响从战前的好莱坞大片、流行歌曲、牛仔精神和先进的技术，深入地扩展到美国的制度文化与价值观层面。美国的文化影响力借助于其在经济与政治上的西方国家盟主形象，不仅使曾经是其母体的欧洲文化黯然失色，并俨然成为西方现代文化和当代文化的代表，也成为世界文化格局中最有力的话语者和有生力量。"冷战"格局的出现，使美国更是十分倚重文化作为一种国家力量和价值观力量，对以苏联为首的社会主义国家的渗透作用。而苏联的解体和之后东欧国家"颜色革命"的成功，使之前可以制衡美国的一股最大的政治、经济、文化力量遭遇惨败，美国的文化影响力、辐射力带着"冷战"胜利者的骄傲和余威穿透了彻底碎裂的政治"铁幕"，在世界范围内进一步扩展和巩固。同时，美国对第三次科技革命即信息革命的准确把捉，也使美国文化实力在"冷战"后能够继续多年独占鳌头。

每个国家都有它所对应的文化安全问题，对美国来说也不例外。但是，美国的文化安全问题有其特别的地方。由于"冷战"后可以全面挑战美国文化实力与影响力的对手的缺失，美国成为当今世界上文化格局一超多强局面无可争辩的主导者。和大多数国家文化安全经常强调的"防范外来文化影响，保持本国文化特质"的基本层面不同，美国的文化安全所要强调的，是美国文化利益在世界范围内的扩展与畅行无阻，不受威胁。与此相对应，美国实行的是一种扩张型的文化安全战略，即一方面继续投入巨资，谋求在技术文化、流行文化、学术文化等各个文化层面在世界上的先进性、引领性和话语领导权；另一方面力求建立一个由美国主导的国际文化秩序，使不同国家的所谓"异质"文化向之靠拢，并整合到这一文化格局中。美国国际问题专家瑙埃在《美国的领导权》中的一句话更是道出了对美国文化在对外关系中的充足信心："仅仅依靠美国文化的普及，就足以奠定美国的领导地位。"[1]美国对于领导地位的紧紧把握与渴望，使美国在"冷战"结束后很快抛弃了福山"历史终结"胜利者的乐观情绪，文化战略对象也从之前的重点苏联转移到更加广大的亚洲、非洲、美洲等"中间地带"的国家。不管是布什总统的"超越遏制战略"、克林顿总统的"参与与扩展战略"，还是小布什总统的"先发制人"反恐战略、奥巴马总统的"重返亚洲战略"，除了军事与政治的考量外，都包含着丰富的文化战略思想。对美国近年来文化作为软权力的成效，可参考一位美国《波士顿环球报》记者的话，如果"美国无法推翻萨达姆，不能使日本和中国控制其贸易顺差，也不能确保美国边境没有毒品贩子和国际恐怖主义分子出入，美国的全球政治、军事实力实际上是有限的。但由于美国文化在世界各国占有支配地位，使这个世界以一种更深刻、基本和持久的方式日益美国化，结果是，美国利用军事和经济力量没有达到的目的，却利用软权力轻易达到了"[2]。

在很多人心目中，美国是一个自由的国度，不看重意识形态的宣传与教育。事实恰恰相反，美国是一个非常看重意识形态的国家。杰里

---

[1] 转引自李智：《文化外交——一种传播学的解读》，北京大学出版社2005年版，第56页。

[2] 转引自沈壮海：《软文化 真实力》，人民出版社2008年版，第17～18页。

尔·A. 罗塞蒂认为："美利坚是一个高度注重意识形态的民族。"① 以意识形态作为黏合剂，把美国的人们凝聚在一起，这是美国在立国之初就非常重视的问题。前些年，美国学者亨廷顿在《我们是谁：美国国家特性面临的挑战》一书中，以美国20世纪中后期多元文化主义政策造成国内所谓"有色人种"对美国"核心文化"的挑战为主题，论述了美国人的"民族认同危机"，认为只有通过重新振作国民身份和国家特性意识，以及国民共有的文化价值观（盎格鲁—新教文化），才能推迟其衰亡、解体。该书的出版再次点燃了美国上下对美国主体意识重要性构建的关注。文化教育作为一种手段，在塑造美国主体意识方面起到重要的作用。在这里，特别值得一提的是美国的公民教育，在独立建国不久后的18世纪末就开始展开，现在已经形成一套完整的体系，从小学、中学一直延伸到高等教育，结构完整，内容丰富，形式活泼而多样。在美国的公民教育中，其中一个重要的方面就是对美国人"主体意识"和爱国主义的培养，以高度的意识形态黏合美国人的国家文化认同。比如哥伦比亚大学就规定，任何专业的本科学生首先必须学好文化基础课，到三年级才开始学习专业课。西方思想史、美国现代文明、政治、哲学—经济等学科，都是本科生必修的基础课。因为，"一个美国学生必须对美国的文化和精神传统有一个起码的体验和理解，否则他就不算是一个受过教育的美国人"②。"美国主体"意识的构建、国民对国家的文化认同直接关系到美国的国家安全与文化安全。之所以这么说，是因为与其他国家相比，美国有着与众不同的特点：首先，美国是一个移民国家；其次，美国有着从英国殖民下独立的经历。

现代国家中的"国家"实际上指的是现代"民族国家"，即当国家与民族融为一体时的国家形态。它是伴随资本主义生产力的发展而形成的现代政治共同体，同时也是现代性这一现代化的内在规定性在政治生活中的反映。可以说，民族国家是在现代化的过程中产生的，是现代化的产物。在这个过程中，与民族—国家的"国家"要素相对应的另一要素"民族"的含义发生了实质性的变化，这里的"民族"更准确地

---

① ［美］杰里尔·A. 罗塞蒂：《美国对外政策的政治学》，周启朋等译，世界知识出版社1997年，第357页。

② 刘文修：《哥伦比亚大学》，湖南教育出版社1993年版，第155页。

说应为"国族",是"人们在历史上形成的一个有共同语言、共同地域、共同经济生活以及表现在共同文化上的共同心理素质的稳定的共同体"①。但是美国是一个移民国家,最开始是一些欧洲的移民来到一片陌生的北美大陆上寻梦,缺乏其他现代国家天然具备的人们在语言、地域、经济生活以及文化上长久生活在一起而形成的稳定的"共同体"心理。当美国独立战争胜利后,对于一个国家而言,"想象的共同体"的存在变得极为急迫和紧要。如果说,北美独立革命前,教育基本上是家庭和社区的事务,教会和市镇也在教育的发展过程中扮演着重要角色,那么,独立战争胜利后,作为一个新生的国家,教育成为一个国家问题摆在了共和政府的面前。合众国的缔造者们普遍认为,在这样一个有着不同文化背景、讲不同语言的移民国家里,教育对形成新的民族特征和民族文化、培养社会凝聚力、推动共和观念、支撑美国的民主具有独一无二的重要作用。教育成为现代国家构建的重要倚重工具。正如韦伯斯特所言:"由于我们国家的宪法还没有牢固地树立,民族特性还没有完全成形,因此教育不仅仅是传播自然科学知识,更应当向美国青年的头脑中灌输美德和自由,用政府的正义和自由的理念鼓励他们,让他们懂得国家神圣而不可侵犯,这将是一个十分重要的目标。"② 教育在这里体现了国家构建的内在要求,起到了社会整合的功能。为了实现作为归属感和认同感的公民资格,人们必须通过教育引导国民生活在一个被本尼迪克特·安德森称为"想象的共同体"中,将原本独立存在的、分散而互不联系的各个部分联合为一个不可分割的统一共同体。而且,该共同体不仅仅是一种政治的和领土的统一体,更是一种历史的和文化"想象的政治共同体",并实现对国家的情感认同和文化认同。

美国尽管只有200多年的建国历史,却尤为珍视曾经发生在这片土地上的历史事件、历史人物。历史课程在美国教育中具有特殊的重要位置,因为它可以造成一种在构筑"共同体"叙事中不可或缺的历史与情感休戚与共的"在场感"。因此,"教育工作者被强调必须生动地和有吸引力地向孩子们讲解美国英雄们的事迹,讲解我们的陆海军战士英

---

① 《斯大林选集》(上卷),人民出版社1995年版,第64页。
② R. Freeman Butts, *The Civic Mission in Educational Reform: Perspectives for the Public and the Profession*, Stanford: Stanford University Hoover Institution Press, 1989, p. 78.

勇作战不怕牺牲的精神,讲授历届总统作为国家象征的人格力量。到19世纪90年代,各州相继通过立法规定中小学一律设置美国历史课和公民科,以便于灌输爱国主义精神"①。可以说,如果没有这种既是"你的"也是"我的"而非"他的"的共同体感觉,那么在缺乏历史情感维系的移民国家,很可能会导致这个共同体的解体或者是国家的无政府状态。通过教育等手段等促使现成的文化认同和美国人的主体意识,不仅使美国可以真正确立一个独立国家的身份,还为这个国家提供了一种共同体意识支撑,使现代国家的成员在心理上产生一种休戚相关的联系,把公民与国家强有力地扭在了一起,成为维系一个国家存在和可持续发展的重要基础。正如塞缪尔·亨廷顿在《美国国家利益的侵蚀》一文中所强调的:"国家利益来源于民族认同。在我们知道我们的利益是什么之前,我们必须先知道我们是谁……"②

美国的公民教育发展到现在,历经政府的更迭,内容、形式也几经变换和演进,但一以贯之的是其始终强调国民的"美国人的意识"与对国家的热爱、责任。20世纪70年代后,美国许多教改方案中都反复强调要把学生培养成具有爱国精神,能对国家尽责任和义务的"责任公民"。1987年里根总统在国情咨文中提出美国的十大任务时,就特别强调学校应培养美国人的"国民精神",主要指爱国,以适应美国社会发展对人才的需要。③ 里根政府的教育部长威廉·贝内特在《美国价值的贬抑:为我们的文化与儿童而战》中认为,要防止国家政体受到外来价值观与世界观的侵蚀,美国教育应"坚定地立足于美国文化与历史","保持美国不被分裂甚至爆发战争,我们就要拥有统一的文化,它是公民的'黏合剂'"。2001年的"9·11事件",使得全体美国人在共同经历的悲痛、恐惧与愤怒中感觉到了命运与情感的休戚与共,"美国意识"被再次激发,布什总统也适时宣布一项历史和公民教育的动议,希望改善学生有关美国历史的知识,深化其对伟大祖国的爱。其后的克林顿政府和奥巴马政府进一步强调公民教育,把爱国主义与国家安

---

① Merle Curti, *The Roots of American Loyalty*, New York: Columbia University Press, 1946, p. 190.

② Samuel P. Huntington, "The Erosion of American National Interests", *Foreign Affairs*, Sep/Oct 1997, pp. 22 – 30, 215.

③ 于伟、刘冰:《美国学校公民教育的基本特征》,《外国教育研究》2003年第9期。

全、美国利益紧密相连。同时,随时可能威胁美国利益的恐怖分子和"美国面临的敌人",加上公民教育和其他国家宣传机器的运作,使美国从一个"想象的共同体"越来越成为一个人们生活与命运密不可分的共同体。

二、以全球视野保证美国国家文化利益

美国强调文化的对外性和扩张性,采取的是扩张型的文化安全战略,这与其对"山巅之城"的民族认知紧密相关。最早到达北美的殖民地开创者和欧洲定居者自认为美国是上帝的选国,担负有拯救人类、引领人类自由与发展的特殊天命。早在1630年,美国宗教领袖约翰·温斯普罗就宣讲说:"我们必须意识到,我们将成为整个世界的'山巅之城',全世界人民的目光都将看着我们,众人敬仰我们。"[1] 美国宗教历史学家菲利普·沙夫也曾对此理想诗意地描述道:"如果一个国家被奠定于真正的世界主义的基础之上,被赋予一种无法抵抗的吸引力,它就是美利坚合众国……(移民)在自由和平等的共同基础上相遇于美国……又把世界历史上最后的、也是最丰富的篇章填充到地球的四面八方。"[2] 美国从建国伊始,新教文化中这种致力于成为"世界文明灯塔"的强烈使命感和优越感,就渗透到普通美国人以至政治领袖的骨髓里,成为美国国家文化对外行为的精神指向和道德义务,把代表美国价值观的"自由""民主"和"人权"对外传播。

另外,"二战"结束后,美苏两大集团的对峙强化了美国文化对外传播与渗透的紧迫感。"冷战"期间,美国为了在与苏联的两强争霸中取得优势,不仅积极进行军备竞赛和综合国力的比拼,在文化思想领域也倾注了大量的资源和精力。早在20世纪40年代,美国的国际关系专家摩根索就指出:"今天,在广大的国际政治领域,争夺强权的斗争不仅是为军事霸权和政治控制而战,同时,在特定的意义上,也是争夺人

---

[1] Loren Baritz, *City On a Hill: A History of Ideas and Myths in America*, New York: John Wiley and Sons, 1964, p. 17.

[2] Peter D. Salins, *Assimilation, American Style*, New York: Basic Books, 1997, p. 3.

心的斗争。"① 此后,多位美国政治家或学者在多个场合均或明确或隐晦地论述了类似的思想,成为美国"冷战"期间文化积极对外输出,以保证美国文化霸权争夺有效性的一大战略考量。比如美国的著名外交战略家布热津斯基就在著作中鲜明地点出:"政治上的生命力、意识形态上的灵活性、经济上的活力和文化上的吸引力,变成了决定性因素"②,最终决定了美国对欧亚大陆争夺的结果。与此相关,为了实现其所认为的国家文化安全,保证其文化利益,与其全球性的经济霸权、军事霸权一样,美国在文化上有着一种全球眼光。这特别体现在其对国际教育、全球教育的重视。美国是一个讲求实用主义的国家,"作为地方分权的国家,美国联邦政府对包括国际教育在内的教育干预通常都是与国家安全问题的考量联系在一起的"③,而国际教育对国家的文化安全与文化利益的获得比起其他各类教育更为直接,更为明显,因此也更受美国政府重视。美国为了使国际教育顺利、有效地推行,制定了专门的法规,主要体现在《富布莱特法案》《富布莱特—海斯计划》和《高等教育法》第六款中,另外,在《国防教育法》中也有相当的体现。"二战"前,美国的国际教育只是处在萌芽状态,相关的研究机构少,也缺乏足够的研究人员和资金。"二战"结束后,随着美苏两强集团的对峙、苏联"铁幕"的升起,美国把文化外交开始放到战略地位考量,认为其是穿越"铁幕",使人们在人心上理解美国、皈依美国的最好的武器。国际教育就是美国文化外交的重要组成部分。可以说,国际教育文化交流既是美国与世界其他国家之间相互了解、相互联系的桥梁,也是美国实现本国文化政策与文化利益的工具。

1946 年,议员威廉·富布莱特的提案获得通过,美国历史上最大的国际教育交流项目——"富布莱特计划"正式开始实施,为美国和世界的学者、教师、学生和专业人员的国际教育交流提供资助。富布莱特曾这样描述他这项提案的初衷:"一代人之后,我们与其他人进行社

---

① Hans J. Morgenthau, *Politics among Nations: The Struggle for Power and Peace* (6th edition), New York: Alfred A. Knopf, Inc., 1985, pp. 168–169.

② [美] 布热津斯基:《大棋局——美国的首要地位及其地缘战略》,中国国际问题研究所译,上海人民出版社 1988 年版,第 9 页。

③ 陈昌贵、曾满超、文东茅:《研究型大学国际化研究》,世界图书出版广东有限公司 2014 年版,第 208 页。

会价值观念交流的好处要比我们军事、外交优势对世界格局的影响更大。"① 1949 年，国会又通过了《相互教育和文化交流法案》（也称为《富布莱特—海斯计划》），这一法案可以说是对此前的"富布莱特计划"的深化和拓展，以为美国学生提供海外的训练项目。对美国国内学生和教师来说，通过"富布莱特计划"中的"美国学生项目""课堂教师交流项目""新杰出教学奖项目""美国学者项目""专家项目"，可以获得到国外访学、参加会议、科学研究和教学交流的资助机会；也可以通过《富布莱特—海斯计划》，申请其四个项目"博士学位论文国外研究""教职员国外研究""团队项目国外研究""国外研讨会和特殊双边项目研究"中的一个。《高等教育法》第六款关于国际教育的资助项目可分为四种类型，一是以外语和地区研究为重点的项目；二是以国际商业教育和研究为重点的项目，包括"国际商业教育中心"和"商业与国际教育"；三是以信息和研究资源建设为重点的项目；四是培养少数民族国际领域专业人才的项目。②尤为值得注意的是，与许多国家对于外语教育只是着重一门或几门外语不同，美国的外语研究和教学的涵盖面非常广。目前，美国国际教育方面的项目资助已经覆盖了世界五大洲和 200 多种非常用外语。全美 81% 的研究生在第六款资助的非常用外语课程中学习过。③ 2009 年，美国研究型大学平均开设了 56 门非常用外语语种，而中国研究型大学平均仅开设了 3 门非常用外语语种。④ 这一细节生动地反映了美国是用实用和战略眼光来看待国际教育的，以此保证美国国家文化利益与国家安全在海外各个国家的顺利实现。2000 年美国总统克林顿就签署了有史以来第一份《国际教育执行备忘录》，国际教育的价值得到新的确认。"9·11 事件"后，有人一度怀疑美国国际教育的成效和派遣美国学生、教师出国交流的必要性。对

---

① Philip H. Coombs, *The Fourth Dimension of Foreign Policy: Educational and Cultural Affairs*, New York: Harper & Row, 1964, p. XI.
② 陈昌贵、曾满超、文东茅:《研究型大学国际化研究》，第 212～213 页。
③ Richard D. Brecht and William P. Rivers, *Language and National Security in the 21st Century: The Role of Title VI / Fulbright-Hays in Supporting National Language Capacity*, College Park, MD: The National Foreign Language Center, 2000, p. 45.
④ 翁丽霞、陈昌贵:《中美研究型大学国际化的比较分析》，《高等教育研究》2010 年第 12 期。

此，美国时任总统小布什在2003年进行了回应，再次强调了国际教育对美国的价值："我鼓励所有的美国人都加入到我们的学生、教师、学校、专业机构和志愿者组织当中来，致力于全球范围的教育交流。当我们帮助加强全球社会的同时，我们就促进了全球和平的未来。"① 而奥巴马总统在2010年签署的国家安全战略中，延续了把国际教育与美国国家安全与经济、文化竞争力联系起来的一贯思路。

美国的国际教育除了积极资助国内学者、教师、学生进行海外教育文化交流外，也特别注重把海外的优秀学者、学生和社会文化界的重要人物请到美国进行相关教育文化交流活动。对于国际教育文化交流，美国投入的资金是巨大的。仅以"富布莱特计划"计，每年达到资助4500人的规模；截至2010年，已资助了30余万名学术成绩优异、领导才能突出的申请者，其中美国人11.4万人，外国人18.8万人。

需要特别留意的是，对"富布莱特计划"的资助申请有着严格而规范的程序和要求，因为审批权由美方决定，因此在申请人资格的选择上，美国有着文化利益上的战略考虑。申请人一般是各个国家里的精英知识分子——优秀学生、教师、文化学者，对他们的申请资助被看作"对美国国家利益长远投资的一个典范"，"它造就了一批致力于加强国家间相互了解的领导人和舆论创造者"。② 2001年，时任美国国务卿鲍威尔在"2001年美国国际教育周"开幕式上的讲话中对国际教育的价值如此表述："我们骄傲地看到，美国高质量的高等教育吸引了来自世界各地的学生和学者。这些学生和学者用他们的学术能力和文化多样性丰富了我们社会的同时，他们带着对美国深入的了解回到自己的国家，通常一直保持着对美国的热爱。对于美国来说，没有什么财富能比这些在美国接受教育的未来世界领导人更为珍贵。"③ 有心人会发现，"富布莱特计划"选择申请人的眼光可以说是独到和精准的："据统计，在'富布莱特计划'资助的专家学者中，诺贝尔奖获得者达到43人，普利策奖获得者78人；政治精英中的国家级领导人也达28人，如巴西前

---

① V. Johnson, "When we hinder foreign students and scholars, we endanger our national security", *Chronicle of Higher Education*, 2003, 49 (31).

② Leonard R. Sussman, *The Culture of Freedom: The Small World of Fulbright Scholars*, Maryland: Roman & Little Field, 1992, p. 87.

③ 转引自粟高燕:《中美教育交流的推进》，山东教育出版社2010年版，第299页。

总统 Fernando Cardoso，韩国前总理 Hyun Jae Lee，埃及、法国、波兰、意大利、瑞典等国的首相，智利、匈牙利、土耳其、新加坡、印度、黎巴嫩、哥斯达黎加等国的驻外大使等等。此外，富布莱特项目资助者也广泛分布于商业、媒体、人文社会科学和艺术等领域。"① 可见，美国通过国际教育与国家教育文化交流的展开，一方面通过派遣人员出国，获得大量对美国国家利益有价值的教育文化线索和信息；另一方面由此培养了大量对美国"亲善""感恩"的国外政治精英与文化精英，为美国显现的和潜在的文化利益与国家利益的实现埋下伏笔。

三、对国外教育输入做出严格限制

在文化主权保护上，美国似乎没有提出什么保护或限制的口号；相反，美国强调的是在文化交流当中，各国不要设限，让文化产品自由流动。其实，这一态度具有很大的迷惑性和欺骗性。因为在文化产品领域，尤其是现代文化工业方面，美国具有绝对优势，往往形成文化产品对国外的单向流出，国外虽说也有一些文化产品或文化交流活动能进入美国，但基于其弱势的地位，影响力很小，基本难以进入主流市场，对美国文化难以构成威胁。

在教育主权上，美国的态度却变得微妙起来。随着国际教育服务领域的日益兴起，美国对国外的教育输出同样非常活跃。因为美国的教育实力雄厚，一旦某个国家对美国市场开放，其国内的教育市场很可能遭遇巨大冲击。因此，基本上每个国家都会在教育领域的市场开放方面有所保留。对于国外教育市场，美国的态度是要求所有成员国在高等教育和培训服务、成人教育以及其他教育三个领域，在跨境交付、境外消费、商业存在三种服务提供方式上都承诺完全的市场准入和国民待遇。除此之外，美国还对一些国家提出特定的要求。比如，针对中国提出要去除对外国公司和机构通过卫星网络提供教育服务的禁止；针对以色列、日本的要求是承认受认证高等教育机构（包括其分校）颁发的学位，政府在高等教育和培训许可及认证政策方面采取透明政策；针对希腊的要求是去除只能由希腊机构颁发学位的限制；针对爱尔兰的要求是

---

① 陈昌贵、曾满超、文东茅：《研究型大学国际化研究》，第216页。

去除对教育机构数量上的限制；等等。

在教育领域，尽管美国与其在文化产业领域一样，拥有压倒性的实力，同时也对别的国家提出非常高的准入要求，但是美国在国际教育服务准入上，却不像人们想象的一样宽松，相反在向其他国家开放美国教育市场上有着相当大的保留与限制。以下是美国政府答应开放其高等教育部门（包括培训服务及教育测试服务）的条款，仔细一看，耐人寻味：此协议中任何内容不应干涉美国机构在录取政策、学费设定、课程开发方面保持自治的能力，教育和培训实体必须遵从其设施所在地的规定；美国联邦和州政府的资助或补贴之给予可能会限于美国学校；奖学金、助学金可能会仅限于美国公民和/或特定国家的在美永久居民；州内和州外居民的学费可能会不同；录取政策包括对学生机会平等（不管种族、民族、性别）的考虑，以及对学分和学位的承认；州的规定适用于一机构在州内的建立和运作；机构和其课程可能需要地区或专业机构的认证；要满足规定的标准才能获得以及维持认证；外国机构可能没有资格获得联邦或者州的资助或补贴，包括赠予土地、优惠的税收待遇以及任何其他的公众机构享有的好处；要参与美国的学生贷款计划，在美国设立的外国机构可能需要满足和美国机构同样的要求。① 显然，条款上列出了各种各样的"细致说明"，来保证国外的教育合作方不能享受到"国民待遇"，而这些条款之详细之琐碎，说明了美国政府对国外教育输入实际上暗地里存在着顾虑和防范。这些限制与很多国家比起来，开放度要更小。

2012年，美国政府公然驱逐中国在美孔子学院教师（持J-1签证——非移民签证之一）的事情，更是暴露了美国政府对国外文化与教育在美国本土发生的极度不安与防范心理。事情的原委是2012年5月17日，美国国务院文教局发表的公告称，尽管孔子学院可能有利于促进文化交流，但其所从事的活动必须符合正确的交流规范、遵守相关法规。公告要求孔子学院的教授、研究学者、短期访问学者，或学院、大学的学生均不允许在公立和私立小学、中学进行教学，否则便与交流访问项目的法规相违背；只有在得到认证的中学以上机构内，才可安排

---

① 转引自冯国平：《跨国教育的国际比较研究》，上海人民出版社2010年版，第228页。

中文课程；并且，对于持有 J-1 签证的教授只能在这些机构的外国语学院（或系）内进行授课。公告还特别规定，持有 J-1 签证的孔子学院的中国教师在规定的时间内还可以继续留在美国，直到本学年完结，签证到期。签证一到期，这些教师必须离开，返回中国。同时，公告声称：目前美国国务院正在审查孔子学院的学术资质，基于初步审查结果，"没有明确证据显示这些学院已获得美国的认证"。该公告称，之所以要求孔子学院获得美国认证，是为了确保中国孔子学院的教育符合并保持相关既定标准。对此，中国国家汉办主任、孔子学院总部总干事许琳认为：美国政府对孔子学院的中国教师身份和办学资质的调查理由都非常牵强，因为中国的孔子学院的教育不计学分、不授学位。也就是说，孔子学院由于不是学历教育，不具备认证的前提，美国官方也从来就没有向中国方面说明孔子学院应该向谁认证。对比一下事情的真相就很清楚了，德国的歌德学院、法国的法语联盟等非学历教育的文化机构，在美国办学都是不需要得到美国认证的。对于与歌德学院、法语联盟同样性质的孔子学院，为何会受到特别"照顾"呢？一组数字可能可以给我们一点提示：孔子学院已经在 142 个国家和地区开设 516 个，中小学孔子课堂的发展速度更快，现在已经达到 1076 个。自 2004 年底马里兰大学作为美国第一家高校与中国南开大学合作建立孔子学院以来，至今美国已经有 111 所孔子学院和 501 个中小学孔子课堂。也许是孔子学院的快速发展，让把文化外交当作一种国家文化利益实现手段的美国"以己之心，度人之腹"。许琳认为，美国国务院此次向孔子学院发难，不是偶然和孤立的事件。事实上，美国对在美中国孔子学院的特别"照顾"由来已久。从 2010 年开始，美方就通过各种渠道调查孔子学院的方方面面，调查内容包括是否宣传共产主义，有没有价值观问题，对中方使用的教材、教师，甚至信件等都进行了层层审查。同时，美国社会的一些政治团体和政治势力一直对孔子学院横加指责，不断抹黑孔子学院的教学活动。例如，2012 年 3 月 28 日，美国国会外交事务监督与调查委员会就"中国公共外交代价"举行听证会，国会众议员达纳·罗尔巴克尔就指责中国通过私营媒体和公共教育进行宣传。[①] 孔

---

① 温宪摄：《美国审查孔子学院学术资质，要求部分教师离境》，《人民日报》2012 年 5 月 24 日。

子学院不是学历教育，根本无法威胁到美国正统的教育体系，对其文化安全和国家安全造成损害的指责完全是无稽之谈。但是，美国作为一个大国，对外来教育文化进入本土尚且如此防范，这也提醒我们，千万不可在教育市场上无原则、无限度地开放，对于教育主权问题没有商量的余地，因为事涉国家文化安全问题。

美国一方面采取严格措施，限制别国教育和文化的进入，另一方面对外大力进行教育和文化扩张。为了保持美国文化在世界上的领导地位，给美国文化霸权的延续提供强大的智力和人才支撑，美国政府通过各种措施保证美国教育在世界的绝对领先地位。首要一条就是以立法形式确定教育在国家政治生活中的重要地位。美国自20世纪50年代末开始就视教育为国家发展的基础和人才培养的关键。尤其是1957年苏联第一颗人造卫星"Sputnik"成功发射升空，此事件震动了一直认为苏联在技术上和发达程度上都远远落后于自己的美国。美国把苏联科学技术上的成功归功于其优秀的教育质量，更把教育人才的培养与国家安全挂钩，于1958年颁布了美国历史上最重要的一部教育立法——《美国国防教育法》。之后，美国对于教育与国家安全关系的认识日渐加深，在世界霸权的争夺与维护中始终有一种紧迫感。1983年美国总统里根发表《国家处于危机之中——教育改革势在必行》，充分体现了美国政府和公众对于教育提出的创新要求和教育处于"危机"中的忧患意识。这个文件制定了"科技教育优先发展"的战略目标，以使"处于危机之中"的国家变成"全民皆学"的国家，直面和消除国家安全面临的挑战。每一届美国政府都会提出任内的教育计划，使教育政策的实施可以与美国的经济、政治、文化状况的发展同步。1991年布什政府发表了《美国2000年教育战略》，1993年克林顿政府颁布了《美国2000年教育目标法》并提出了提高美国教育质量的八项目标。从20世纪末到21世纪初，又连续出台了三个教育战略规划，即《美国教育部1998—2002年战略规划》（1998年）、《美国教育部2001—2005年战略规划》（2001年）和《美国教育部2002—2007年战略规划》（2002年）。这些报告、法案和战略规划的密集出台，从出发点上看，都是使美国教育不仅能在一个大的框架和方向上有延续性，而且能够根据形势发展培养最能适应国家利益与需要的人才，为国家的文化安全奠定基础。

凭借着雄厚的财力，美国对教育经费的投入毫不吝啬。美国是世界教育经费支出最高的国家。美国重视教育的传统集中体现在州一级，各州 40% 的经费都用于教育，地方政府的财产税主要用于教育。高额的教育经费投入支持了教育部门的发展，也支持了国民受教育机会的扩大。长期以来，美国中、高等教育的入学率一直稳居世界第一位。以 2015 年为例，美国教育投入增加到创记录的 10240 亿美元，占 GDP 的 6.3%。美国还高度重视科技研究和开发投资，其研究和开发经费占国内生产总值的 3%，居世界最高水平。在各级教育中，美国的教育政策体现出对高等教育的倾斜，美国高等教育水平在世界上首屈一指，也尤为令人称道。尤其是美国的高水平研究型大学，在数量上和水平上都呈现出对其他国家的压倒性优势，体现出其在世界高等教育领域难以撼动的王者地位，也成为其他国家很多学生、学者深造、访学交流的"学术圣地"。根据 2016 年美国教育媒体 US News 联合汤森路透发布的世界大学排名显示，拥有世界前 500 名大学数量较多的国家有德国（51 所）、英国（40 所）、中国（30 所）、加拿大（20 所）、日本（15 所）、意大利（12 所）、韩国（9 所）、俄罗斯（4 所）等；美国则是无可争辩的第一名，拥有 140 所，接近 30%。如果把排名缩小到 100 位，美国的优势进一步呈现，在世界前 100 所大学中，美国有 47 所，占了接近一半。世界前 20 强大学，美国竟然占据了 17 个，仅仅给其他所有国家留下了三个席位。

　　美国非常重视吸引优秀人才，实现教育"强心"。虽然美国的高等教育实力已经占据绝对的优势，美国出于国家安全的需要，一直以一种教育处于"危机"中的忧患意识来审视美国的教育政策。2006 年 1 月，美国大学联合会（AAU）认为美国面临着来自其他国家（比如中国和印度）不断增长的竞争压力，在繁荣和保持经济全球领先的问题上也面临着威胁，在《国防教育和创新计划——迎接 21 世纪美国经济安全问题的挑战》的报告中提出警告："我们在研究和教育制度上不足，在未来四分之一个世纪中给国家安全带来的威胁，将远胜于任何我们可以想象得到的潜在的传统战争所带来的威胁"，"我们在教育系统中的严重问题以及联邦在物理科学和工程学领域研究能力的不断削弱，正在不断侵蚀着我们的创新优势，这一趋势日益明显并已经产生了令人担忧的后果。"报告呼吁政府、国会以及学术界，实施《21 世纪国防教育和创新计划》，鼓励创新，吸引全世界最优秀的学生和研究者，以应对未来面临的经济和安全问题的挑战。①

以全球视野实现优秀人才的为我所用,保持美国高等教育领域的领先水平,一直是美国保证国家文化安全的一个重要选择路径。美国"二战"期间对高精尖人才的争夺被视为"传奇",至今令人津津乐道:在"二战"后期,盟军在法国登陆后,美军乘德军处于战略守势之机,一方面指挥盟军东进,另一方面改变自己的战略部署,用一个伞兵师、两个装甲师加上整个第六集团军,组织了一支作战部队,斜插过法军战线,掩护一支以"阿尔索斯"命名的侦察部队(由科技专家参加)进入德、意等国,主要目的是"抢劫"科技专家。到大战结束时,"阿尔索斯"侦察部队通过各种手段,把德国、意大利的几千名科学家、工程师带到美国,其中包括德国最著名的原子能专家哈恩和火箭专家冯·布劳恩以及大科学家爱因斯坦。对世界最顶尖学者、科学家的引入一直是美国教育政策与人才战略的重要着眼点。据美国官方统计,1949—1973年期间,世界各国迁居美国的科学家、工程师达16万人;进入20世纪80年代以后,每年仍有6000名以上的科学家、工程师进入美国。1991年苏联解体后,仅核科学专家就被美国挖走2000多名。到目前为止,在美国科学院院士中,外来人士占22%;在美籍诺贝尔奖获得者中,有35%出生在国外。为了吸引优秀人才,美国的移民政策采取了一种更加灵活的态度。在1965年颁布的《移民和国籍法》中,规定每年专门留出29000个移民名额给来自其他任何国家的高级专门人才。该法律还规定,凡著名学者、高级人才和有某种专长的科技人员,不考虑国籍、资历和年龄,一律允许优先入境。20世纪90年代,布什总统又签署新的移民法,重点向投资移民和技术移民倾斜,鼓励各种专业人才移居美国,使原来的人才优先体制更趋于完善。《国防教育法》实施50周年的2008年,美国大学联合会(AAU)再次强烈建议美国政府积极采取吸引和留住外国人才的措施,其中包括:改革移民政策,为那些在美国获取学位的顶尖国际学生,以及通过交换或者工作签证在美国工作的杰出科学家和工程师,提供明晰的路径,便于他们获取美国永久居留权和美国公民身份。吸引其他国家优秀学生留学美国,也是美国成为

---

① 李敏:《教育国际交流:挑战与应答》,华东师范大学2008年博士学位论文,第77页。

"人才收割机"的一个重要途径。美国以其优厚的人才待遇、一流的实验室和丰富的文献资料,为有才华、有抱负的外籍青年学者提供进修、做访问学者以及从事研究工作的各种方便,尤其是一些顶尖大学,如哈佛大学、普林斯顿大学等优厚的助学金、奖学金和优惠贷款对优秀人才具有非常大的吸引力,使美国一直是国外留学生的首选国。2001年美国出台《加强21世纪美国竞争力法》,其核心就是进一步强化吸纳世界各国的优秀人才、增强美国文化与教育的竞争力。仅2003年一年,在美国大学深造的外国留学生共49.1万,当中最优秀的部分大多留在了美国。据美国国家科学基金会统计,25%的外国留学生在学成后定居美国,被纳入美国国家人才库。2003年美国38%以上的理工科博士学位获得者是外国学生,其中工科比例高达59%。获得博士学位后留在美国的国际学生比例已经从1989年的49%提高到2001年的71%。① 2016年11月15日,据中新社休斯顿国际新闻,美国高等教育研究机构国际教育学院(IIE)发布,2015—2016年美国大学院校的国际学生人数突破百万。

第二节　日本维护国家文化安全的谋略

　　日本在地理上位于亚洲的最东部,面积不大,但从明治时代开始由于"脱亚入欧"的成功,素来怀有大国梦想,自称"大日本"。讲到日本的文化特点,最突出的便是其开放性和吸收性。从与古代的中国唐朝的交往,到明治时期转向去学习西方发达国家,日本民族的发展壮大与走向强盛,与其在几个重要时期引入外来文化因子改造文化基因有着密切的关系。日本对外来文化的吸收相当成功,研究日本文化的学者露丝·本尼迪克特在其名作《菊与刀》中这么评价:"在历史上很难找到一个自主的民族如此成功地、有计划地汲取外国文明。"② 日本文化的

---

① 李敏:《教育国际交流:挑战与应答》,第145页。
② [美]露丝·本尼迪克特:《菊与刀》,吕万和等译,商务印书馆1990年版,第41页。

另一个特点，是在向外的学习开放中，始终有意识地注意对体现日本传统文化特点的文化基因的保护。即使在"二战"后，日本作为一个战败国，受到美国的管制，在各方面受到美国的深刻影响，貌似非常"西化"，但日本在内里仍然顽强地保持自己的文化传统和文化个性。开放与保护，一直是日本文化特点的一体两面，两者之间所构成的张力，使得日本成为一个既"现代"又传统的国家。日本对国家文化安全的维护，也就是在追求国家文化利益的前提下，使文化的开放和传统的保持形成一个相对恰当的平衡。

一、把国家文化安全提升到"文化立国"的高度

日本在自身的历史发展中，高度重视文化在促进国家强盛、文明进步中的重要作用，把对外来文化的学习当成日本文化更新、发展的"催化剂"和"推进剂"。韩源等用"三次文化开国"来形容日本在近代历史发展中三次大规模学习、借鉴西方先进文化的事实，并认为这三次"文化开国"不仅使日本民族走上了发展和富强的道路，而且彰显了日本文化的开放性特征。①

日本文化开放性特征的源头可以从日本所处在的自然地理环境中找到端倪。居山者憨，近水者灵，中国的俗话"一方水土养一方人"有着相当的道理。用学术性的话语来说，即是一个民族的心理文化特点受到其祖祖辈辈生活的自然地理环境的影响。马克思对这一问题的表述是："不同的公社在各自的自然环境中，找到了不同的生产资料和不同的生活资料。因此，他们的生产方式、生活方式和产品也就各不相同。"② 日本是一个典型的岛国，由本州、四国、九州、北海道四个大岛和3000多个小岛构成，四面临海，西边与朝鲜、中国相望，东边则是浩渺的太平洋。同时，日本陆地面积狭小，陆地上70%是山地和林地，资源贫乏。为了获取必需的生活资源和发展资源，日本人从古时开始就被迫把眼光投向充满危险、未知的海洋和海洋另一头的国家、地区。与中国作为一个物资富饶的陆地国家，由于物质的自给自足而满足

---

① 韩源等：《国家文化安全论》，社会科学出版社2013年版，第77页。
② 《马克思恩格斯全集》第23卷，人民出版社1972年版，第374页。

于一种相对封闭的"中央之国"的心理不同,日本作为一个海洋国家,民族的文化心态更为冒险,也更为开放。日本经济学家高桥龟吉曾说:"日本人对于外国的文化,并不视为异端,不抱抵触情绪和偏见,坦率地承认它的优越性,竭力引进和移植。"①

日本的第一次文化开国是在明治维新时期。西方列强由于科技革命的成功获得强大国力,在世界范围内拓展势力范围。面对西方列强的进逼,为了避免沦为殖民地的命运,日本对本土文化进行审视,并在富国强兵、文明开化的口号下积极对现代的西方文化、制度、典籍、科学技术等采取大规模的汲取与吸纳。这次文化开国是自上而下的、主动自觉地学习,对日本成功地从一个封建国家实现"现代化"的转型功不可没,并使日本从明治时代开始国力大增,为日后能在甲午战争、日俄战争中分别战胜中国和俄国这两个古老的帝国打下基础。日本凭借这两次战争的接连胜利,宣告成为亚洲版图上一个新的强国。

日本的第二次文化开国是在"二战"后,日本由于战败,整个国家的发展方向和制度秩序被美国把控,日本在美国的主导下,被强行纳入西方资本主义的经济与政治体系。日本由此在经济、政治、文化、教育等各方面更深入地融入西方,并从开始的被迫融入变为后来自觉自愿地主动融入。可以说,正是日本民族血液中的开放性特征,使日本在战后能很快调整自己的文化心态,在"回归民主社会的大家庭中"的历史语境中克服对美国的敌对心态,兼容并包地吸收世界各国的文化为我所用。

日本的第三次文化开国是在20世纪70年代左右,日本经济很快摆脱了战败的阴影,并在战争的废墟上迅速崛起,在60年代连续超越了法国、英国、德国等经济强国,80年代超越苏联,成长为世界第二大经济体,成为一个经济奇迹。经济上的成功使日本的国民意识增强,更为感觉到文化在国家中的重要作用。日本的第三次开国仍然体现出日本文化战略的开放性特点,也一直强调紧密地为国家的经济利益和国家实力的增长服务,而这一次不同的是,文化对国家安全与利益构建的作用更为明确,并成为一种国家意识。以文化立国的思想开始孕育。大平正

---

① [日]高桥龟吉:《战后日本经济跃进的根本原因》,宋绍英、伊文成等译,辽宁人民出版社1984年版,第282页。

芳最早提出"文化立国"的思想,并在1979年就任首相的演说中,指出日本已经从"经济中心的时代过渡到了重视文化的时代"。1990年,日本文化厅长官的一个咨询机构——文化政策推进会议成立,在1995年的报告《新的文化立国目标——当前振兴文化的重点对策》中提出六个文化的中心课题和具体解决方案。1996年,文化厅正式提出《21世纪文化立国方案》,标志着日本的"文化立国"战略的正式确立。该法案清晰地呈现出日本的文化战略思想,即要以对"文化大国"的打造来匹配其经济大国地位,同时争取在世界文化领域增加日本的话语权与影响力,为日本国家文化安全与利益提供保障。1998年,文化政策推进会议针对文化立国方案进行了全面的论证,并提出报告《文化振兴基本设想——为了实现文化立国》,其中关于文化与教育相关的一条是:文化作为教育的基础,可以向人们提供塑造儿童和青少年美好心灵的场所和机会。[1]

进入21世纪,日本政府文化立国的政策和思想一直延续并得到强化,2002年时任首相小泉纯一郎提出"知识财富立国"战略,次年颁布的《信息技术基本法》把文化产业提升到空前的战略高度,把其作为国民经济基础产业之一。其后,2007年的《日本文化产业战略》与2010年的《文化产业大国战略》相继出台,意味着日本政府的文化立国政策不断推进,并在具体的战略构想和实施步骤上更加明确和清晰。

在第三次文化开国中,日本把文化立国和大国梦想的实现结合起来。日本尽管早已是经济强国,但却受困于政治与文化上的弱势地位,日本人认为"即使它于其他领域在世界各国中举足轻重或名列前茅,其大国的内涵也显然因文化的贫乏而打了大折扣,仅仅是一个徒具躯壳的大国而已"[2]。因此,以经济实力为后盾,打造一个在文化上具有影响力与话语权的国家,直接关系到日本能否成为一个真正的"大国"。日本由此提出"文化立国"战略和成为"文化国家"的国家发展理念。大平正芳甚至把日本文化战略的实现与国家安全相提并论。

值得注意的是,为了实现文化大国之梦,日本的第三次文化开国和前两次文化开国有着非常不一样的思路。前两次,日本是以文化输入为

---

[1] 朱威烈:《国际文化战略研究》,上海外语教育出版社2002年版,第168页。
[2] 周永生:《冷战后的日本文化外交》,《日本学刊》1998年第6期。

主，以求在外来文化的带动下，实现日本政治经济制度的华丽转身。而这一次，日本是以文化输出为理念，以求通过日本与他国的文化交流，扩大日本文化的传播力与影响力。在《建设有文化力的国际国家日本》一文中，日本时任首相中曾根提出："今后要向世界传播日本文化，把过去吸取别国文化的日本，转变为向别国传播日本文化的大国日本，使全世界更好地了解日本，以利于日本在文化上和政治上为世界做贡献。"① 美国《国际先驱论坛报》这样评述日本的文化努力："日本再次强大起来，而这次并非只在经济领域。就其军事、外交、文化影响力以及在全球范围内的总体活跃表现而言，日本自身正在迅速发生变革，而其目标不仅是成为一个'正常'国家，而是在各个领域成为一个强大国家。"②

在这方面，日本的文化产业成为一个文化输出的先行者和标兵，尤其是日本的动漫打上了鲜明的日本文化烙印，"我们的力量在于坚持自我表现得很酷，很有日本味"③。而在教育尤其是高等教育的输出方面，日本的文化表现同样亮眼。为了将"日本的知识资源全面有效地用于国际开发合作"，以保持在教育领域的国际领导地位，日本制定了教育国际化的发展政策。除了在国内通过各种途径培养学生的国际化素质外，日本格外重视针对外国留学生的国际教育活动。1983 年，日本制定了"留学生 10 万人计划"；到了 2003 年日本的外国留学生达到了 109508 人，实现了当初的计划。虽然日本的留学生教育获得巨大的发展，但留学生占在校全体学生的比例与欧美一些发达国家相比仍存在很大的差距，如 2007 年澳大利亚的留学生比例为 24.2%，日本只有 3.3%。④ 为了促进留学生教育的发展，日本将留学生教育提到国家战略的高度，认为留学生政策是教育政策、外交政策和产业政策的结合。2008 年，时任首相福田康夫提出了"接受 30 万留学生"的宏伟计划，并把目标实现时间定在 2025 年前后。

---

① 转引自徐世刚：《日本政治大国战略与我国的战略对策》，《社会科学战线》1999 年第 2 期。
② 转引自吴寄南：《新世纪日本对外战略研究》，时事出版社 2010 年版，第 330 页。
③ 《世界各国为文化流行而战》，《中国文化报》2012 年 6 月 11 日。
④ [日] 文部科学省编：《文部科学白皮书（2007 年度）》，日经印刷株式会社 2008 年版，第 314～315 页。

同时，日本政府对教育国际合作交流的渴望与日俱增。1992年，文部省在年度《教育白皮书》中声称："随着我国国际责任的增强和研究水平的提高，开始更强烈地要求我国在广泛的学术研究领域做出国际性的贡献。"可以看出，日本把国际责任与国际教育文化交流直接联系起来，并力图从以前的接受型转变为给予型，把教育输出作为文化外交的重要一环，为日本的文化大国形象铺路，在对外传播中以实现日本文化利益的最大化。日本由此强化了对国外的教育输出与援助。比如，2002年，日本首相咨询机构"对外经济合作审议会"将教育和人才培养等"以人为中心的开发"确立为21世纪的经济合作方式，并在其后的八国峰会上宣称在5年内对低收入国家支付2500亿日元以上的官方开发援助，援助从战乱国家开始，包括阿富汗、伊拉克等国家，都接受了日本在基础教育方面的教育支援项目。日本在高等教育领域的教育支援与交流活动同样活跃。比如，日本文部科学省在2003年度设立的"国际开发合作支援中心"，主要为了促进国内大学与国外大学、非政府组织间的合作；"青年海外合作队·现职教师特别参加制度"创立后至2007年，日本大学教师共计437人通过此项目被派遣到80多个发展中国家参加为期2年的教育合作开发。[①] 可以想见，随着日本大国梦想的持续追求，日本的教育文化输出还将进一步深入和强化，成为日本国家文化利益与安全的重要依仗。

二、注重日本民族文化的传统与传承

日本是一个非常善于吸收和模仿的国家。但是，日本在吸收外来文化的同时，保持着强烈的文化自觉意识。正是这种文化自觉，使日本能在外部强势文化的攻势下，为民族文化的发展和保存、自立留下一席之地，并可以有效地把外来文化选择性地吸收，在向现代国家转型的过程中避免了传统文化受到大的冲击和消散，保留了一个东方国家独特的日本"韵味"。

日本对民族文化的保持和珍视在明治维新时代就已初见端倪，集中

---

① ［日］文部科学省编：《文部科学白皮书（2002年度）》，财务省印刷局2003年版，第330页。

体现在"和魂洋才"的理念中。"和魂洋才"口号的提出与中国"中体西用"理念提出的时代背景类似，都是在面临西方强势文化威胁下，日本与中国意图求新求变，借法自强而使国家脱离困境的文化思路。"和魂洋才"与"中体西用"相比，对西方的学习要更为彻底。在"中体西用"中，有主次之分，中体为上，西用为辅。洋务派仍然认为"中体"所代表的政治文化等意识形态层面的东西不可挪移分毫，李鸿章曾说："中国文武制度，事事远出西人之上，独火器万不能及。"①"西用"则指实用性质的、理、工、医、农等自然科学和社会科学知识、技术。"和魂洋才"中，"和魂"与"洋才"处于并列、平等关系，伊藤博文的观点很能代表当时日本人对"洋才"的看法："我东洋诸国现行之政治风俗，不足以使我国尽善尽美。而欧美诸国之政治、制度、风俗、教育、营生、守产，尽皆超东洋。由之，移此开明之风于我国，将使我国国民迅速步至同等化域。"② 因此，日本对西方国家的学习更为大胆也更为彻底，不仅涉及实用性的器物层面，还涉及西方国家社会运行的制度层面。

但是，日本在全面学习西方的过程中，对"和魂"的保持和弘扬一直是并行不悖的。这样的思想典型地体现在森鸥外的剧本《马尾藻》中。《马尾藻》有两个人物——大岛崇和广前琏，他们都是赞同"和魂洋才"的。他们在讨论中说道："欧美的风俗习惯，如果确好，无疑可以作为他山之石采而用之，但大和魂不可没有"，大和魂之所以重要，在于它是"日本人之所以成为日本人之处"。三宅雪岭也提到"此日本魂正是组织我国家之亲和力，是一日不可或缺的国粹"。③这里的"日本魂"也就是"大和魂"，即以儒学为基础，并在历史流变中掺和了日本神教精神的日本伦理道德体系。

日本的这种文化自觉精神体现在教育上，是日本的教育自立意识。仍以明治维新时期为例。明治时期在向西方学习的过程中，除了仿效西方先进的教育体制之外，还动用国家财库，以比内阁阁僚更高的待遇高

---

① 史远芹：《中国近代化的历程》，中共中央党校出版社1999年版，第113页。
② 肖传国：《中日在吸收近代西方文化上的差异》，《哲学动态》2002年第10期。
③ 武安隆：《从"和魂汉才"到"和魂洋才"——兼说"和魂洋才"和"中体西用"的异同》，《日本研究》1995年第1期。

薪聘请了大量来自德国、法国、英国、美国等发达国家的技术人才以充当教师或者教育管理人员和顾问，培养日本急需的科学技术人才，人数达到几百人之多，所花费用也十分惊人。如东京大学光是在外国教师方面的经费支出就占到其年度总经费的三分之一。① 但是，日本聘请外国教师的目的，是快速培养自己的可以依赖的人才，并不愿意长久地一直依赖这些外国教师。比如，日本的师范学校原本是在美国人的指导下建立起来的；但不久之后，日本人便逐渐占据了美国人原来的管理与主导地位，尤其是原来外国教师占比例较多的理科学校。师范学校的毕业生也被迅速充实到小学系统。随后又逐渐进入日本的中学系统。最后，除了外语学校之外，日本的中小学中外国教师已经罕见，基本上都由日本自己培养起来的学生充当教师了。大学的情况与之类似，日本政府在聘请外国人担任大学教师的同时，向欧美各国派遣了大批优秀学生出国深造，这些学生很多在回国之后被充实到高等教育机构，而大学里的外国教师日渐减少，到1887年左右，日本已经构建起由日本人为主的高等教育人才培养骨干队伍。可以说，外国教师在日本教育的成长过程中，起到了拐棍的作用；在日本教育壮大后，拐棍就完成了历史使命，被放置在一旁了。一位外国教师曾为此感叹说，他们"来到日本是想成为'培育科学之树的园丁'，但是日本人却将他们看成了'兜售科学果实的小贩'，一旦货物卖光，他们也就成了无用之人"②。随着日本现代学校体制的成熟，日本人对自己的学术系统和人才培养也愈发自信，并慢慢产生了国内学历优先的意识；虽然也继续派遣留学生，但是对全部在国外接受教育经历的人却产生了一种不信任、不倚重的情绪，这种意识和情绪也对教育自立的确立起到一定的推动作用。同时，日本的教育自立意识也体现在日本在吸收学习国外教育文化知识和体制时，是以我为主体，有意识地加以选择和改造，而并不是盲目地对某一个国家的教育体制全盘接受、照搬照抄。比如，日本的"教育管理体制上是仿效法国的中央集权制，而不是美国的地方分权制。在大学的办学方式上又主要是模仿德意志大学模式等等。……日本教育作为日本文化的一个组成

---

① 顾明远：《民族文化传统与教育现代化》，北京师范大学出版社1998年版，第116页。
② 顾明远：《民族文化传统与教育现代化》，第107页。

部分，也带有日本文化的基本特征，它是多种教育模式的复合体。"①

三、在教育中注重并贯彻"国家意识"的培育

因为三次文化开国政策的顺利实施，日本从明治维新开始，从一个偏居东亚一隅的小国成长为一个难以让世人小觑的经济强国，"二战"后也能迅速从战败阴影下华丽转身。而在日本政府的文化政策中，教育是一个特别受到重视的强国因子。日本前首相吉田茂曾著有《激荡的百年史》一书，在书中他回顾了自日本明治维新之后100多年的发展历程，特别提到了教育对日本崛起和成为现代化国家的独特意义。教育在现代化中发挥了主要作用，这大概可以说是日本现代化的最大特点。另一位日本前首相福田赳夫对教育对日本的化成之功给出了异曲同工的评价：振兴国家、担负国家重任的是人，民族的繁荣与衰退也是这样，资源小国的我国，经历诸多考验，得以在短期内建成今日之日本，其原因在于国民教育普及的高度。

从明治时期开始，教育就被作为一种文明开化的手段，实施着对国民进行文化启蒙的重任。教育家福泽谕吉曾指明教育与一个国家独立与尊严的密切关系："一国之独立，基于一身之独立，一身之独立乃学问为急务。"1871年7月文部省的增设，意味着教育纳入了中央政府的统一领导。1872年，日本的第一个教育改革法《学制》颁布并正式实施。之后，一系列的配套教育法规陆续颁布，如《小学校令》《中学校令》《帝国大学令》《师范学校令》《诸学校通则》等，使日本早期的教育体系迅速得到完善。同时，全国被划分为5万个初等学区，以每个学区一所初等学校的标准进行配置，并要求做到"邑无不学之户，家无不学之人"。② 政府政策的强力推行，使日本的初等教育迅速得到普及，日本义务教育就学率从1882年的50%左右，很快攀升到1905年的90%，到1920年更达到了99%。张钰博士研究后认为："明治早期的一系列教育法规，对于日本建立亚洲最早、最为完善的初等、中等、高等教育制度框架发挥了重要的保障作用，并使日本成为亚洲最早推行6

---

① 顾明远：《民族文化传统与教育现代化》，第117页。
② 万锋：《日本近代史》，中国社会科学院1981年版，第101页。

年制义务教育的国家，儿童就学率水平甚至超过了发达的西欧国家。"①同时，高度重视教育的应用对国家经济民生的应用价值，发展实业教育，并使初等、中等、高等教育与实业教育互为衔接、配套。1886年颁布的《帝国大学令》特别体现了大学服务于国家需要的宗旨："应国家之需要，教授学术理论和应用，并以深入钻研为目的，兼注意陶冶人格及培养国家主义思想。"以东京大学为例，在刚创办的1877年，其设立的学科明显可看作当时高等教育的实用倾向，分别为理学、化学、法学、医学、数理学五个学科。

"二战"后日本从战争废墟中迅猛崛起，解密其中奥秘，同样可以归结为教育。从人力资本的角度，人是最有活力也是最有潜力的经济增长因素。"二战"中，日本虽然遭受战火侵袭，物质资产几乎损失殆尽，但得益于明治维新以来一直到战前所形成的完备教育体系和受到较高水平教育的国民，日本很快可以重新组织起一个系统的国民经济与文化的生产序列。同时，他们充分意识到教育对于国家利益与安全的引导与保障作用，把发展教育当成重要的"治国之道"，对教育对于国家安全的作用寄予厚望，始终投入大力气发展教育，使教育的发展优先于经济的发展。日本教育家曾坦言对于教育的期许："要使日本复兴，除教育以外别无他途。我们由于进行战争而使国家荒芜，没有任何东西可以留给子孙后代，可是至少希望他们受到卓越的教育。"②

美国哈佛大学教授埃兹拉·沃格尔曾说："日本人对教育的热心程度，决不次于政府对国民生产总值所表现出来的关注。"③ 正是因为日本从政府上下到民间个人对教育的充分重视和理解，1947年，日本制定了《教育基本法》和《学校教育法》，并根据新的法规，将义务教育的年限从六年延长到九年。而当时的日本，还没有完全从战火中走出，经济一片凋敝，而就是在这样的窘境中，日本政府却决然对教育投入巨大的款项，并规定接受九年义务教育的覆盖对象不仅是正常儿童，而且包括盲、聋、痴呆等残疾儿童。这不能不说体现了日本政府的巨大勇气

---

① 张钰：《日本：教育对日本现代化起了主要作用》，《教育发展研究》2003年第2期。
② 刘予苇：《日本经济发展三十五年》，商务印书馆1982年，第56页。
③ ［美］埃兹拉·沃格尔：《日本名列第一》，谷英等译，世界知识出版社1980年版，第158页。

和远见卓识。日本底层民众生活困苦，甚至有的可以用衣不遮体、食不果腹来形容，但他们却配合政府号召，将孩子送去就读，为自己的孩子也为国家的未来存储实力和梦想。

回顾日本"二战"后的经济起飞历程，我们可以看到日本教育整体水平的提升与经济起飞几乎同步。可以说，正是教育，使日本从人才源头上保证了经济起飞所必备的坚实基础。

从明治时期开始，日本在教育中便注意贯彻"国家意识"，把教育与国家文化利益、战略利益的实现紧密相连。主张教育以国家为"体"的人，首推日本近代首任文部大臣森有礼。1889年，森有礼在文部省主持的校长会议上说，设立政府或文部省以负责学政、借国家国库之资力维持学校，都毕竟是为了国家，因此学政的目的也必须专为国家。如果问帝国大学的教务是为了学问还是为了国家，则必须以国家为最优先、最重要。① 高等教育在其思想影响下也把"为国家"的教育目的写入法律，这尤其体现在1886年颁布的《帝国大学令》中："帝国大学以教授国家须要之学术技艺、考究其蕴奥为目的。"

森有礼国体主义的教育思想不仅在其当政期间确立了日本的国家主义教育，而且在日本的"皇国"统治体制下得到加强与延续。森有礼主张教育既要培养读、写、算的能力和健康的体魄，又要培养臣民的"忠良"性格。1924年日本文政审议会进一步要求中学教育的宗旨与国民教育挂钩，并提出对修身、日语、历史、地理等课程的要求：对于修身的要求是要比以往更加明确我建国之体制与国体之本；对于日语的要求是要比以往增加以资涵养国民性的讲读材料；对历史的要求是要修改历史教学顺序，低年级从国史为背景的东洋史开始，并进入西洋史，高年级讲授国史，以日本文化史终结；对地理的要求是使学生知晓本邦在世界中之地位，以资促进国民性自觉。在高等教育中，国民精神的宣扬同样得到强调。如1937年，文部省授意各个直辖学校讲授日本文化讲义纲要，同时在东京帝国大学、京都帝国大学等多个大学展开关于国体和国民精神的讲座。②

---

① [日] 永井道雄：《近代化与教育》，王振宇、张葆春译，吉林人民出版社1984年版，第95页。
② 臧佩红：《日本近现代教育史》，世界知识出版社2010年版，第171页。

"二战"后，日本由于战败，包括教育体制在内的国家政治文化体制被美国改造，在美国主导下修订而成的《教育基本法》规定了日本战后教育的基本理念，删除了与军国主义信念相关的教育信念，确定了"个性"原则，也稀释了日本教育原有的忠君、爱国的国家主义信念。日本虽然在表面上依从《教育基本法》，但在实际执行中，关于国家意识和传统文化的教育内容却顽强地存活了下来，并从20世纪50年代开始逐渐得到越来越多人的认同。1958年，文部省颁布了《中小学"道德"实施纲要》，特别列举了小学道德的四个目标之一是：作为日本人自觉地爱国，致力于国际社会之一员的日本的发展；中学则应该作为国民，对国土及同胞怀有亲切感、敬爱传统文化是自然之情。六七十年代，日本道德教育中对爱国心、国民文化自觉和利用日本传统文化的思想进一步得到强化。在高等教育领域，1963年由日本中央教育审议会发表了《关于大学教育的改善》，认为大学的目的、使命与国家社会的要求之关系越来越密切。

1986年，日本的临时教育审议会在咨询报告中提出，教育应该"努力维持并继承人类文化与日本文化的优秀遗产与传统"。90年代，多个政客与自民党均积极推动对《教育基本法》的修订，希望改变原法案中把个人完善放在国家需要之前的教育目的，实现以国家为先、为上的教育目的。而在全球化进程中，日本教育也与时俱进，把国际化与日本人的文化自觉意识的培养放在同等重要的位置，以实现日本人在文化自觉中对国家的热爱与责任。2003年，日本中央教育审议会发表了《关于适应新时代的〈教育基本法〉和〈教育振兴基本计划〉》的报告，认为日本在新世纪的教育的目标发展之一是"培养以日本传统文化为基础的、生存于国际社会的富有教养的日本人"，尤其强调在全球化进程中，"作为日本人的自觉意识，对乡土和国家的热爱以及自豪感，这些是非常重要的"。[①] 可以看出，日本对于教育，始终放在一种国家安全与利益的视野中加以审视。

---

① 田慧生、[日]田中耕治：《21世纪的日本教育改革——中日学者的观点》，教育科学出版社2009年版，第325页。

第三节　印度维护国家文化安全的策略

印度开国总理尼赫鲁曾这样赞美印度:"如果我们遍视全世界,要想找出一个国家最富裕地享有大自然所能赐与的一切财富、权势和美景——有些部分简直是地球上的天堂——那我就要指出印度。如果有人问我在那一部分天空之下,人类心智最丰富地发展了它的某些优秀的天赋,对于人生最重大的问题思考最深,并获得这些问题的一些解答,而且这些问题是值得那些即使研究过柏拉图及康德的人们的注意的,那我要指出印度。"① 尼赫鲁的赞美除了对祖国的深情,也建立在印度拥有的优越自然地理条件和久远光辉的历史文化上。印度地处南亚大陆,土地富饶肥沃,是世界第二大人口大国和世界上第二大发展中国家,与中国相似。另外,印度与中国一样,是世界四大文明古国之一。古印度在宗教、哲学、文化、艺术、道德、法律等方面高度发展,不仅滋养了本土民众,还远播于中国、日本等亚洲国家,并在文艺复兴时期使欧洲国家大为惊艳。虽然印度有过一段长时间被英国殖民的历史,但作为一个历史上曾经的南亚文化古国、文化强国,印度独立后,恢复大国昔日荣耀,成为一个世界上有分量和影响力的新兴独立国家,是印度孜孜以求的国家梦想。尼赫鲁这段广为人知的话语很好表明了印度的大国意向:"印度……是不能在世界上扮演二等角色的。要么做一个有声有色的大国,要么就销声匿迹。"② 在著作《大棋局》中,美国前总统安全事务顾问布热津斯基列出了六个世界地缘战略国家,印度与美国、法国、德国、俄罗斯、中国一起,位列其中。③ 因此,印度对国家文化安全的打造,与其成为一个当代"有声有色的大国"的意向息息相关。

---

① [印度] 贾瓦哈拉尔·尼赫鲁:《印度的发现》,齐文译,世界知识出版社1956年版,第100页。
② [印度] 贾瓦哈拉尔·尼赫鲁:《印度的发现》,第57页。
③ [美] 布热津斯基:《大棋局:美国的首要地位及其地缘战略》,中国国际问题研究所译,上海人民出版社1988年版,第54页。

一、以教育独立与发展为"大国"梦想铺路

从1757年的普拉西战役为印度沦陷的起点,到1947年印度宣布独立,印度被英国殖民的时间接近200年。英国在印度殖民期间,深入到了印度各个层面教育体系的改造,最初是为进入印度的东印度公司等企业服务,培养一批了解印度情况、方便英国和印度交流的技术人才。1823年,在印度的英国殖民当局公共教育委员会主席麦考利明确指出殖民教育的目的是:努力造就出英国人和他们所统治的千百万本地人之间的一个媒介阶层,他们具有印度的肤色和血统,但有英国人的情趣、见解、道德和才智。因此,早期,英国在印度的教育目标也相对狭隘,1835年,英国在印度的总督本廷克宣称:"英国政府的伟大目标是在印度本地人中提倡欧洲文化和科学,拨给教育的专项款只用于英语教育。"[1] 随着英国在印度殖民的深入,对适用的印度人才的需求不断增加,要求也更为多样复杂,英国开始着力全面介入印度的教育体系。1854年,《伍德教育急件》的颁布具有标志性意义,"它奠定了英属印度教育制度发展的基础,被称为'印度教育大宪章'"[2]。《伍德教育急件》仿照英国现代教育模式,对印度传统的教育模式进行改造,并对学校的教育体制、管理方式、教育教学结构等做出了细致的规划和安排,使印度形成了从小学到高中的完整教育体制,并自此后得到了快速的发展。另外,1857年加尔各答大学创立后,印度的高等院校纷纷向其模式看齐,即在大学的运营模式、办学体制、教学内容上模仿伦敦大学,促进了古老、守旧的传统教育模式向现代大学教育模式的转型。马克思曾评价过殖民者对殖民地文化起到的双重作用:"英国在印度要完成双重的使命:一个是破坏的使命,即消灭旧的亚洲式的社会;另一个是重建的使命,即在亚洲为西方式的社会奠定物质基础。"[3] 值得注意的是,殖民者虽然在客观上把印度拉入了现代化的世界,促进了印度政

---

[1] Frieda Hauswirth Das, *The Status of India Women*, Kegan Paul, 2003, p. 55.
[2] Basu Aparna, *Essays in the History of India Education*, New Delhi: Concept Publishing Company, 1982, p. 71.
[3] 《马克思恩格斯文集》(第2卷),人民出版社2009年版,第686页。

治文化的现代转型，但是印度的这种被动纳入，始终是服务于英国殖民者攫取利益的最大化。也就是说，即使印度的本土教育一定程度上受惠于殖民者所带来的现代教育体系，但是这套体系培养的人才却不是为本国的国家利益和民族富强服务的，整个印度的教育目标、方向受到他国钳制，是不独立不自由的。

自1947年独立建国伊始，印度摆脱了英国殖民统治，就努力以一种独立自主的面貌出现在世人面前，并力求恢复昔日的大国荣光。印度独立建国之初的"不结盟"运动的宗旨是不结盟、非集团，反映了在当时美苏两个超级大国对峙的背景下，印度力求以独立自主面貌超脱于两个集团之外，以便左右逢源、最大限度地保证国家自身安全和争取国家利益实现的战略思想。国家独立、大国梦想的构筑前提就是文化和教育上的独立与自强发展。尼赫鲁反思以往的殖民教育体制后认为："教育的整个基础必须进行一次革命。现在的教育制度或许曾适应以往的形势；但在现在的情况下，继续这种制度，只会对国家有妨碍了。"① 其实早在印度独立建国之前，印度一些爱国的知识分子就已经开始反思殖民教育体系的弊端，认识到建立民族教育的重要性。其中，有三个代表性人物不得不提。罗姆·莫罕·罗易是印度近代教育的开拓者，他在1817年建立了第一所兼施西方教育和印度教育的学院——印度学院，标志着印度民族教育的开端；提拉克是印度民族运动的领导人，被称为"印度革命之父"，他为英式学校和教会学校培养出的许多学生对印度历史和文化漠然的态度痛心，认为这些学校破坏了印度固有的文化传统与未来发展，呼吁通过民族学校的建立来加强学生的传统文化和爱国主义教育；"圣雄"甘地——印度民族独立运动领导人，同样提出弘扬民族文化，注重民族教育的口号。1905年印度民族教育委员会成立和1906年促进技术教育协会的成立，标志着印度有组织的民族教育运动的展开。虽然由于殖民当局随后命令所有学校和机构不允许录用民族学校的毕业生，使民族教育运动受到打压而在几年后衰落，但是，印度民族教育委员会提出的宣告成立一个区别于殖民教育体系的、具有民族特色的独立而完备的教育体系的呼声一经喊出，便再也难以彻底消除，成

---

① 转引自赵中建：《战后印度教育研究》，江西教育出版社1992年版，第58页。

为印度争取国家独立、教育独立的先声。① 独立后，印度把教育的先行发展作为事关国家前途、命运的战略性步骤，"教育你的主人"口号的喊出表现了印度人民当家做主的喜悦和用教育来实现自己国家民族命运的迫切心情。由于殖民教育时期，殖民者建立的教育体系针对的是印度的中上阶层，以培养适用的管理人和代理人，而漠视对底层民众的教育，印度建国伊始，文盲有3亿多人，占全国人数的84%。为了改变这一现状，印度的第一个五年计划（1951—1955年）就提出尽快实施8年制学校教育；教育领域近几年最重要的发展计划，是国家把基础教育作为6～14岁儿童的教育模式；所有各邦，不论条件是否许可，都要开办8年制基础学校以代替5年制小学。虽然由于历史条件的不成熟，实现目标的时间一推再推，但是不可否认的是，印度政府对教育问题的重视及其背后一份沉甸甸的国家责任感。而印度宪法中也特别有针对教育的条款，成为印度独立后制定各项教育政策的纲领性文件。

1964年，印度政府设立了教育委员会，目的在于专门考察教育问题，并就国家教育形式和各级各类学校发展给国家提供政策性的建议与对策。1966年，在历经两年时间的全国考察和大量的研究工作后，教育委员会拿出了名为《教育和国家发展》的四卷本报告，认为：印度的命运正在教室中形成……在一个以科学和技术为基础的世界中，是教育决定着人民的幸福、福利和安全。而针对印度教育在独立后的改革采用的是一种零碎的和不系统的手法，教育委员会特别提出印度教育需要一种革命性的重建，因为"教育是国家发展的最强大工具，教育的重建与国家的重建密切相关"。② 1968年颁布的《国家教育政策》是对之前教育委员会建议的一种呼应，认为重建教育"对国家的经济和文化发展、对国家的一体化及实现社会主义类型的社会的理想，都是必不可少的。重建教育将包括：改革教育制度，使其同人民的生活更加密切地相关起来；继续努力扩大教育机会；持续地大力提高各级教育质量；重视发展科学技术；培养道德观和社会价值观念"③。1985年，印度教育部主导的一场与教育政策制定相关的教育辩论和一份由时任教育部部长

---

① 杨捷：《外国教育史》，河南大学出版社2010年版，第277～278页。
② 赵中建等：《印度、埃及、巴西教育改革》，人民教育出版社1990年版，第292页。
③ 赵中建等：《印度、埃及、巴西教育改革》，第330页。

帕特提交的报告《教育的挑战——政策透视》拉开了印度20世纪80年代教育改革的序幕。随后的1986年,《国家教育政策》的通过成为当时印度教育改革的指导性文件,认为"教育是一种独特的投资",并希望"通过教育达到兴邦",追求优质的教育和实现教育机会均等是其最大的时代使命。

21世纪初,经过独立后几十年的建设,尤其是20世纪末期印度经济的高速增长,印度的经济实力不可小觑。据世界银行估测,在2020年前后,按照购买力计算的话,印度有希望成为世界第四大经济体。印度初步显示出大国风貌,大国梦想进一步被激发。2000年,时任印度总理瓦杰帕伊提出印度要成为"知识大国"的构想。2002年《印度2020年展望》发表,尤其引人注目的是印度的文化雄心:把印度建设成为面向全球服务的教育中心、研发中心、信息技术服务中心等。辛格政府上台后,把印度建设成为经济大国的提法进一步强化;与此呼应的是,2006年发表的印度第十一个五年计划中,教育作为发展战略的一个重点被强调提及。可见,教育在国家文化安全中的战略性地位在独立后一直深刻地被印度各届政府认知和履行,成为印度大国梦想起飞的重要一环。

二、打造精英型高等教育,占据文化领先优势

独立后,印度教育获得了很大发展。印度的教育政策和发展重点与其他大部分国家迥然不同,有着自己鲜明的独特性,那就是在政策上对高等教育和精英教育倾斜,力求通过这种独特的高等教育发展模式取得在国际文化科技领域的领先优势。美国教育学家阿尔特巴赫对印度的高等教育发展曾评价说:"印度独立后高等教育的特征是增长速度"[1]。的确,印度在独立后高等教育的发展速度是惊人的,不论是学校数量还是学生人数都呈现出跨越式的增长态势,与发达国家相比都毫不逊色。从数据上看,独立前印度有20所大学、496所综合教育学院和38所技术

---

[1] [美]巴巴拉·伯恩等:《九国高等教育》,上海师范大学外国教育研究室译,上海人民出版社1973年版,第298页。

教育学院,在校学生人数为21.5万人①;2003年前,印度的大学数量增加到259所,其中有16所中央直属大学、27所农业大学、10所医科大学等,在校学生人数达到741.8万人。② 从增长速度上看,60年代增长速度尤为惊人,1960—1970年,高校数量翻了一番。在校学生人数从1953年到1985年,年平均增长率为9.2%;在增长高峰的1955—1971年,年平均增长率竟高达13.4%。③ 高等教育高速发展的背后是政府在财政上对高等教育的严重倾斜。下面一组数据是印度中央政府对高等教育的拨款占全部教育拨款的比例:"一五"期间为9%,"二五"期间为18%,"三五"期间为15%,"四五"期间为24%,"五五"期间为25%,"六五"期间为22%,"七五"期间为16%,"八五"期间为8%,"九五"期间为12%。④ 从数据上可以看出,在前三个五年计划中,印度对于高等教育的拨款比例还是比较正常的,也符合当时独立初期印度的教育发展设想,即以圣雄甘地的基础教育计划为发展原则,旨在减少文盲,使各级教育能得到一个较为均衡的发展。同时,印度作为一个"大国"早日雄起于世界舞台的国家梦想已经萌发。作为印度国大党领袖,也是印度第一任总理的尼赫鲁认为印度要成为一个真正独立的国家,实现民族的崛起,必须构建起自己国家完备、自足的工业体系,才能实现国家在科学技术和经济方面的独立自强,彻底摆脱贫困和被西方世界奴役、压迫的不公正命运。因此,走工业化道路,尤其是发展重工业和基础工业,成为印度实现"大国"梦想的起步。印度建国之初实行的工业发展战略,特别需要大批的专业性技术人才,而印度当时这方面的人才奇缺。尼赫鲁为此指出:"印度要想获得真正的自由和独立,就必须依靠人才,发展高新技术。"因此,印度政府把培育科技人才的希望放在了高等教育上,对高等教育一直采取积极发展的态度。在1958年的《科学政策决议》中,特别指出高等教育的任务是培养足够数量的高质量的科学技术人才,满足国家各方面建设的需要,并把他

---

① 张双鼓、薛克翘、张敏秋:《印度科技与教育发展》,人民教育出版社2003年版,第19页。
② 张双鼓、薛克翘、张敏秋:《印度科技与教育发展》,第147页。
③ 赵中建:《战后印度教育研究》,第143页。
④ 李云霞、汪继福:《印度高等教育跨越式发展的动因及影响》,《外国教育研究》2006年第11期。

们视为国家力量的重要组成部分。在政府文件中,也特别提到了教育对于科学的促进和培育作用:"科学是国家能力的重要组成部分,国家要培育、促进和支持包括生物、电子、能源、气象等各领域在内的教育发展和科学研究,要尊重知识,尊重人才在社会发展中的作用。"[1]

但是,印度作为一个发展中国家,教育资金有限,一方面大力发展高等教育,另一方面又要实现各级教育均衡发展的设想固然美好,但现实执行中却遭遇种种困难。高等教育与各级教育均衡发展之间由于有限的教育经费不可避免地产生了冲突。权衡之下,为了在高端科技文化方面取得突破,保证"大国"梦想的实现,印度政府采取了重点发展高等教育,打造高精尖学院、学科、学术人才的教育战略措施,而放弃了之前建立均衡的教育发展体系,尤其是把基础教育作为国民教育重点的做法。1966年,印度教育委员会的报告《教育和国家发展》具有风向标的意义,提出印度今后的高等教育领域要实现重点突破,创办一些真正具有国际水平的大学和高级研究中心。为了保证高等教育的高端突破取得成效,印度制定了一系列相关的法规为其保驾护航,如《国际大学法》(1951年)、《贾瓦哈拉尔·尼赫鲁大学法》(1966年)和《东北山区大学法》(1973年)等。自此,从第四个五年计划开始,印度政府的教育经费向高等教育领域全面倾斜。尤其值得一提的是印度高等教育中的精英教育。在印度现有的259所大学中,印度挑出少量大学重点打造,倾注巨额资金,在全球范围内聘请师资,在科学研究上紧跟世界前沿,为印度的国家安全与国家建设提供最优秀的技术与人才保障。这些重点大学包括中央直属的加尔各答大学、德里大学、孟买大学、班加罗尔印度科学学院和以美国麻省理工学院为模板建立的印度理工学院。经过多年打造发展,这一部分学院已成为印度高等教育的旗舰性院校,其培养的人才质量与学术水平甚至可以与世界一流大学相媲美。尤其是印度理工学院,更是代表了印度高等教育的最高水平,成为印度的名片与骄傲。而因为其始终坚持精英化的人才培养模式,多年来基本没有扩招,国内考生以考上印度理工学院为巨大的荣耀,同时考取印度理工学院的竞争堪称惨烈。一则由硅谷一位印度技术工人流出,现在成为美国

---

[1] J. B. G. Tilak, "Higher Education Reform in India", *Journal of Higher Education*, No. 1, 1999, p. 115.

许多理工学院毕业生聚会谈资的笑话,由此可见印度理工学院在印度考生中的地位及其门槛之高:一位麻省理工学院的教授在开学时看见班上有一位印度学生,问他为什么不去国内的印度理工学院上学而是来麻省就读,该学生无奈地回答,他来到这里是因为没能考上印度理工学院。① 如果联系到印度理工学院一直的榜样正是麻省理工学院,而后者一直是美国最好的常青藤盟校之一,是世界各地学子们的"学术圣地",这则笑话让我们在轻松之余不禁喟叹印度理工学院的成功。桑迪潘·德布这样形容印度理工学院的影响:印度理工学院校友的身影出现在总部设在美国的55强公司管理层中,华尔街投资银行的顶级团队中,世界银行、国际货币基金组织、美国宇航局以及任何人类探索知识边界的地方;在印度,印度理工学院的校友更是几乎占据着所有大型企业和知名公司的领导地位。他最后喟叹说:"印度理工的毕业生在商界、学术界及科研界的实力已经可以与大英帝国鼎盛时期的牛津与剑桥的毕业生媲美了。"②

印度以有限的教育资金,在分配上倾向于高等教育和精英教育的做法在世界上独树一帜,这和中国在抗日战争、解放战争中的兵法总结——"集中优势兵力,消灭敌人"有异曲同工之妙,即集中有限的教育资源,用到最能出成绩和效果的高等教育和国家安全利益需要的高精尖领域,服务于印度的大国崛起。正是以印度理工学院为首的印度精英型的高等教育,使印度收获甚丰,在短短几十年时间里,从一个落后的刚刚脱离殖民经历不久的第三世界国家,成长为一个建立起比较完备的科技和工业体系的新兴国家。印度不仅能实现国内许多基本工业和国民生活所需产品的自行建造,而且在软件工程、信息技术、空间技术、生物医药、化学等大批高端科技方面取得一席之地,比如印度已经可以自行研发和制造导弹、卫星等国防高科技设备,还是世界第二大软件出口强国。

---

① [印度]桑迪潘·德布:《印度理工学院的精英们》,黄永明译,北京大学出版社2010年版,第1页。

② [印度]桑迪潘·德布:《印度理工学院的精英们》,第3页。

三、保持文化与教育的民族特性

印度虽然拥有光辉灿烂的古代文化,但是如同所有遭受过异国侵略殖民的国家一样,在接受英国殖民统治的近 200 年时间里,印度固有的本土文明不但光明被遮掩,如同明珠蒙尘,而且在以"西方中心主义"为话语构建体系的殖民教育中,印度人民被迫接受的是奴化的教育。他们被教育和告诫说,应该向往和追随西方的思想和文化制度,因为其代表了人类发展的理想境界和最高水平;印度文化则是一片黑暗,仿佛是为了以自身衬托西方文化的"光明"和"高级"才有了作为背景存在的合理性。同时,殖民教育还指出殖民者是作为解救者来拯救落后和处在苦难中的印度人民。印度民族教育者认为这样的殖民教育不能使受教育者增强爱国心或者热爱祖国的自豪感。印度独立后,清理殖民话语体系,重新弘扬教育中的民族文化传统,塑造与构建印度人民的国家认同和文化认同,成为印度守护国家文化安全一件生死攸关的大事。

印度在教育中突出对传统文化和印度历史的弘扬,使人们在共同的历史文化中获得一种与己攸关的历史在场感。印度建国之初成立的教育委员会就强调,高等教育应提供促进现代社会发展的优秀的东西,诸如正义、自由、平等、博爱等,同时印度的文化遗产也不应被忽视。1986 年,作为印度教育纲领性文件的《国家教育政策》也特别指出,"不能因为全神贯注于现代技术而割裂我们的新一代同印度历史和文化根基的联系"[1]。约瑟夫·埃尔德曾对 1962—1963 年和 1970—1971 年勒克瑙的部分小学语文课本作内容分析,发现最经常出现的内容是近代印度为民族独立和自由做出贡献或者牺牲的著名历史人物的故事,其中有"国父"甘地领导印度为自由而战的斗争、在与英国人战争时不幸战死的占西女王等,还有部分内容涉及印度独立后的发展,如领导人尼赫鲁、国旗国歌国庆、水利工程、钢铁厂和一些反映印度现代化成就的事迹和图片,以激发学生的爱国热情。

另外,由于印度是一个信奉宗教的国家,通过宗教教育来黏合国民的文化认同也被政府部门所关注。在印度,宗教有着不可或缺的地位。

---

[1] 赵中建等:《印度、埃及、巴西教育改革》,第 215 页。

可以说，印度文明能够和中华文明一样，历经几千年的时间流逝而不衰竭，宗教在其中的作用可说是居功至伟。"文化的连续性是印度最主要的特征，而宗教又与印度文化，特别是古代和中世纪文化教育有不可分割的、十分密切的联系。"① 印度《宪法》第19条第一款规定："在服从公共秩序、道德和健康及别的与此相关的条款的条件下，所有的人都平等地享有自由和自由信仰、实践及传播宗教的权利。"

因此，虽然宪法规定公立学校应实施世俗教育，不得强迫学生进行宗教教育，但实际上，印度政府并不严苛地反对学校的宗教教育。印度建国之初的大学教育委员会甚至就大学阶段的宗教教育提出了形式上的建议，认为学校可以通过静思、学习伟大的领袖、学习普遍的人类品质、学习宗教哲学这四种方式进行宗教教育。他们认为印度这个多民族的国家，宗教教育可以促进民族间的理解与相互尊重，有利于消除宗教狂热的土壤，为印度文化的融合、发展做出贡献，避免出现不应有的宗教冲突和文化动荡。

---

① ［印度］高善必：《印度古代文化与文明史纲》，王树英等译，商务印书馆1998年版，第98页。

第六章 应对与策略：高等教育维护国家文化安全

习近平总书记指出："既重视传统安全，又重视非传统安全，构建集政治安全、国土安全、军事安全、经济安全、文化安全、社会安全、科技安全、信息安全、生态安全、资源安全、核安全等于一体的国家安全体系"[①]。高等教育对于维护国家文化安全、服务于大国崛起，负有义不容辞的责任。高等教育维护文化安全的路径是多方面、全方位的，既需要有理念上的顶层构建，也需要有政策层面的良好建设，而尤为重要的是在实践中的具体落实。

第一节 自觉与自信：高等教育维护文化安全的理念

文化自信是非常重要的方面，高等教育维护国家文化安全，必须具有应有的自信高度。习近平总书记告诉我们："我国成功走出了一条中国特色社会主义道路，实践证明我们的道路、理论体系、制度是成功的。要加强提炼和阐释，拓展对外传播平台和载体，把当代中国价值观念贯穿于国际交流和传播方方面面。"[②] 习近平总书记在全国高校思想政治工作会议上发表讲话指出：我国高等教育发展方向要同我国发展的现实目标和未来方向紧密联系在一起，为人民服务，为中国共产党治国理政服务，为巩固和发展中国特色社会主义制度服务，为改革开放和社

---

① 《习近平谈治国理政》，第201页。
② 《习近平谈治国理政》，第161页。

会主义现代化建设服务。① 正因为高等教育作为一面文化旗帜对于社会文化生活的深刻影响，在中国力求实现"文化复兴"和国家崛起的今天，当越来越多的人把知识分子的文化担当和对本民族的文化有一种"自觉""自信"意识联系在一起的时候，高等教育作为代表社会良心的精英知识分子的聚集地，为了维护国家的文化安全，应该在理念上首先树立起文化自信与文化自觉的大旗。

一、中国高等教育的文化自觉

1997年，在北京大学举办的第二届社会学人类学高级研讨班上，我国社会学家费孝通首先提出了"文化自觉"的命题。他认为，所谓"文化自觉只是指生活在一定文化中的人对其文化有'自知之明'，明白它的来历、形成过程、所具有的特色和它发展的趋向"②。费孝通"文化自觉"的概念在20世纪90年代的提出，几乎可以说是一种必然。实际上，它体现了中国知识分子对中国文化命运的忧患意识和给出的解决之道。这种忧患意识可追溯到自五四运动以来对中国传统文化遭遇外来文化冲击的反思和对中国未来文化命运的展望，而在20世纪末期，由于全球化大潮的兴起，这种对中国文化命运乃至对国家文化安全的忧患意识再一次被强烈地激发出来。费孝通先生的文化自觉既是他自己的"自觉"，也是当代大批中国知识分子共同的"自觉"，因为"文化自觉"概念一经提出，便得到众多学者的注意与共鸣，对其的探讨热潮延续至今。这一现象表明，中国知识分子在太过长久地眼睛向外的学习之后，重新把目光投向生之育之的土地，以寻求中国文化命运的答案。在文化自觉概念中，关涉到的一个关键词汇是"自觉"。所谓自觉，就是自己有所觉醒、觉察进而能够有意识、有目的地进行反省、反思。文化自觉其实就是一种对待本民族文化的文化心态，尤其在全球化背景下，了解和理解本民族文化的来龙去脉，才能更明晰自身文化的优缺点，从而为本国文化的发展、延续、自强、自立找到立根之本。习近

---

① 《人民日报》2016年12月9日。
② 费孝通：《反思·对话·文化自觉》，《北京大学学报》（哲学社会科学版）1997年第3期。

平总书记指出："在5000多年文明发展进程中，中华民族创造了博大精深的灿烂文化，要使中华民族最基本的文化基因与当代文化相适应、与现代社会相协调，以人们喜闻乐见、具有广泛参与性的方式推广开来，把跨越时空、超越国度、富有永恒魅力、具有当代价值的文化精神弘扬起来，把继承传统优秀文化又弘扬时代精神、立足本国又面向世界的当代中国文化创新成果传播出去。"[1] 这就是在自信基础上的文化自觉。"一个民族的觉醒，首先是文化上的觉醒；一个民族的力量，首先表现为文化上的力量。"[2] 联系我国自身情况来看，文化自觉对于当下有着特别的意义。虽然我国有悠久的历史文化，但是自鸦片战争起，我国的文化力量和文化形象却连同国力一起迅速地式微、衰败。中华人民共和国成立以来尤其是改革开放后，我国的经济总量乃至综合国力大幅增长，但在文化上，始终处在一个相对弱势的地位。而这种文化力量的弱势不仅使我国在遇到西方强势文化时常常难以招架，也使我国的文化安全和国家形象受到影响。当我们的国家富裕起来，伴随而来的是更多国外"妖魔化中国"和"中国威胁论"的声音；当中国人在国外旅游，被当成"走动的钱包"却难以获得足够尊重。雷吉斯·德布莱则提醒我们，文化与思想对于21世纪的重要意义，他认为："20世纪是一个重视自己在经济的过程中处于什么位置的时代。在21世纪，至关重要的将是自己处于什么样的文化中、信奉什么的宗教、说什么样的语言。"[3] 因此，经济上的崛起只是大国崛起的前提与前奏，文化的崛起才是大国崛起的应有之义。

高等教育的文化自觉在这里有着双重意思：一是对待"自觉"的对象——中国文化的传统及其命运走向有一种主动、自觉的认识意识，二是对"自觉"的主体——高等教育本身有一种自觉的意识。即明晰高等教育的文化职能、文化信念与文化责任，担起守护国家文化命运、维护国家文化安全的重任。

教育的文化自觉，首先是对高等教育作为一个天然文化机构的文化

---

[1] 《习近平谈治国理政》，第161页。
[2] 董学文：《树立文化自觉与自信的理念》，任仲文：《文化自信十八讲》，人民日报出版社2011年版，第8页。
[3] 唐·拉瓦依：《经济繁荣与文化底蕴》，《参考消息》2002年5月20日。

职能的自觉。高等教育的职能是指高等教育所应具备的职责和效能。"敬教劝学，建国之大本；兴贤育才，为政之先务"（《朱舜水集·劝兴》），从古到今、从中国到西方，高等教育自产生之日起，其最基本的职能是培育人才；柏林大学的诞生，使科学研究成为高等教育第二个无可争辩的职能；美国大学的崛起，尤其是威斯康星大学的成功，使高等教育的第三个职能——社会服务越来越得到人们的认可。由此，培育人才、科学研究、社会服务成为高等教育三个最基本的职能。2011年4月24日，胡锦涛同志在庆祝清华大学建校100周年大会上，提出了对高等教育的殷切希望，他在"四个大力"说中，把"大力推进文化传承创新"与"大力提升人才培养水平""大力增强科学研究能力""大力服务经济社会发展"并提[1]，指出了高等教育的第四个职能，即文化职能。

胡锦涛同志对高等教育四大职能的提出，特别是对文化职能的强调，可以说是对于高等教育从诞生之日起，便作为一个文化机构的本质上的回归。在这里，高等教育的文化职能是"传承与创新"文化，可以说是一种狭义上的理解。从广义上说，因为高等教育作为一个文化机构的天然存在，其基本的职能就是文化职能，而这个文化职能不仅体现在"传承与创新文化"上，还充分地涵盖了高等教育育人、科研和社会服务的三大职能。

从文化自觉的角度看，高等教育的科研职能和社会服务职能与国家的文化命运、文化安全息息相关。高等教育的科研职能所体现的文化功能是，科学研究往往是先进文化和先进生产力的集中体现，特别能体现和打造一个国家的文化软实力优势，通过科学研究，高等教育才能把握和占据先进文化的前沿阵地，始终成为国家的"文化高地"；高等教育的社会服务职能所体现的文化功能是，高等教育作为国家思想和文化的"高地"与策源地，应该始终代表着社会文化发展的先进方向，对社会起到一种广泛而深远的影响和引领作用。

这里尤其要着重指出的，是高等教育的育人职能。人，永远是文化的主体，是文化的创造者、继承者和选择者。高等教育通过知识传递和

---

[1] 胡锦涛：《在庆祝清华大学建校100周年大会上的讲话》，http：//www.gov.cn/ldhd/2011-04/24/content_1851436.htm。

人格培养，为国家培养大批未来的建设者。大学生作为国家教育序列上最高一级的被教育者，不仅是国家未来建设和发展最需要倚仗的栋梁之材，其中一部分还将成为这个国家未来的领导阶层，决定国家的发展方向与文化命运。然而，过去我国高等教育在培养学生的问题上，是重"器"轻"道"。也就是说，在培养人才的定位上，只注重向学生灌输必要的知识与技能，追求一种工具式的"好用""顺手"，之前对"螺丝钉"式人才培养的口号就反映了这种工具性视野。工具性视野不仅助长了实际教育中的"重理轻文"的不良风气和人文精神的失落，更重要的是这种注重实际技能而轻视人的心灵的培育方式，在多元化的社会现实下，使学生难以有足够的人文底蕴和文化价值观念对美丑真伪做出判断，人云亦云，东摇西摆。同时，对祖国文化了解的浅尝辄止也使他们难以获得一种在全球化大潮卷席之下必要的"寻根"意识，缺乏必要的文化判断和文化反思意识。因此从文化自觉的角度来看，高等教育所培育的学生不仅是应用型的通晓数理化和现代知识的专才，还应该是有清晰的文化责任意识和文化担当勇气的人才。只有这样的人才，才会在对祖国深刻的理解和热爱中，在学成一身本领后把自己的命运汇入祖国的命运，少抱怨，多实干，对不完美的祖国不离不弃，更不会以一种精英的姿态在国外谋求高薪厚禄后，对祖国冷眼旁观或冷嘲热讽。

作为社会主义中国的文化重地，中国高等教育的文化自觉还体现在文化信念上的自觉。所谓文化信念，指的是一个国家或民族经过历史的发展、选择而形成的具有恒久价值的意识形态、价值观念等因素的总和，以及人们对其的信念。对于当代中国来说，文化信念就是人们对以社会主义核心价值观为代表的主流意识形态体系和优良的传统价值观的坚持与崇尚。

一个国家文化上最为精髓的部分往往体现在它的价值观，尤其是核心价值观上。在任何一个社会，多数时代里，由于文化的复杂与繁多，在价值理念上往往不是单一的，而是多元共生。虽然文化和价值观念很多时候呈现出一种众声喧哗、百家争鸣的景象，但在某个时代中，社会上总会有一种主流价值观，代表着阶级社会中统治阶级的思想倾向性。例如，自我国汉代"罢黜百家"后，儒家文化成为此后我国封建社会的正统思想；美国建国后，以清教为基础的盎格鲁—新教文化，是美国政府一直强调的"美国精神"，美国政府并以此凝聚人心，打造"美国梦"；日本和韩国一方面在迎接着欧风美雨的文化，另一方面仍坚守结合了儒家文化而形成的本国文化传统，形塑坚不可摧的民族意识。

一个社会中核心价值观的形成并不是偶然的，有时候它是统治阶级选择的一种呈现。但是，某个国家中一种核心价值观念能长期盛行并深入人心，说明了"一种具有先进性和号召力的核心价值观念，是广泛包容与集中表达的结果，是对优秀文化遗产和人类文化智慧进行反复提炼的结果"①。在我国，社会主义核心价值体系是中国在中国共产党领导下，经过几代人的摸索，结合中国革命传统和当代中国，提炼出来的当代中国具有代表意义的价值体系，是马克思主义思想在当代中国的最新理论成果。在党的十八大报告中，胡锦涛同志在谈及社会主义核心价值体系时，特别谈到了三个"倡导"，即倡导富强、民主、文明、和谐，倡导自由、平等、公正、法治，倡导爱国、敬业、诚信、友善，积极培育和践行社会主义核心价值观。从形式上说，这三个倡导其实是从不同的层面对社会主义核心价值观的概括。第一个层面是国家层面，即富强、民主、文明、和谐，目标是建立一个富强、民主、文明的社会主义中国，这是我国很多年里的一贯提法，"和谐"的加入无疑是吸收了建设"和谐"社会的理论成果；第二个层面是社会层面，即实现自由、平等、公正、法治的社会风貌；第三个层面是个人层面，即社会主义的公民应具备爱国、敬业、诚信、友善的品质。

从内容上看，社会主义核心价值体系倡导的价值观既有全世界所普遍推崇和公认的一些内容，如民主、自由、平等、公正、爱国、诚信等，也有我国从一个积贫积弱的国家逐渐奋起的国家渴望，如富强、文明等；同时，社会主义核心价值也与我国传统文化中的一些优秀价值相通，如和谐、诚信、友善等，体现了社会主义核心价值体系植根于优秀传统文化、体现民族特性的特点。

教育从来不是无涉价值的，也不是超越阶级的。相反，教育具有极强的意识形态性和价值附带性和阶层性。因为教育与文化的紧密关系，作为社会主义重要的文化机构和育人机构，中国高等教育采取什么样的文化信念，将直接关涉到高等教育为谁培养人才和培养什么样的人才这

---

① 花建等著：《文化软实力：全球化背景下的强国之道》，上海人民出版社2013年版，第127页。

一重大现实指向问题。中国高等教育在文化信念上的自觉，就是要坚持社会主义的办学方向，坚持和崇尚社会主义核心价值体系和优秀民族文化传统，把对这一文化信念的坚持落到实处，具体贯彻到高等教育日常的教育教学当中去。

另外，高等教育作为一个文化机构，其在履行文化职能上有其他社会机构和组织难以匹敌的优势，相应地对国家的整体文化命运和前途也有着其他社会机构和组织难以比拟的影响。正因如此，高等教育更应该对自己的文化责任有足够的自觉。高等教育在文化责任上的自觉，概括说来，就是对文化育人，培养中国合格的社会主义接班人的责任有所自觉；对潜心科研，打造中国在前沿科技与文化领域的软实力的责任有所自觉；对社会服务，以先进的文化导引社会民心、文化思潮的责任有所自觉；对文化传承、文化创新的责任有所自觉。尤其在中国渴望实现伟大复兴和崛起的历史关头，中国高等教育必须有所作为，为国家输送源源不断的人才和思想动力，维护国家文化安全。

二、中国高等教育的文化自信

所谓文化自信，指的是"一个国家、一个民族、一个政党对自身文化价值的充分肯定，对自身文化生命力的坚定信念"[①]。文化自信，对于当今中国，尤为需要也弥足珍贵。这是因为近代中国积贫积弱，洋枪洋炮在打破了中国"中央之国"的天朝旧梦的同时，也逐渐磨灭了许多国人在文化上的自信。当"师夷长技以制夷""中体西用"等措施难以挽救大清朝一朝崩塌的历史宿命，当五四运动中"打倒孔家店"口号一遍遍响起，人们对本国文化的怀疑与否定在历史的时代洪流中随波起伏，传统文化似乎被当作中国难以成为一个现代性国家的罪魁祸首。中华人民共和国成立后，文化建设上也有过号召"百花齐放"的短暂春天，但中国的新文化建设成果还没有巩固，"文革"的"十年革命"使中国以一种极端行为在"革了传统文化的命"的同时，也使自身的文化陷入混乱。纵观中国自鸦片战争以来文化上的历史乱局，对传统文化的过分征讨是一个很大原因。在面临着外来文化的强势挤压和国

---

① 仲呈祥：《文化自信的力量》，任仲文：《文化自信十八讲》，第3页。

家救亡图存的压力下,对传统文化的矫枉过正,使得对传统文化的审视逐渐演变为对传统文化的质疑、否定、颠覆,由此产生了对本土文化自卑、自贬的集体情绪。

但是,绝不是所有中国人都没有了文化自信。早在 70 多年之前,鲁迅就以《中国人失掉自信力了吗》一文发问,并给出了答案:"我们从古以来,就有埋头苦干的人,有拼命硬干的人,有为民请命的人,有舍身求法的人,……这一类的人们,就是现在也何尝少呢?他们有确信,不自欺;他们在前仆后继的战斗……说中国人失掉了自信力,用以指一部分人则可,倘若加于全体,那简直是诬蔑。"① 鲁迅把这些存在着自信力的人们称为"中国的脊梁"。同样,在今天,作为培养国家未来栋梁之材的育人机构、培养先进科技文化的科研机构,以及担负着传承、创新、引领文化责任的文化机构,中国高等教育应该也必须保持着对本国文化的文化自信。这种自信绝不是闭目塞听、夜郎自大似的空穴来风、白日做梦,而是有着历史与现实的坚实根基。

中国高等教育的文化自信,建立在中华文化五千年文明的历史滋养上。中国高等教育的现代形式虽是从西方移植过来,但是一旦其在中国落地生根,就必定受到中华文化的形塑,而中华五千年文明就成为其取之不尽、用之不竭的精神营养。作为世界四大古代文明之一的中华文明,是世界上唯一绵延至今的文明。仅凭这点,就能看出中华文明顽强的生命力。中华文明五千年的历史长河,跳跃着数不尽数的文化火花。

有一件事情可以从侧面反映出中华文明的繁复多样、博大精深。奥运会开幕式往往是举办国呈现本国文化精髓、打造文化形象很好的舞台。与某些小国担心本国的文化资源少不同,在北京 2008 年奥运会开幕式的准备上,总导演张艺谋发愁的是,怎样在有限的开幕式文艺表演时间内,最大限度地向世人展现中国文化的精髓和代表性文化形式。因为中国的文化太丰富了,能够作为典型和象征性符号的文化形式实在太多。从我国文化部发布的非物质遗产名录和国家历史文化名城的数量上,可对我国的文化资源"窥斑见豹"。从 2006 年起,国务院授权文化部共发布了三批非物质遗产名录,第一批 518 项,包括白蛇传传说、

---

① 鲁迅:《中国文与中国人:鲁迅杂文精选》,黄渊编选,中国人民大学出版社 1992 年版,第 52~53 页。

阿诗玛、苏州评弹、凤阳花鼓等；第二批510项，包括陕北民歌、孟姜女和七仙女的传说、梁山竹帘等；第三批349项，包括瑶族刺绣、苗画、赛龙舟、口技等。截至2010年，国务院颁布的国家历史文化名城的数量达到了112个。① 除了这些民间的文化习俗，中华文化尤其在哲学、文学等领域与思想、理念、价值观相连的文化成果更是浸润着中国人的心灵，成为人们生活中不自知的行为规范与活动指南。习近平总书记指出："要系统梳理传统文化资源，让收藏在禁宫里的文物、陈列在广阔大地上的遗产、书写在古籍里的文字都活起来。要以理服人，以文服人，以德服人，提高对外文化交流水平，完善人文交流机制，创新人文交流方式，综合运用大众传播、群体传播、人际传播等多种方式展示中华文化魅力。"② 从哲学上看，儒家哲学、道家哲学、法家哲学、墨家哲学等，从文学上看，魏晋散文、唐代诗歌、宋元词曲、明清小说等，使人们常读常新，并融汇入人们的日常生活中。习近平总书记指出："我们生而为中国人，最根本的是我们有中国人的独特精神世界，有百姓日用而不觉的价值观。我们提倡的社会主义核心价值观，就充分体现了对中华优秀传统文化的传承和升华。"③ 我们可理解为，这种状态就像盐溶于水，不可见却实实在在地当下发生着。而正是中国文化以其本身的魅力，使生活在华夏土地上的人们相亲相近，从古代开始便形成了一个文化血缘上的共同体，因此有学者断言："在成为民族国家之前，中国首先是一个文明实体。"④

中华文化以其博大精深的魅力，其文化光芒辐射到了周边国家，至今亚洲周边国家仍被认为属于儒家文化圈的范围，尤其是日本、韩国、新加坡，其国家的核心价值观里都打上了中国儒家文化的烙印。不仅如此，不为许多人所知的是，古代中国不仅向西方出口茶叶、瓷器、丝绸，还向其出口思想和观念。辜鸿铭曾指出："值得奇怪的是，迄今为止一直没有人知道也估计不了这些法国哲学家的思想，究竟在多大程度上应归功于他们对耶稣会士带到欧洲的有关中国的典章制度所做的研

---

① 花建等著：《文化软实力：全球化背景下的强国之道》，第163、178页。
② 《习近平谈治国理政》，第161～162页。
③ 《习近平谈治国理政》，第171页。
④ [英]马丁·雅克：《当中国统治世界》，张莉、刘曲译，中信出版社2010年版，第165页。

究。现在无论何人,只要他不厌其烦地去阅读伏尔泰、狄德罗的作品,特别是孟德斯鸠《论法的精神》,就会认识到中国的典章制度的知识对他们起了多大的促进作用。"① 同样,如果我们认真地分析,可从存在主义的两位大师雅斯贝尔斯和海德格尔哲学论著的字里行间看见道家和禅宗思想的影子。美国汉学家德克·卜德曾中肯地评价:"中国对西方做出了很多贡献,这些贡献极大地影响了西方文明的发展。从公元前200年到公元1800年的这两千年间,中国给予西方的东西,超过她从西方所得到的东西。中国文化西传的结果,甚至完全改变了我们的生活方式,成为我们整个现代文明的基础。"②

在1988年,75位诺贝尔奖获得者在一次齐聚巴黎的会议上一致声明:"如果人类要在21世纪生存下去,必须回到2500年前,去吸取孔子的智慧。"③ 因此,正如学者甘阳所指出的:"在许多人看来,中国的巨大'文明'是中国建立现代'国家'的巨大包袱,这基本也是20世纪中国人的主流看法;但我们今天要强调的恰恰是,21世纪的中国人必须彻底破除20世纪形成的种种偏见,而不是要把20世纪的偏见继续带进21世纪。我以为,21世纪中国人必须树立的第一个新观念就是:中国的'历史文明'是中国'现代国家'的最大资源,而21世纪的中国能开创多大的格局,很大程度上就取决于中国人是否能自觉地把中国的'现代国家'置于中国源远流长的'历史文明'之源头活水之中。"④当我们把目光再一次投向中华历史文明,会由衷地感受到其历久弥新的珍贵,而这座精神富矿所包含的所有财富,成为生长于其上的中国高等教育最为可贵的精神源泉。

高等教育的文化自信建立在中华文化腾飞与复兴在望的历史基点上。在全球化和知识经济的背景下,高等教育从曾经的社会边缘越来越走向社会的中心。在中国大国崛起的历史语境里,克拉克·科尔的一段

---

① 辜鸿铭:《中国人的精神》,海南出版社1996年版,第175页。
② 转引自张骥、刘中民等:《文化与当代国际政治》,人民出版社2003年版,第397页。
③ 张济洲、孙天华:《美国大学校园里的"读经热"》,《世界教育信息》2006年第2期。
④ 甘阳:《从"民族—国家"走向"文明—国家"》,《21世纪经济报道》2003年12月29日。

话在今天听来振聋发聩:"每个国家,当其变得具有影响力时,都趋向于在其所处的世界上发展居领导地位的智力机构——希腊、意大利的城市、法国、西班牙、英国、德国,以及现在的美国都是如此。伟大的大学是在历史上伟大政治实体的伟大时期发展起来的。"① 克拉克·科尔在回顾世界历史时,之所以把一些在"伟大政治实体的伟大时期"发展起来的大学称为"伟大的"大学,是因为与一般的社会机构不同,大学提供给社会的是成百上千的人才和引领社会的思想,这些人才和思想常在许多国家重要的历史关头,像火花一样点燃了历史变革力量的麦垛,促使其成为燎原之势。可以说,在许多历史发展的关键时期,大学都走在了时代的前列,成为促进文化变革和社会变革的策源地、发动机。高等教育要始终成为社会先进文化的策源地、发动机,除了文化的自觉意识之外,文化自信必不可少。

历史证明,当一个国家相对贫困时,会把经济增长放在首位而忽略文化;当一个国家的经济达到一定规模时,会越来越看重文化的力量。约瑟夫·奈"文化软实力"的提出,正是对这种国家文化策略的总结和回应。当前我国已成为第二大经济大国,政府的工作重心已经从之前"一心一意"发展经济转移到经济、政治、生态、文化、社会等各方面的协调发展、齐头并进。我国经济总量上的增长也为我国的文化发展提供了必要的物质前提和准备。而我国"实现中华文化伟大复兴"口号的提出,成为上至政府、下至普通民众的时代呼声。可以说,我国正站在中华文化腾飞与复兴的历史基点上。

一方面,中华文化的腾飞与复兴体现在我们拥有生生不息的古老文化,和这些文化在当今时代焕发出新的生命力。我国的文化源流像一条大河,有着从古到今的主河道,同时也在不断汇入新的时代文化的溪流活水;又如同一颗大树,在文化主干上随着历史时代的前行不断地生发着新的文化枝丫,滋生出许多适应这个时代的新的文化内容、文化形式、文化成果。我们可看到,传统文化不再是人们在书里才能翻阅到的内容或者口口相传的传说,而是汇入了当下生活,实现了与现代社会合拍的现代性转化。胡锦涛同志"和谐社会"理念的提出便是我国古代

---

① [美]克拉克·科尔:《大学的功用》,陈学飞等译,江西教育出版社1993年版,第63页。

崇"和"尚"和"哲学思想在当代的成功转化；而"天人合一"的理念也在现代社会中被用于对生态环境的追求中、对房产家居的设计中、对养生美容的解释中。

另一方面，中华文化的腾飞与复兴体现在我国的文化重新有了对外传播与散布的底气和魄力。虽然国外对我国的文化印象还更多地停留在传统文化方面，比如对中国古代哲学的老子、孔子和传统诗词歌赋的感知，但不可否认，我国新近的文化成果也越来越多地被国外的人们喜欢和接受。就拿电视电影方面来说，以前国外追捧的中国电视剧、电影多为历史文化题材的，如《红楼梦》《西游记》《三国演义》《康熙大帝》等，现在现实题材的作品如《三峡好人》《白日焰火》等也陆续获得国外评委和观众的青睐，电视剧《媳妇的美好生活》甚至远赴非洲。而莫言在2011年打败村上春树等劲敌，获得诺贝尔文学奖，不仅实现了中国人长久以来的诺贝尔梦想，也成为中国当代文化传播的最好注脚。

三、构建高等教育新型文化安全观

文化自信与文化自觉的统一，是对我国高等教育新型文化观的概括性描述。正是因为其是文化自信与文化自觉的统一体，当前我国高等教育的新型文化观有如下原则要求：

第一，文化主权独立与文化开放并重。习近平总书记在党的十九大报告中指出："文化是一个国家、一个民族的灵魂。文化兴国运兴，文化强民族强。没有高度的文化自信，没有文化的繁荣兴盛，就没有中华民族伟大复兴。要坚持中国特色社会主义文化发展道路，激发全民族文化创新创造活力，建设社会主义文化强国。"[①] 1992 年，联合国教科文组织组建了"世界文化与发展委员会"，并发表了《文明的多样性与人类全面发展》。在该报告中，诗意般地提出了对文化全球化的看法："文化全球化的过程并非被一个国家所控制，既非美国，也非'西方'或'北方'，来自孟买、里约热内卢、瓦加杜古和首尔的文学、艺术与

---

① 习近平：《决胜全面建成小康社会 夺取新时代中国特色社会主义伟大胜利》，http://cpc.people.com.cn/n1/2017/1028/c64094-29613660.html。

音乐,与来自纽约、伦敦、利物浦和巴黎的艺术一样流行世界。"① 虽然这段话语在今天看来,由于强势文化霸权的存在,有点像一个美丽的梦呓,但是相信有朝一日,各种文化能够平等地展示自己的独特与美好,尤其对于具有五千年绵延生命力的中华文明来说,"与来自纽约、伦敦、利物浦和巴黎的艺术一样流行世界"的一天应该到来得更早。正是因为具有文化自信,我国高等教育更应该利用全球化的平台和高等教育国际化的国家战略,在文化开放中发展壮大自己;正是因为文化自觉,我国高等教育应该在审视自己文化责任的同时,注意对文化主权的保护。在高等教育开放中,机遇与挑战并存,我国的文化主权(在高等教育中主要以教育主权的形式体现)可能受到冲击。因此,我们需要本着文化主权独立与文化开放并重的原则要求,把握高等教育文化开放的底线,并采取必要的防范措施,保持我国的文化主权的独立、自由。

第二,文化传承与文化选择、创新并重。高等教育具有文化传承与文化选择、创新的重要职能,明确历史使命,是我国高等教育在当今时代下文化自觉意识的体现。同时,我们应该意识到,文化传统只能证明中国具有令人骄傲自豪的过去,而今天文化软实力的积累、文化大国形象的构建、文化影响力的传播,很多时候靠的是结合当代语境的文化选择和创新。我国高等教育应该有这个文化自信,以一种文化的引领精神,生产出表现这个时代的丰硕精神的原创产品。只有我们同时拥有了文化灿烂的过去和文化同样辉煌的现在和将来,我们才有底气说,中华民族的伟大复兴正在到来。

第三,高等教育的"中国气派"。所谓"中国气派"是指在全球化浪潮席卷下,各个地方的文化审美、文化判断标准日渐趋同,在这种同质化情况下,中国文化特征上特有的韵味和意趣。近年来,许多国内重点高等院校在追求"国际一流"的目标中,以国外一些知名大学为榜样和模板:如果是理工科见长,便自诩为"东方的麻省理工学院";如果是综合性院校,便希望自己是"中国的哈佛"。这些口号往往还很具有鼓动力量,显示出学校本身豪迈的志向。但是,从文化自觉与文化自

---

① 联合国教科文组织、世界文化与发展委员会:《文化多样性与人类全面发展——世界文化与发展委员会报告》,广东人民出版社2006年版,第6页。

信的角度来看，这些口号的喊出，却显示出口号生产者内心的自卑，甚至是文化心理上的自我殖民。在中国克隆一所哈佛大学和麻省理工学院，既无可能，也毫无必要。因为一方面，不管是哈佛大学还是麻省理工学院，世界上只有一所原装的，不管后来者模仿得再好再像，终究不过是其影子。另一方面，哈佛大学和麻省理工学院的诞生与崛起，与美国的历史进程息息相关。这两所学校在美国的土地上生长起来，从血液里、基因里反映着深刻的美国精神，而这些美国精神使这两所大学的命运与美国的命运、国家利益紧紧相连，这些才是这两所大学贡献给美国的最可贵的东西。这些基于文化深层次和具有国家民族个性化的东西，又如何可能搬到中国呢？

20 世纪 90 年代初，美国一本从事中国研究的杂志曾评论："在中国面临的各种危机中，核心的危机是自性危机"，即"中国正在失去中国之所以为中国的中国性"，[①] 也就是中国的个性文化身份。因此，我们必须在文化自信与自觉的新型文化观的观照下，对作为中国文化代表之一的高等教育做出反思，即打造与中国国家命运、文化命运息息相关的大学，这样的大学在学术研究的出发点上力求解决中国的问题，在文化身份的表征与意趣上打下深深的中国烙印，在文化人才的培养上是为了中国的未来培育栋梁之材。

第二节　高等教育的文化安全管理机制

"在冷战结束的今天，国际社会应树立以互信、互利、平等、协作为核心的新安全观，努力营造长期稳定、安全、可靠的国际和平环境。"[②] 机制，原本来自自然科学领域，原意是指机器的构造和工作原理。在英文中，机制指的是机械系统各个部件之间结构组合的方式及其相互关联、相互作用的机理。后来，机制一词被引进生物学、医学和社会学领域。在社会学中，机制泛指社会系统的内在结构、要素之间组

---

① 陈定家：《全球化与身份危机》，河南大学出版社 2003 年版，"导言"第 15～16 页。
② 《胡锦涛文选》第 1 卷，第 519 页。

合、联系、运作的机理。习近平总书记指出:"面对新形势新挑战,维护国家安全和社会安定,对全面深化改革、实现'两个一百年'奋斗目标、实现中华民族伟大复兴的中国梦都十分紧要。各地区各部门要各司其职、各负其责,密切配合、通力合作,勇于负责、敢于担当,形成维护国家安全和社会安定的强大合力。"① 为了保障国家的文化安全,很有必要建立高等教育领域内的文化安全管理机制,具体来说,就是调动和高等教育相关联的各种外部因素和内部要素,通过一定的组合和管理方式的建立与调整,最大限度地使高等教育的发展与繁荣能够与国家文化安全的要求相一致,为国家文化安全保驾护航。在这里,机制还有一种形成规则的、常态化运作的意思。

一、建立高等教育发展顶层设计的管理机制

建立中国高等教育的文化安全管理机制,首要的是建立高等教育发展顶层设计的管理机制。所谓顶层设计,原本是一个工程用语,在国家"十二五"规划中首次以文件形式出现,指的是用系统论的方法,从全局的角度,对某项任务或者某个项目的各方面、各要素的统筹规划,在最高层次上寻求问题的解决之道。习近平总书记指出:"要准确把握国家安全形势变化新特点新趋势,坚持总体国家安全观,走出一条中国特色国家安全道路。"② 因此,把高等教育纳入顶层设计的视野,建立其顶层设计的管理机制,意味着把高等教育看作全国一盘棋这个大棋局当中的一部分,或者说一个关键性的节点式棋子,把其发展放在整个国家发展当中进行审视,把中国高等教育文化利益的实现、文化发展的方向、文化目标的达成与整个国家的国家利益、战略布局、文化安全有机结合。只有这种超越性的视野,才能真正洞察高等教育发展对于国家文化安全的重大意义。

中国高等教育发展顶层设计管理机制的建立,从维护国家文化安全的角度,主要可以从三个方面进行考虑:

第一,在国家文化安全的战略层面上对中国高等教育进行定位与设

---

① 《习近平谈治国理政》,第 202 页。
② 《习近平谈治国理政》,第 200 页。

计。我国国家文化的战略形式，虽然从当下来看，在强势文化的冲击下处于守势，但是我国的文化安全和高等教育的发展必须服从于中国崛起这个历史前提，中国文化安全的战略设计与构建必须有一个历史性的视角，超越简单的防御性思维，而应该在战略设计上形成一个积极、主动的国家文化建设的战略规划，一个充满生机的、蓬勃发展的文化体系就是最好的文化安全守护手段。值得指出的是，我国虽然在近年来已经编制了不少地方性的文化发展总体战略和目标，但是在国家层面上，还没有一个完全意义上的文化中长期发展规划。同时，我国政府在编制文化发展规划时，往往过于看重于文化产业的培育、非物质文化遗产的保护，而很少从文化发展和文化安全的角度，把高等教育纳入文化发展的视野。诚然，对于高等教育的发展，我国的教育部门有着专门而详尽的规划与设计，但是，把高等教育的发展纳入国家中长期文化发展规划仍然有其必要性。因为这是从国家文化发展与文化安全的角度，把高等教育的发展与我国文化事业的繁荣、文化主权的维护、文化利益实现与拓展联系在一起，从而会弥补单纯的高等教育规划中重视发展而没有顾及其文化身份——人才培养与文化传承、批判、创新的文化高地、文化重地的缺憾。而这种缺憾，已经是我们有过的太多的历史教训：高等教育虽然在数量上、质量上取得很大发展，却出现了许许多多不该出现的文化问题，出现西化、庸俗化、空心化、泡沫化等种种不良倾向。因此，把国家的文化发展规划与高等教育规划结合起来，不仅是可行的，而且是必要的。

第二，明确高等教育发展的路径选择和发展、开放的速度、步伐。作为一个大国，如果要真正地在世界舞台上有自己的位置、发出自己的声音，除了独立自主外，别无他途。历史上没有一个大国，是可以作为他国物质与精神上的依附而有资格称为"大国"的。我国自毛泽东主席在天安门城楼上向世界豪迈宣布"中国人民从此站起来"的那一刻起，中国就注定是一个可以独立决定自己前途命运的大国；印度建国时，对独立和自由的追求和向往同样可以证明这一点。相反，日本虽然在"二战"后很快恢复元气，一度成为全球第二大经济体，但是其对美国的亦步亦趋总难以摆脱一个国家形象上的"小"字。同样，作为一个独立自主国家中的高等教育建设，我国高等教育在发展上也应选择一条独立自主的历史路径。我国以前的历史经验和世界许多第三世界国家高等教育的发展经验告诉我们，如果选择一条"依附性"的发展路径，在高层次人才培养上、在高精尖科学技术的把捉上、在学术游戏规则的制定上依附于当代西方国家，并甘心维持这种依附性的学术地位和角色，那么，中国高等教育将只能永远成为世界高等教育领域的二流或者三流货色，永远成为世界高等教育领域前沿知识的搬运工，在亦步亦趋的阴影下，捡拾前沿知识的残羹冷饭。这也意味着，如果我们选择一条依附性的高等教育发展之路，我们将选择一条放弃自己高等教育竞争力打造的路径，使我国高等教育的前途和发展受制于人。无疑，这与我国大国崛起的战略目标与国家文化利益的实现相背离。因此，我国必须选择一条从国家利益与文化安全出发的高等教育自主发展的道路，力求通过各种途径打造高等教育的竞争优势，为我国文化安全从人才和各种先进文化资源上提供不竭的动力支持。同时，在全球化大潮下，为了适应新的形势发展，我国加入了世界贸易组织，高等教育国际化也成为国家层面的教育战略目标。在这种情况下，我国高等教育的开放必将一步步得到深化；同时，也必将面对在我国处于相对弱势情况下，国外高等教育把我国作为一个教育贸易市场和潜在文化颠覆对象的冲击。因此，我国应该在顶层设计中，设计、安排好我国高等教育国际化和开放的步伐，从地区布局上、从教育的层级上、从教育开放的各种内容与形式上，一步步、一点点地开放，使我国高等教育能够一方面借助国际化的舞台发展壮大、另一方面避免受到过大的冲击。

第三，以制度、法律的形式明确高等教育与国家文化安全的战略性联系。明确了高等教育发展对于国家文化安全的战略性地位，和高等教育应该选择的文化发展路径、开放的速度与节奏之后，就应把高等教育与国家文化安全之间的密切关系与互动以制度或者法律的形式固定下来。制度之所以重要，是因为在一个社会中，制度是为了确保资源配置和计划实行的一种相对稳定的政治秩序形式。邓小平曾说："领导制度、组织制度问题更带有根本性、全局性、稳定性和长期性。"[①] 高等教育的发展是一个长期的过程，国家文化政策的实施与文化安全的维护也不是一朝一夕之功。因此，把高等教育的发展与国家文化安全联系起来的国家文化战略行为，也是一个长期的历史过程。可以说，只要中国

---

① 《邓小平文选》第 2 卷，人民出版社 1993 年版，第 333 页。

高等教育发展一天，它与国家文化安全的互动就存在一天。而中国的发展中，可能会面临着政府换届、文化新政策不断出台等各种因素，因此，以制度形式明确高等教育在国家文化安全维护中的战略性地位和发展路径等，可以避免各种不确定性的外来干扰，使此项战略规划能相对长期、稳定地执行下去。同时，也应该把高等教育与国家文化安全的战略互动关系写入法律，以法律的形式彰显和保证高等教育在维护国家文化安全中不可或缺、难以取代的战略性地位。虽然我国已有不少法律阐述了高等教育在整个国家教育体系中的地位和作用，也有一些法律从保护高校师生权益的角度出发做了许多细致的规定，但是，到目前为止，我国还没有一部相关的法律，从高等教育维护国家文化安全的战略高度，去设计和规范高等教育的实施和发展。相比之下，美国作为一个文化大国和高等教育强国，非常注意以法制的形式，通过大大小小、形形色色的法律，保证高等教育的发展，为国家安全和国家文化利益的实现提供法律保障。因此，我国应该向美国学习，加强高等教育领域相关法律的制定，并且做到有法必依、执法必严，以法律的强制力促进高等教育的发展和对国家文化安全的维护。

二、高等教育领域文化安全的预警、监控、应对机制

在全球化背景下，可以说，我国国家安全面临的挑战大大增加，在高等教育领域体现出来与国家文化安全相关的问题也呈现出越来越复杂化、多样化的特点。而且，在高等教育领域，如同在其他社会文化领域中一样，正因为其复杂与多样，这些与国家文化安全相关的问题或事件并不是单一发生，往往是夹杂在许多高校文化生活的细枝末节之中，具有很强的隐蔽性与迷惑性，一旦触发，可能牵扯出更多更大的文化问题，引起文化安全危机；也有可能似乎表面上被消灭了，却在暗处生发着引起文化危机的"星星之火"。习近平总书记指出："我们必须保持清醒头脑、强化底线思维，有效防范、管理、处理国家安全风险，有力应对、处置、化解社会安定挑战。"[1] 由于高等教育在国家文化安全中的战略性地位，高等教育领域如果发生文化危机，不仅在高等教育领域

---

[1] 《习近平谈治国理政》，第202页。

之内会造成严重的文化损害、文化潜力与创造力的消磨、文化人才的流失与叛离，也因为其是一个对社会能够起到文化引领与繁荣的重地，这种文化危机必将进一步蔓延到社会中，造成难以解决的重大问题，对我国的文化安全将构成极大的打击，甚至进一步侵蚀我国执政党和国家合法性的理论与文化根基。

从历史上很多时候高等学校成为社会"文化风暴"起点的经验来看，从到现代为止，高等教育领域仍是国外势力文化渗透、"和平演变"的重点选择对象来看，建立我国高等教育领域的文化安全预警、监控和应对机制，绝不是危言耸听的过激设想，而是有着相当现实根据的理性选择。

预警机制是"预先发布警告的机制"，高等教育领域内的文化安全预警机制指的是，在高等教育领域之内，启动相关的教育管理手段，对那些可能危及国家文化安全的因素、文化力量、文化危险分子做出甄别，提供及时和准确的警告和指示性处理行为，把相关的威胁尽可能地消灭和处理掉。

监控机制是"监督和控制的机制"，高等教育领域内的文化安全监控机制指的是，在高等教育领域之内，已经发现一些对国家文化安全将要构成或正在构成威胁的各种文化因素、文化力量与文化人员，动用相关管理手段，对其进行实时监督，把握其进一步的可能走向，防止文化危机的发生或把已经发生的文化危机控制在一定的范围之内，避免其对国家文化安全造成更大的影响。

应对机制是"应付与对应的机制"，高等教育领域内的文化安全应对机制指的是，在高等教育领域之内，在发现对国家文化将要或有可能造成危害的各种文化因素、文化力量与文化人员之后，调动一切可以调动的力量，应付其可能或正在发生的安全危害，并建立相关的善后事宜，去修复其造成的文化损失。

在高等教育领域的文化安全预警、监控、应对机制中，文化安全预警机制尤其重要。文化安全的另一面是文化危机、文化风险的产生。"风起于青萍之末"，任何大的文化危机都是由细小的文化风险积累而形成。对于文化危机的消除，最好的办法不是对其产生的危害进行实时监控，或等到其产生不良后果后再去想办法消除，而是及时发现、及时预警，把细小的文化风险苗头掐断。建立高等教育领域文化安全预警、监控、应对机制，有两个必要性的前提。

第一个前提是建立高等教育领域内与国家文化安全相关的有关指标体系。要建立高等教育领域文化安全预警、监控、应对机制，先要明确其预警、监控和应对的对象，即在高等教育领域可能或正在危害国家文化安全的各种文化因素、文化力量与文化人员等。应该说，这样的对象是很复杂和难以把控的，因为这些威胁性因素的庞杂和其一般隐匿在高等教育正常的教育与教学管理之中，如果要逐一地分析与甄别，难免会顾此失彼、挂一漏万。因此，建立一套科学的、可供参考的国家文化安全指标体系非常必要，其作用正是避免在对高等教育领域相关国家文化安全因素与人员的预警、监控、应对中，产生盲目性，既浪费了大量的人力物力，又得不到真实情况的反馈。因为指标体系的复杂，本书在此难以对高等教育领域的国家文化安全预警、监控、应对机制的指标体系做出一个详细、有效的指标量表，但是可以简单说明的是，这些指标当中结合国家文化安全内涵，设置的一级指标应该包括：①文化主权（高等教育领域即主要体现为教育主权）方面的安全指标；②文化意识形态安全方面的指标；③文化能力建设方面的指标（包括文化传承能力、文化选择能力、文化创新能力）；④结合高校的育人功能，还应设置人才安全方面的指标。

对于高等教育领域相关文化安全态势情况的预警与监控，可以是宏观层面的，比如整个国家或某个省份、某个城市的高等教育文化安全情况和态势，也可以是相对微观层面的，比如某所高校、某个二级学院或系部的文化安全情况和态势。因此，指标体系的建立也相对有宏观和微观之分。同时，指标体系的设立只是一个参照，对指标体系内部参数的设立及其权重，都要随着实际情况不断进行调整，以便可以真实、能动地反映文化安全状况。

第二个前提是建立负责对高等教育领域国家文化安全相关情况进行预警、监控与应对的各个层级的专门机构。对于高等教育领域文化安全态势的预警、监控与应对，只有形成常态化和规则化的运作机制，才能更好地应对各种突发状况。同时，因为国家文化安全问题所呈现的复杂性与多样性，意味着对其的预警、监控、应对是非常专业的工作，仅靠兼职型和临时性的机构难以完成。因此，应该建立各个政府层级的专门机构担此重任。比如，在宏观层面，国家教育部可以成立一个专门的办公室对全国范围内高等教育领域的文化安全态势做出预警与监控；而在某个具体的高校内，也可以让本校的高等教育研究中心负责对本校文化安全态势的预警与监控。

需要指出的是，为了使对高等教育领域的文化安全态势的预警、监控和应对机制更加顺利地运行，还应配备足够的经费支持，用于相关安全方面的仪器设备的购买和项目的实施。另外，还应组建和培养一批具有相关安全知识技术的人才队伍，使得对于国家文化安全的预警和监控更加专业和有效。同时，因为国家文化安全是一个系统问题，仅就高等教育领域所体现的国家文化安全问题来说，可能已经漫溢出高等教育的范畴，而与一些社会力量甚至境外文化势力有着千丝万缕的关系。尤其在网络时代，各种文化安全因素往往通过互联网这个渠道，绕过我国的信息管制，实现在高等教育领域和社会生活中大范围的散播。因此，保持与各级安全部门和信息部门的协同和联动也非常必要。

三、国际教育合作的壁垒和准入机制

在小说《围城》当中，方鸿渐拿着一张购买而来的美国"克莱登大学"的假文凭，顺利地得到了三闾大学的教职。中国商界传奇人物唐某，除了一系列令人羡慕的职场头衔，如微软中国公司总裁、盛大网络公司董事长、BBC和CNN的年度人物外，其曾经获得美国加州理工大学计算机博士学位的经历更是在他的头上增加了不少光环。2010年，方舟子在微博上对唐某的博士文凭打假，大家才发现，原来号称"打工皇帝"的唐某，其所谓博士竟然毕业于一所并不真实存在的野鸡大学，成为现实版的方鸿渐。其实，据报道，中国目前已经成为全球最大规模的野鸡大学文凭的消费群体。这一部分野鸡大学的文凭，一部分是个人为了实现个人私利明知其假而购买；一部分却是一些学生在一些国内教学机构（一般采用中外合作办学形式）学习取得的文凭，直到有一天需要拿出来甄别的时候，才发现上了野鸡学校的当。野鸡大学在中国的泛滥不仅使学生及其家长蒙受不必要的经济损失和精神打击，也侵犯了我国的教育主权，并因为其绕过我国正常的文化教育监管机构，对我国的文化安全构成威胁。野鸡大学只是我国在国际教育合作与交流中，国家教育主权与文化安全受到损害的冰山一角。在高等教育国际化

的国家战略下,再加上全球化和我国加入世界贸易组织的双重背景,我国在对外合作与交流中,如果没有适当的防范措施,将会遭受极为惨重的损失。全球化和高等教育国际化的趋势不可逆转,我们也不可能为了把潜在的教育危害通通挡于国门之外,仍然采用封闭式的发展方式。趋利避害、分清主次才是现实主义的理性做法。因此,在坚持高等教育国际化的国家教育战略,深化国际化的途径与融入方式的同时,我们也应建立国际教育合作与交流的壁垒,设立适当的准入机制,使我国的高等教育国际交流与合作既深入又有效,使国外的教育资源既能很好地为我所用,又能避免和减少其对于我国教育主权和文化安全的伤害。建立国际教育合作与交流的壁垒,维护我国教育主权和文化安全的措施很多,以下主要谈谈几项应重点把控的措施:

第一,在世界贸易组织的承诺中,继续坚持不对高等教育的所有领域放开的原则。根据《服务贸易总协定》的规定,教育作为国际服务贸易的一种形式,以如下四种方式提供,它们适用于所有国际服务贸易:①跨境交付:从一成员国境内向任何其他成员国提供服务,包括远程跨境的网络教育、函授教育;②境外消费成员国居民在另一成员国境内享受服务,如直接到国外的某所学校就读;③在服务消费国的商业存在,如国外办学机构直接来华办学;④自然人流动。对《服务贸易总协定》的规则,我们应充分吃透和灵活运用。例如教育属于服务贸易,不同于货物贸易。对于服务贸易的教育领域,各国有权根据本国的实际情况决定某些领域不适用最惠国待遇原则。就连美国这个教育强国,在要求他国撤销教育壁垒的同时,自身的教育壁垒却比许多国家都要严格。

目前,我国根据实际情况,在国际教育服务四种提供方式中,对教育的"境外消费"不做限制,对另外几项则或多或少设置了一些准入条件。例如,对"在服务消费国的商业存在",一般来说在我国的体现形式是中外合作办学,禁止外来机构在我国直接独立办学;但允许中外合作办学方面,外方可以获得多数拥有权。对"自然人流动",因为很多外国人在教育服务贸易活动中,是以外教的身份存在,因此对其学历和工作经验有所要求:具有学士或以上学历;具有相应的专业职称证书,具有两年工作经验。而对"跨境交付",由于涉及远程网络教学、函授教学等方式,对教师的人员资质、课程的内容我国难以进行监控,所以也不做承诺。因为在一段较长的时间内，我国高等教育仍然会处在相对的弱势地位，因此保持目前在 WTO 承诺中的一些限制很有必要。

第二，在国际教育合作交流中，尤其是中外合作办学中，谨慎挑选具有合格教育资质的伙伴。在教育国际合作交流中，我们应该摒弃前几年一窝蜂地与国外教育机构合作，给文凭"贴金"的想法和念头。随着我国留学人员和归国人员的增多，招聘单位也日益理性化，一般的海归的就业优势不再。因此，国内的高等教育教学机构在挑选国外的教育伙伴时，应该采取地位相对、"门当户对"的原则，或者引入一些优质的、有特点的课程与学科。对于我国的重点大学，出于"门当户对"的选择前提，其合作伙伴多是国外知名的高校和优质教育资源。一般而言，在合作伙伴的选择上最容易被蒙蔽、掉入"野鸡大学"的陷阱的，是一些二本、三本的地方性院校和职业院校。他们为了加强学生的就业竞争力，也热衷于与国外高等教育机构合作办学，但是这些合作方在国外的名气相对不大，增加了甄别的难度和辨识度。因此，这些高校的负责人在确定合作伙伴时，最好登录我国教育部的网站查找对于海外正规大学的认定，确认外方合作方的办学资质是否真实有效；有条件还应亲自去国外考察其办学条件、师资队伍等，并跟踪本校学生在国外的学习状况，避免其权益受到损失。

第三，在高等教育国际化，尤其是课程国际化的过程中，对国外的教材进行遴选与过滤。现在一些重点大学的一些重点学科，为了体现其紧跟国际前沿水平，学科教师往往会直接指定国外的原版教材作为教学和学生研读的依据；还有一些中外合作办学的机构，为了彰显其国际化的特色，也会使国外教材占据教学的很大比重。但是，教材很难说是价值无涉的，尤其是人文社会科学领域的教材，其理论观点、引用的案例甚至是诠释的方式，都可能与我国的主流价值观发生冲突。这时候，特别要求教师和该高等教育机构的有关教务管理人员具有文化自觉和文化甄别能力，充当教材内容的甄别者和国家文化安全的守护者，自觉地屏蔽或消除掉不良的文化内容，更不应容许教师在课堂上对这些内容大讲特讲。如果确实有必要讲到这些相关内容，教师一定要首先成为一个具有正确意识形态和价值观的人，能够对学生正确引导。

第四，对国际教育合作交流的教师进行一定的选择，尤其是对外籍教师的遴选相当重要。虽然我国对"自然人流动"提出了具有学士或以上学历、具有相应的专业职称证书、具有两年工作经验等要求,但是可以说,这个要求对于外籍教师的招聘来说只具备底线的意义。在现实生活中,即使这么一条非常低的底线性的要求,一些国内高校在招聘外籍教师时也难以达到。于是,我们可以看到,一些外国人利用某些国内高校招聘外籍教师的低门槛,只要会说英语,哪怕是带有浓重本地口音的非洲籍或拉美籍人士,也有机会去当外籍教师。有的外国人索性把当外籍教师作为中国国内深度游的一大便利条件,到了一个地方,就到当地高校应聘做一段时间的语言教师。因为缺乏必要的师范训练,又是自由度很高的语言教学,有的外籍语言教师在课堂上想到什么说什么、信口开河。因此,我们必须从源头上避免此类事件的再次发生。除了在招聘入校之前,对其教学资质做必要的甄别与评估之外,不管是作为专业课教师还是语言课教师,任何外籍教师上岗前,都应由学校安排专人做必要的教学培训与约法三章,规定在中国大学的课堂上,什么可以说,什么不能说。另外,对外籍教师的课堂教学同样应该纳入监管范围,并对其教学质量做出考评。

第三节 高等教育维护国家文化安全的举措

高等教育自身的文化意识和安全意识是国家文化安全的重要方面,也是高等教育维护国家文化安全的前提。同时,高等教育还应该力所能及地为国家文化安全尽一份力量。这也是高等教育的文化责任和文化使命的根本要求,是义不容辞的。高等教育维护国家文化安全,在其现实性上可以做、能够做且必须做的事情很多,但从国家文化安全的角度看,主要包括三个方面:维护国家意识形态的安全,维护传统文化的安全,培养和提升国家文化的创新力和传播能力。

一、高等教育维护国家意识形态的安全

意识形态指的是观念形态的上层建筑,涵盖政治、法律、道德、宗教和艺术等各个方面,是特定社会集团与群体对外部世界和社会所持的

一整套紧密相关的看法和见解，一般包含三个范畴：信仰、价值观和理想。① 意识形态是文化的核心部分，在国家文化安全中，意识形态安全占据着重要一环。习近平总书记指出："经济建设是党的中心工作，意识形态工作是党的一项极端重要的工作。"② 这是因为意识形态对国家文化安全具有重要意义。

首先，意识形态可以整合人们的政治与国家认同。在现代主权国家中，不管一个国家的民族构成是单一民族还是多个民族，各个民族的人们具有高度一致的政治观、文化观和价值观是实现国家文化安全的重要前提条件。正是这些高度一致的政治观、文化观和价值观，使人们在一个国家内超越了地域、语言等的限制与阻隔，形成休戚与共、命运相连的文化集体意识和一个国家繁荣、兴盛所必要的文化整合能力，这种文化集体意识和文化整合能力又进一步催生和巩固对政治的认同和国家的凝聚力。

其次，意识形态是执政党合法存在的思想基础。"合法性是一种信念，即认为某个决策系统是正确的、适当的或正当的，并在道义上服从该系统的决策。任何决策系统的合法性不仅取决于该系统满足社会公众需求的有效性，而且取决于该系统的决策规则与社会公众价值信仰的一致性。"③ 马克思列宁主义、毛泽东思想、邓小平理论、"三个代表"重要思想、科学发展观、习近平新时代中国特色社会主义思想是中国共产党执政的思想基础。执政党一方面通过意识形态构筑其存在的合法性根基，维持现行的政治与社会秩序；另一方面通过各种文化与教育手段使该党的意识形态根基转化为国民认同的主流价值理念，保证其统治的长治久安。

再次，意识形态是实现国家利益的理论前提。胡锦涛同志指出："意识形态工作是党的一项十分重要的工作。经验告诉我们，经济工作搞不好要出大问题，意识形态工作搞不好也要出大问题。""大量事实说明，在集中力量进行经济建设的同时，一刻也不能放松意识形态工

---

① 张旺：《意识形态与国家利益》，《社会科学》2005 年第 7 期。
② 《习近平谈治国理政》，第 153 页。
③ Thomas R. Dye ed., *The Political Legitimacy of Markets and Government*, JAI Press, 1990, p. 3.

作。"① 国家利益指的是民族国家追求的主要好处、权利或受益点，反映这个国家国民及各种利益集团的需求与兴趣。② "冷战"结束后，有人认为随着美苏两大阵营对峙成为过去，把意识形态放入国家间交往已经不再必要，认为在追求国家利益最大化时，意识形态是一种阻碍，甚至主张把意识形态与国家利益脱钩，这种看法是短视和盲目的。可以说，在任何一个时期，对于国家利益的判断和认定，意识形态起了重要的作用，"冷战"时期是这样，"冷战"之后持续至今的世界格局依然如此。一个国家的意识形态本身往往就体现了其国家利益的指向与追求。例如，美国的自由、民主、竞争的价值观与其国家利益一致，美国的查尔斯·拉森上将曾说："任何地方的民主国家都符合美国的切身利益……我们之所以关心太平洋是因为实行自由市场经济的民主国家社会扩大，是符合美国切身利益的。"③

因此，为了维护国家的文化安全，高等教育应当充分重视意识形态方面的建设问题，当前主要是做好以下四项工作：

第一，巩固和加强马克思主义在高等教育领域意识形态的指导性地位。习近平总书记指出："宣传思想工作就是要巩固马克思主义在意识形态领域的指导地位，巩固全党全国人民团结奋斗的共同思想基础。"④由于我们的党是马克思主义指导下的政党，我们的社会主义中国是在马克思主义指导下建立起来的国家，因此，必须明确和加强马克思主义在我国乃至我国高等教育领域中，作为主流思想和价值观无可争辩的指导性地位。习近平总书记指出："要深入开展中国特色社会主义宣传教育，把全国各族人民团结和凝聚在中国特色社会主义伟大旗帜之下。要加强社会主义核心价值体系建设，积极培育和践行社会主义核心价值观，全面提高公民道德素质，培育知荣辱、讲正气、作奉献、促和谐的良好风尚。"⑤ 张岱年先生说过："在每一个时代的文化体系中，必然有一个主导思想成为占统治地位的思想。……如果对于那些与主导思想不同的各种支流思想采取压制的态度，必然引起文化发展的停滞。如果各

---

① 《胡锦涛文集》第 2 卷，第 527～528 页。
② 王逸舟：《国家利益再思考》，《中国社会科学》2002 年第 2 期。
③ 转引自阎学通：《中国国家利益分析》，天津人民出版社 1996 年版，第 224 页。
④ 《习近平谈治国理政》，第 153 页。
⑤ 《习近平谈治国理政》，第 154 页。

种支流思想杂然并陈，纷纭错综，而没有一个占统治地位的主导思想，则不利于社会秩序的稳定。"①

自古以来，高等教育就是一个国家文化精英的集中地，也是各种思想思潮交流交融乃至交锋的文化高地。尤其在全球化时代，随着高等教育国际化的兴起，各种人员往来更趋频繁，学术思想更趋活跃，各种各样的思想在学术研究的名义下在我国高等教育领域长驱直入、大行其道。在形形色色的价值观中，在"民主、自由、平等"的普世价值包装之下，有一些价值观与我国的马克思主义思想是完全背离的。我们在感受文化多元的同时，必须清醒意识到多元文化价值观对马克思主义思想的冲击作用。而这些价值观的输入很多时候直接与西方国家对我国实行的"西化""分化"策略紧密相连，意图在不知不觉的"文化洗脑"中削弱我国高校师生对马克思主义思想的信仰，从而蚕食中国共产党的合法性根基，削弱我国高校师生对国家和民族的文化认同和心理归依，并力求改变我国师生对国家利益的正确判断，以致为有朝一日实现"和平演变"奠定思想基础。因此，在我国高等教育领域，必须从上到下统一思想，坚持马克思主义在意识形态领域的指导性地位。这种坚持，不仅要继续巩固在高校当中思想政治理论课的开设，还应在整个校园内大力地、旗帜鲜明地宣扬马克思主义，把其与当代高校的校园文化建设有机结合起来。

第二，加强高校教师和学生对正确意识形态的辨识能力。在多元文化的侵袭下，提高对正确意识形态的辨识能力非常重要。习近平总书记指出："关键是要提高质量和水平，把握好时、度、效，增强吸引力和感染力，让群众爱听爱看、产生共鸣，充分发挥正面宣传鼓舞人、激励人的作用。在事关大是大非和政治原则问题上，必须增强主动性、掌握主动权、打好主动仗，帮助干部群众划清是非界限、澄清模糊认识。"②尤其是担任马克思主义理论课教学的高校教师，是学生对马克思主义最直接、最深刻的诠释者，更应该真正吃透马克思主义精神，形成对马克思主义的真挚信念。在现实中，我们很遗憾地看到，一部分理论课教师只是把马克思主义相关课程的讲授作为一份简单的"谋衣食、谋职称"

---

① 张岱年：《试论中国文化的新统》，《中国文化研究》1994 年夏之卷。
② 《习近平谈治国理政》，第 155 页。

的工作，内心对其不以为然，更谈不上什么信仰；甚至有的教师课上讲奉献与牺牲的价值，课下却功利主义当道，与课程所倡导的价值观背道而驰。因此，对理论课教师的考评不仅仅要看其课堂效果，对一些浑身透着功利或内心不认同的理论课教师，很有必要把其剔除出理论课教师的队伍。在高等教育一些人文学科对西方人文知识的引入中，是难以避免西方价值观的输入的。这些西方价值观很多是借助于课本、参考书，或者是课堂或学术讲座的方式，以一种"权威知识"或"前沿知识"的面貌出现，对师生具有很大的迷惑作用。因此，增强这些领域教师对马克思主义的认同，有利于其对相关价值观的辨识与甄别能力，避免错误价值观的代际传递。

第三，推进高等教育领域在意识形态方面的研究工作。在社会生活不断进步的今天，马克思主义作为我国的主流意识形态，必须保持鲜活的理论活力，必须与时俱进。高等教育应该承担起意识形态建设和研究的重要历史责任，把马克思主义思想与当代社会实际、与建设社会主义先进文化和社会主义核心价值观联系起来，使马克思主义不是停留在文本上、口头上的字句与条条框框，而成为能够真正在当今时代具有强大生命力的价值观，成为使我国高等教育领域师生心生向往、为之奋斗的精神信仰，为我国提供强大的精神动力和感召力、凝聚力。习近平总书记指出："要深入开展中国特色社会主义宣传教育，把全国各族人民团结和凝聚在中国特色社会主义伟大旗帜之下。要加强社会主义核心价值体系建设，积极培育和践行社会主义核心价值观，全面提高公民道德素质，培育知荣辱、讲正气、作奉献、促和谐的良好风尚。"[①] 高等学校中的马克思主义学院理应冲在马克思主义理论研究与创新的前头，一些重点高校的人文、社科学院也应联系实际，推进高等教育在意识形态方面的建设步伐。

第四，增强主流意识形态价值观的传播效果。过去我们的意识形态教育太重灌输，以至于讲起意识形态教育，很多人就会想起教师絮絮叨叨的刻板形象。其实，意识形态教育也可以"春风化雨"，润物无声。这就要求教师在课堂上采用生动活泼的教学方式，多引入小组讨论和案例教学，尤其是一些社会热点问题和备受争论的问题，教师的答疑解惑

[①] 《习近平谈治国理政》，第154页。

和教师、学生的讨论使得理论不再高高在上，而是贴近生活、贴近时代。习近平总书记指出："要精心做好对外宣传工作，创新对外宣传方式，着力打造融通中外的新概念新范畴新表述，讲好中国故事，传播好中国声音。"① 在主流意识形态的话语体系上，也应摒弃那种公式化、概念化、冷冰冰的语言，尽量使用一些贴近时代、接地气的时代用语和民间用语，使高校师生对主流意识形态不再敬而远之。同时，在高校主流意识形态的传播上，可以运用一些最新的手段，如设置社会主义核心价值观宣传网站和教师对主流价值观问题的在线问答、在线讲座等，弥补传统高校宣传渠道如布告栏、广播、讲座大会的不足。

二、高等教育维护国家传统文化的安全

传统文化指的是在过去的历史环境中形成、演变、积累、定型而后传承至今的民族文化。② 中国传统文化的一个突出特点是其所具有的强大的内聚力，正是这种内聚力，使得中华文明历经五千年而不衰竭。小说《三国演义》中的"合久必分，分久必合"一语可形象地用来形容中华民族在分合之中总也牵扯难分的历史脉络。在历史上，中华民族曾经经历过几次异族入侵或由异族建立政权，也曾因为战乱而陷入动荡和国家的四分五裂。但是让人惊异的是，每一次，中华民族总能凭借着传统文化强大的同化作用，不仅传统文化没有中断，反而以一种类似海水浸润的方式吸收和同化着外来文化，使它变为自己的一部分，曾经分裂的国家也在一次次的文化感召力中重新统一起来。习近平总书记指出："为什么中华民族能够在几千年的历史长河中顽强生存和不断发展呢？很重要的一个原因，是我们民族有一脉相承的精神追求、精神特质、精神脉络。"③ 可以说，中国的传统文化就是使中国能够历经千年延绵、生生不息的文化黏合剂与原动力，构成了中华民族最朴素、最真挚也最深刻的国家与民族认同。

---

① 《习近平谈治国理政》，第 156 页。
② 李申申等：《传承的使命——中华优秀传统文化教育问题研究》，人民出版社 2011 年版，第 11 页。
③ 《习近平谈治国理政》，第 181 页。

正是在传统文化的基础上，形成了深藏在中国人血液基因中的爱国主义和民族精神，正是这种爱国主义和民族精神，使得大批仁人志士在国家民族需要的时刻，能够义无反顾地站出来，把自己的幸福荣辱、前途未来甚至生命与祖国和民族的未来、命运合流。光是从近代来看，他们当中，有在抗日战争中牺牲的杨靖宇、赵一曼；有在抗美援朝战争中静卧烈火中的邱少云、用身体堵枪眼的黄继光；有在对越自卫反击战中牺牲，躺在祖国边陲"高山下花环"中的烈士们；还有抛弃海外优厚学术待遇，在中华人民共和国成立初期一穷二白的时候回国的钱学森、郭永怀等导弹、卫星元勋；有忍受病疼，在穷乡僻壤带领乡亲改善生活困境的焦裕禄、孔繁森……更多更多的是类似这样的普通中国人的群像，以对祖国和民族最无私的爱，成为国家建设中一个个沉默却坚实的脊梁。"一个没有文化归属感的民族难以成为具有文化身份识别的民族。传统文化对于一个民族和国家的全部价值就在于它能不断提供你所需要的精神动力和智慧养料，一种国家安全的实现所需要的文化力量和国家文化安全的实现所需要的集体认同的力量。"①在全球化冲击下，我们更要保持和彰显中华民族长久以来形成的传统文化，这些传统文化包含着中华民族特有的民族基因、民族特色、民族韵味，会成为中华民族在全球化浪潮下另一个声音"我是谁、我来自哪里"的回应，不至于"失去文化的根"而无所归依。习近平总书记指出："要认真汲取中华优秀传统文化的思想精华和道德精髓，大力弘扬以爱国主义为核心的民族精神和以改革创新为核心的时代精神，深入挖掘和阐发中华优秀传统文化讲仁爱、重民本、守诚信、崇正义、尚和合、求大同的时代价值，使中华优秀传统文化成为涵养社会主义核心价值观的重要源泉。要处理好继承和创造性发展的关系，重点做好创造性转化和创新性发展。"②当今，在全社会日益认识到传统文化对于维系一个国家的繁荣和发展所具有的深层力量时，高等教育维护传统文化安全，主要是加强对传统文化传承能力的建设。

第一，加强与传统文化传承相关的课程建设。2013年，国内某大学在该年度的本科生培养方案中将"大学汉语"由全校共同必修课程

---

① 胡惠林：《中国国家文化安全论》，上海人民出版社2011年版，第327页。
② 《习近平谈治国理政》，第164页。

调整为学生自主选修课程的新闻激起了全国范围内的巨大争议。为什么一门简单的课程调整会激起如此强烈的反应？这恐怕要从人们对"大学汉语"这门课程所寄予的厚望上找原因。在很多人看来，"大学汉语"并不是一门简单的课程，而是有着一定的象征意义。可以说，在许多高校里，因为课程结构安排上的问题，对于许多理工科学生来说，"大学汉语"或"大学语文"成为他们在大学生涯中继续接触母语教育的唯一课程。对于一些高校教育工作者来说，"大学汉语"除了担负必要的培养学生的母语读写能力，因为课程当中所渗透的哲学人生观和传统文化因素，还是对大学生进行价值观培育、民族文化熏陶的一个重要途径。因此不难看出，正因为"大学汉语"课程身上背负了如此多的重负与期望，它已经超越了简单的母语教学的本源，其课程性质调整从"必修"到"选修"才会引起那么多人的担忧和叹息。大学的"大学汉语"课程调整事件在他们眼中似乎成为一个证据——说明中国高校传统文化传承进一步失落的证据。对于"大学汉语"课程的调整，有人持认同态度，原因有二：一是"大学汉语"因为定位不清，在大学里已成为了"不受欢迎"的课程。本来在进入高校之前，大学生已接受了多年的中小学语文教育，"大学汉语"应该突出其与中小学语文不一样的特质，解决大学生的实质需求——提高学生的汉语应用能力和写作能力，并更好地根据学生的个性化需求因材施教。但是"大学汉语"因为本身设置课时少（一般为36个课时），又肩负了名作赏析、价值观输入等种种责任，因此在有限的课时里，既不能体现其对语言写作和应用的实用性，也不能体现其相对中学语文在审美情趣和哲学深度上的高远。二是之前"大学汉语"身上的多重责任使其难堪重负。尤其是把对"大学汉语"课程的调整看作高校里传统文化传承渠道的进一步失落与衰微，从一个侧面印证了在当今中国的高等教育领域，有关传统文化传承的课程有多么稀少，渠道有多么单一。虽说有的高校设立了不少通识课程，也有"中国文化概论""唐宋文学选析"等课程，但是从大学里"大学汉语"课程性质调整所激起的反应看，这些通识课程的设置还难以覆盖和满足每一个学生对传统文化了解的渴望和需要，也没有反映出高校领导、管理人员尤其是教学课程的设置者对这些课程设置的根本认识：学生除了兴趣之外，更有必要出于建立民族文化之根的目的去修读这些课程。

其实，如果人们认真阅读相关新闻时，会发现对应"大学汉语"课程的调整，还有一系列课程设计，正是这些成系列的课程设计，使"大学汉语"在回归单纯的母语教学的同时，也使得许多学生在高校里对于中国传统文化、文学的认识，对个人层面文化自觉意识的培养，不仅仅只有一门"大学汉语"课程可以依托。大学在加强传统文化和母语教学方面的课程设计往往有：①建设通识教育大讲堂课程群，加强文化与历史教育；②建设原著原典选读课程群，加强历史与文化经典教育；③建设公共艺术教育课程群，培养学生艺术素养；④开放全校课程，包括文学、国学课程群，供学生自由选读；⑤建设分类指导的基础技能强化类课程，包括阅读与写作技能的强化。① 大学课程改革以分块类、课程群的方式，既能满足学生对传统文化课程的不同兴趣，实现较大程度的个性化教学，又使课程以各种专门的研修主题的面貌出现，拓宽了相关知识的宽度和深度，实现了大学文化类课程相对于中学语文课程的"质"的飞跃。同时，我们建议学生在修读相关的文化类课程时，要规定必要的学分要求，尤其对于理工科学生，更应以对学分的硬性要求引导其进行对中国传统文化课程的研读。

第二，加强对相关人文学科的建设力度。因为长时间里"重理轻文"的功利性学科建设思想的强调，中国许多大学的人文学科，甚至一些在历史上产生过重大影响的重点大学的人文学科的地位逐渐衰减。市场经济条件下，人文学科逐渐边缘化的处境雪上加霜。当知识成为一种资本，"学术资本主义"开始兴起，这种情况有利于那些能够比较容易或快捷地转化为现实生产力的理工学科和部分自然科学科目，人文学科的知识因为难以通过流通、贩卖而变现，地位更是变得无足轻重。在人文学者眼里，人文知识对于人性的陶冶、境界的提升具有"无用之大用"，而在更多人眼里，知识如果不能商品化、市场化则只是无用而已。高校的经费申请和分配可从一个侧面反映当前人文学科的弱势局面。许多高校里，自然科学随便一个课题几百万、上千万元的情况并不鲜见；但人文学科方面，因为国家认为课题的完成不需要对实验器材的投入，没有现实生产力的实际显现，一般只有几万或者十几万元的

---

① 唐景莉：《人大语文改革引热议 大学语文怎样减负增效》，《中国教育报》2013年12月2日。

经费。

要使传统文化传承有一种持久的生命力与原动力，就必须改变这种高等教育领域人文学科的弱势和边缘处境，使人文学科重归高等教育领域的中心位置，重视人文学科人才的培养，扶持其课题研究、立项，经费上也应进一步加大投入，使人文学科在高校成为传统文化传承与研究的发动机。近些年来，社会上兴起了"国学热"，中央编译出版社出版的《国学问答》一书，在"编者赘言"中对国学曾作这样的定义："所谓国学，也就是中华五千年文明传统的学问，大致说来，它以先秦经典和诸子百家为根基，下及两汉经学、魏晋玄学、隋唐佛学、宋明理学和同时期发展起来的汉赋、南北朝骈文、唐宋诗词、元曲与明清小说，以及历代史学等一套完整、宏深的文化学术体系。"① "国学热"在中国的出现，是中国逐渐解决温饱问题后，人们开始把目光投向更加高远的精神世界的必然选择，也是在全球化环境中人们希望通过传统文化找寻文化本源的一种文化行为。随着"国学热"的兴起，除了原有的人文学科和系别之外，各大高校纷纷整合文化力量，开始成立各式各样有关国学和传统文化的研究机构。其中，中国人民大学国学院、清华大学思想文化研究所、安徽大学中国传统文化研究院、中国社会科学院儒教研究中心是其中的典型代表。说到底，中华民族的伟大复兴从最深刻的意义上说是一种文化的复兴，其中就包含着传统文化在新时代的复兴。应该指出的是，在高等教育领域，尽管已有一些高校率先行动起来，对传统文化进行研究与弘扬，但其格局还太小，只是"星星之火"。我们需要的，是除了重点高校之外，一些有条件的高校也都能投入力量对传统文化进行研究、弘扬，使人文学科在新时代的文化复兴中也能凤凰涅槃，成为高等教育研究、弘扬传统文化的精神重地，实现传统文化研究在我国高等教育领域的燎原之势。

三、高等教育培养和提升国家文化的创新力和传播能力

从文化生态学的角度看，文化就像一个有机生命体，不断吸取营养，推陈出新。只有能够不断自我更新发展的文化，才是有生命力的文

---

① 张景博、黄筱兰：《国学问答》，中央编译出版社2008年版，编者赘言。

化。因此，在对待文化的问题上，不仅要"守旧""继承"，更应有一种创新的眼光。"自我更新、积极应变的创造力、凝聚力和旺盛的生命力是衡量和反映社会文化活力的最主要变量。激发社会文化活力主要的就是要激发社会文化的生命力、凝聚力和创造力。"① 因此，高等教育作为文化重地，在履行传承文化、选择文化责任的同时，更重要的是以一种舍我其谁的历史责任感担负起创新文化的重任，加强高等教育领域的文化创新能力建设已刻不容缓。高等教育文化创新的途径，一般说来有三种主要方式：

第一，在吸收外来文化、与异质基因的对碰中实现文化创新。在全球化时代，我们在直视其带来诸多挑战的同时，也应意识到正是全球化给我们带来一个前所未有的与外来文化近距离交流、交融的机会。正是这种交流和交融，使外来文化当中一些带有先进性、前沿性的文化因子能够带给我们文化灵感，激活我们文化的一些潜藏的活力。学者罗竹风曾说："文化史上出现了一种规律：凡是采取开放型的方针、政策，文化就丰富多采，绚丽灿烂；如果闭关锁国，文化即因循守旧，死气沉沉。而且每当历史转折关头，为了变革的需要，对文化的发展也更加要求与新形势、新情况合拍，使物质文明与精神文明同步，共同前进。"② 当我们回顾历史，无论是汉代还是盛唐，凡是我国文化上大发展与大繁荣的时代，都是充分敞开国门，以海纳百川的雄伟气魄，去吸收外来文化的精华。"不同文化之间的传播与交融，是促进人类文化发展的主要原因。一个国家、一个民族，它的文化体系愈是吸纳整合异质文化，其文化体系就愈丰富，愈有生命力。……无整合能力的文化，则是脆弱和经不起历史挫折的。人类历史上有许多文化衰亡了，如古巴比伦文化、腓尼基文化、亚述文化等，就是因为当时无法与其他文化交融、融合所致。"③ 文化整合本身就是一种对外来文化吸收和转化的文化创新行为。在全球化的过程中，尤其是当今高等教育国际化作为一个国家战略的实施，学生国际化、教师国际化、管理人员国际化乃至课程的国际化等已经日趋常见，使中国高等教育能前所未有地融入世界高等教育的大舞

---

① 洪晓楠等：《提高国家文化软实力的哲学研究》，人民出版社2013年版，第482页。
② 施宣圆等：《中国文化辞典》，上海社会科学出版社1987年版，"序"第1页。
③ 周从标、贾廷秀：《试论全球化背景下的中国文化》，《学术论坛》2002年第4期。

台。在人才往来、思想交流日趋频繁的今天，中国高等教育必须抓住机遇，在尽可能短的时间内赶上世界科学技术乃至文化发展的先进水平，并实现外来研究成果在中国的本土生长、本土转化。

第二，在解决本土实际问题的过程中，实现技术和文化话语、理论的原创性研究。中国高等教育是在中国这片土地上生发、生长起来的教育，而当代中国处于社会转型期，面临许许多多的现实问题。这些现实问题有的是许多国家在发展过程中都遇到过的，如"中等收入陷阱"、环境污染问题等；有的可以从中国的历史过往中寻求借鉴；有的则带有时代性特点，是具有"中国特色"的当代问题；有的是我国欲学习外国，而外国为了保持技术文化上的垄断性优势而不愿意输出的。这方面，我国通过自力更生和勇攀科技高峰的创新精神，已取得一系列丰硕的成果。比如，对"两弹一星"的自主研发、嫦娥号绕月人造卫星的发射、神舟飞船的发射升空，还有作为我国最新国家名片的高速铁路以对原来引进技术"青出于蓝而胜于蓝"的创造性改造，都凝结着我国广大科技人员的辛劳和原创性智慧。而在这些科技文化成果的背后，一些重点高校的技术和文化支持功不可没。以中国最早开始的导弹研发队伍为例，就是集结了当时的哈尔滨工业大学、北京大学等一批高校的知识分子组成的研发力量；我国航天工程的屡屡成功，除了引人注目的北京航空航天大学之外，还有来自中山大学、西北大学、国防科技大学的技术研发力量。因此，中国高等教育在实际研究过程中，必须加大对原创性技术文化的研究，更好地服务于我国当代的社会建设需要。

尤其值得指出的是，高等教育领域除了在科学技术领域的原创性创新之外，人文和社会科学领域在文化和理论上的原创性创新必不可少，这一点我们当前基础相对薄弱，也重视得很不够。相对于自然科学技术的原创性创新，人文和社会科学领域的原创性创新因为难以直接转化为生产力和经济效益，几乎在沉默无声中进行。但是，不应该小看这沉默无声的力量，如果说自然科学领域创造的是生产力和效益，人文和社会科学领域创造的则是解释世界的思想和规则。这些无形无色无影无声的思想和规则的力量有时正如一句古语所形容："给我一根杠杆，我可以撬动地球。"可惜的是，我们在这方面重视不够，以至于在自然科学领域，中国的高等教育已经在很多方面接近、赶上甚至超越世界先进水平，而我国人文和社会科学领域仍然充斥着西方的话语和规则。用别人的话语系统和思想统治我们的头脑和心灵，把中国高等教育当作西方思想"跑马场"的情况并没有得到很好的缓解，这难道不是一个危险的和值得警惕的现象吗？如果对这种情况听之任之，我们又怎能很好地建设中国文化软实力，保证国家文化安全呢？在《作为意识形态的现代化——社会科学与美国对第三世界政策》一书的介绍中，美国的做法就可以给我们很大的启示。现代化理论现在是很多第三世界所念叨和实现"现代化"社会的指导理论。这套理论的出台是在20世纪60年代，其出台原因是服从美国的战略需要。也就是说，现代化理论出现的一个基本前提是服务于"冷战"时期美国国家利益的实现，为美国对外政策的制定提供完整的理论依据和理论模型。同样，约瑟夫·奈的"软实力"以至之后"巧实力"理论的出台同样是为了美国国家利益在全球范围最大化的实现，即当美国的硬实力下降时，其可运用"软实力"和"巧实力"弥补硬实力的不足，继续维持美国的霸权。因此，我国应该加大扶持力度，鼓励在意识形态和社会、人文领域的理论与话语创新，为中国的崛起提供必要的理论与话语支撑。比如对中国和平崛起可能性、必要性的诠释，以打破国外"妖魔化中国"的不利局面。另外，应该把一部分社会科学家吸收入国家智库，把其原创性文化理论研究与国家整个发展战略和国家利益的实现结合，使人文、社会科学家的话语创造走出书斋，在国家崛起的现实需要中得到永不竭尽的现实动力与滋养。

第三，进行传统优秀文化资源的现代性转换研究。德国大哲学家黑格尔曾告诫我们："传统并不仅仅是一个管家婆，只是把它所接受过来的忠实地保存着，然后毫不改变地保持着并传给后代。它也不像自然的过程那样，在它的形态和形式的无限变化与活动里，仍然永远保持着其原始的规律，没有进步。"[1] 比如中国古代的天人合一思想，是中国远古时代即已经开启的整体性的宇宙人生观基础上发展起来的一套哲学理念。在商周时期，天人合一思想主要强调"天命"与"人命"息息相关的联系，带有宿命的色彩。到了汉代，一代大儒董仲舒把天人合一思想糅合进了宗教神学的范畴，认为"人之（为）本与天"，"天亦有喜

---

[1] ［德］黑格尔：《哲学史讲演录》（第一卷），贺麟、王太庆译，商务印书馆1959年版，第8页。

怒之气，哀乐之心，与人相副，以类合之，天人一也"（《春秋繁露》），认为天人可以交相感应，使天人合一的神秘色彩进一步加强。到了宋代，天人合一思想则汇入更多的道家思想，如北宋理学大家张载对天人合一思想的阐述接近于庄子"天地与我并生、万物与我合一"的表述，意为一种达到人与物消除隔阂，从而感受到天地万物一体的境界。明代王阳明对天人合一则做了唯心论的改造，也体现了他的博爱情怀，他认为人与天地之间达到一体化是通过"仁心"相连，由此人生发出不忍与怜悯之心。可见，传统本身是不断地在原来基础上变换和改造着自己。同样，随着社会时代的发展，虽然我国传统文化博大精深、丰富繁多，但是并不是所有的传统文化都能适应今天的社会生活。在传承传统文化的同时，中国高等教育应该发挥其文化选择、文化批判的功能，实现优秀传统文化资源的现代性转化，使其在新的历史条件下焕发出新的生机与活力，这种转化也是高等教育文化创新的重要途径之一。比如中国古代的天人合一思想，在现代性转换之下，与道家的道法自然思想一道，成为中华传统文化中对人与自然环境和谐相处关系的最好表述。同时，天人合一思想还被广泛地应用在诸如现代社会的养生、建筑、中医等学科方面，成为其理论话语和依据。需要指出的是，在进行传统文化资源的现代性转换过程中，高等教育应始终把握文化先进性、高雅性的方向，避免当代社会中对传统文化的庸俗趣味的解读与研究方式。比如有的地方高举"文化搭台、经济唱戏"的口号，把当地的名人资源过分商品化、消费化，不仅出现了对关公、袁崇焕等历史名人的故乡的抢夺，甚至出现了对虚构人物孙悟空甚至西门庆的故乡的抢夺；还有的人把《周易》神秘化，不仅用于居家风水的解释，还把周易当作算命工具，测算男女姻缘深浅和官场仕途的前景吉凶等。

  在与国家文化安全息息相关的软实力构建中，一个国家的文化影响力与传播能力是打造国家软实力的重要环节。我们可以看到，不仅是美国作为一个超级大国，一贯注重文化传播能力的打造，当日本、韩国、新加坡等国家经济发展起来后，都陆续把文化作为立国的国策，并通过文化产业传播、招收外国留学生和实现与国外的教育文化交流等多个手段输出自己的文化影响，打造文化软实力。美国著名传媒大亨鲁伯特·默多克曾说："一个国家的文化传播能力——分享它的历史遗产，表达它的智慧，以及在国内外交换特殊人才——才是保证这个国家能够进入连接着世界最强大国家的媒体网络。……它们是一个民族参与世界范围伟大思想交流的必经之路。"① 在高等教育国际化成为各国政府战略决策的今天,高等教育的国际化不管从人员往来领域、频率来说,还是从思想、课程等细节见出的国际化深度来说,都是空前的。可以说,在某种意义上,高等教育因为人员、思想文化的高度密集、深度碰撞与传播,本身就是一个大的媒体文化场域,是展现文化传播能力,展现文化传播竞争优势的舞台。"本质上,国际传播媒体之间争夺受众的激烈程度,是以更生动地展示本民族的文化为手段,以更广泛地传播本民族的文化为目的的竞争。"②

在以往的高等教育文化交流中,我们往往因为文化上的弱势地位,在教育项目、思想方面进口多,出口少,处于绝对的"逆差";在人员的外派方面,则是派出去学习多,吸引别国学生来学习的少,处于绝对的"顺差"。这种局面如果长时间维持下去,既不能适应我国大国崛起的国家战略,也不能很好地使我国的文化思想传播到世界各地。因此,必须着力加强我国在高等教育领域的文化对外传播能力建设。一方面,实现更大规模地吸引外国学生来华留学、工作。在人数上,制定一个规划,实现留学人员数目上的逐年有计划递增。因为我国高等教育的质量相对发达国家而言,还有一定差距。为了吸引外国留学生来华,可以实施更加多样化的奖学金项目。在留学生来源国方面,应进一步实现留学生来源国的多样化,既继续扶持亚非拉等欠发达国家和日本、韩国、越南等周边亚洲国家来华留学生的项目建设,也应该大力拓展欧美等发达国家的留学生项目,使留学生可以通过在华留学学习,破除对中国的偏见与误解,并成为一个文化使者,在回国后成为周围人群了解、理解当代中国的渠道。现在在很多高校内,为了方便管理,留学生都被统一安排在留学生楼里,一定程度上造成留学生生活中与普通中国学生的阻隔。为了实现上述目的,在外国留学生在中国学习时,如果不能使留学生和普通学生混合居住,也应该创设更多的有效途径,使留学生更容易

---

① [澳]鲁伯特·默多克:《文化产业的价值——在中共中央党校的演讲》,《对外大传播》2004 年第 8 期。

② 任金州:《电视外宣策略与案例分析》,中国广播电视出版社 2003 年版,第 81～82 页。

参加各种校园文化活动和社团活动,使其能够接近和亲近更多的中国普通学生,参与日常中国人的生活,更好地去理解和喜欢中国的文化。

另一方面,在加大高等教育国际化进程的时候,不仅要注重外来先进科学文化技术的引入,也要大力实施高等教育的"走出去"战略。孔子学院就是我国高等教育文化"走出去"战略的一个重要支点。孔子学院以中国文化哲人孔子命名,本身就体现了典型的中国文化特色。孔子学院虽被称为"学院",但它并不是一般意义上的大学,不发放学历证书,其实质是一个非营利性的教育和文化交流的社会公益组织,目的是传播中国文化,增进世界对中国文化的理解。孔子学院一般不单独办学,而是挂靠在国外的某间大学或研究院名下,教师一般由中方在国内选拔和派出。孔子学院在国外的发展可以用突飞猛进、蓬蓬勃勃来形容。自2004年11月第一家孔子学院在韩国首都首尔成立,截至2017年9月,全球已建立了516所孔子学院和1076个孔子课堂,遍布五大洲的142个国家和地区,累计培养各类学员700多万人,文化活动受众近1亿人次。① 孔子学院在国外的迅猛发展,是中国高等教育强化文化对外传播能力的一次成功尝试。孔子学院在海外对中国官方语言——汉语的推广,在英语几乎一统天下的高等教育领域打下一个文化"锲子",使外国人在学习汉语的同时,不仅认识到汉语作为一种象形语言所不同于英语等拼音语言的独特魅力,还进一步感受到在中国人的智慧、中国汉语文字和文学的优美、中国哲学的精深当中体现出来的独特的"东方性"思维方式。同时,孔子学院除了汉语语言的教学,还涵盖了一些具有强烈中国符号和中国表征性的文化民俗课程,如水墨画、包饺子、中国京剧、中国舞蹈、太极拳等,成为展现中国灿烂传统文化的一扇窗口。但是,值得注意的是,虽然孔子学院已经取得一定成就,但是在中国高等教育加强文化传播能力建设方面,我国仍然任重道远。因为孔子学院不是一个正规的可以发放文凭的高等教育机构组织,对中国文化的传播很大程度上有点类似于对外国人开设的"中国文化兴趣班",对一个个体来说,难以达到像学历教育那样持久和深入的传播效果。同时,为了吸引外国人的参与,孔子学院往往采用一些比较容易吸

---

① 《孔子学院总部在京举行2017年"开放日"活动》,http://world.people.com.cn/n1/2017/0930/c1029 - 29569614.html。

引眼球的、带有强烈"中国"或"东方"符号性色彩的课程内容。从文化层次的角度谈，这些对于中国特有的民俗或文化活动的展示，因为只是采用一种趣味式的展现手段，更多属于一种"器物"或"术"的层面，一旦外国人经过几堂课后，满足了猎奇的心理，之后持续性的教学就难以为继。而一个民族或国家的文化具有深层的吸引力或解释力的，往往在于其哲学和价值观方面，也就是文化层次的"道"的方面。因此，以现行的孔子学院为基点，超越现行的孔子学院，使中国文化的传播走向哲学、文学、价值观等深层文化问题，是中国高等教育应该立刻研讨的现实问题。

另外，我国高等教育应该进一步探讨在国外设立我国重点大学海外办学或设立分校的可行性，将我国的优势学科和优质教育资源在海外推广，实行我国大学在海外的学历教育。这样，不仅我国的一些具有代表性的民族文化思想、价值观和文化资源能在海外深度推广，也可以让我国的高校在世界高等教育的舞台上通过海外办学、海外竞争打造出真正的文化竞争优势，增加我国文化在世界上的影响力与话语权，保障我国国家的文化安全。

参考文献

（一）

马克思恩格斯全集：第 2 卷［M］．北京：人民出版社，1957．
马克思恩格斯选集：第 2 卷［M］．北京：人民出版社，1995．
马克思恩格斯选集：第 3 卷［M］．北京：人民出版社，1995．
马克思恩格斯选集：第 4 卷［M］．北京：人民出版社，1995．
毛泽东选集：第 2 卷［M］．北京：人民出版社，1991．
毛泽东外交文选［M］．北京：中央文献出版社，1994．
邓小平文选：第 3 卷［M］．北京：人民出版社，1993．
江泽民文选：第 3 卷［M］．北京：人民出版社，2006．
胡锦涛文集：第 1-3 卷［M］．北京：人民出版社，2016．
习近平谈治国理政［M］．北京：外文出版社，2014．
中国共产党第十六次全国代表大会文件汇编［M］．北京：人民出版社，2002．
中共中央宣传部．"三个代表"重要思想学习纲要［M］．北京：学习出版社，2003．
中国共产党第十六次全国代表大会文件汇编［M］．北京：人民出版社，2002．
中共中央宣传部．习近平总书记系列重要讲话读本［M］．北京：人民出版社，2014．
人民日报理论部．深入学习习近平同志重要论述［M］．北京：人民出版社，2013．

（二）

鲍宗豪．全球化与当代社会［M］．上海：上海三联书店，2002．
蔡红生．中美大学校园文化比较研究［M］．北京：中国社会科学出版社，2010．
陈锋．中美较量大写真［M］．北京：中国人事出版社，1996．
陈峰君．冷战后亚太国际关系［M］．北京：新华出版社，1999．
陈福成．国家安全与战略关系［M］．台北：时英出版社，2000．
陈桂生．教育原理［M］．上海：华东师范大学出版社，1993．
陈乐民．"欧洲观念"的历史哲学［M］．北京：东方出版社，1988．

陈乐民．西方外交思想史［M］．北京：中国社会科学出版社，1995．
陈乐民，周弘．欧洲文明扩张史［M］．北京：东方出版中心，1999．
陈平生．印度军事思想研究［M］．北京：军事科学出版社，1992．
陈学飞．高等教育国际化：跨世纪的大趋势［M］．福州：福建教育出版社，2002．
陈卫星．传播的表象［M］．广州：广东人民出版社，1999．
陈玉刚．国家与超国家——欧洲一体化理论比较研究［M］．上海：上海人民出版社，2001．
陈忠经．国际战略问题［M］．北京：时事出版社，1988．
程林胜．大变动的世界格局与中国［M］．北京：学林出版社，1999．
种海峰．时代性与民族性：全球交往格局中的文化冲突问题研究［M］．北京：中国社会科学出版社，2011．
楚树龙．跨世纪的美国［M］．北京：时事出版社，1997．
楚树龙．冷战后中美关系的走向［M］．北京：中国社会科学出版社，2001．
戴晓东．加拿大：全球化背景下的文化安全［M］．上海：上海人民出版社，2007．
邓晓芒．中西文化比较十一讲［M］．长沙：湖南教育出版社，2007．
杜攻．转换中的世界格局［M］．北京：世界知识出版社，1992．
封永平．大国崛起困境的超越：认同建构与变迁［M］．北京：中国社会科学出版社，2009．
冯国平．跨国教育的国际比较研究［M］．上海：上海人民出版社，2010．
顾长声．马礼逊到司徒雷登［M］．上海：上海人民出版社，1985．
何芳川．崛起的太平洋［M］．北京：北京大学出版社，1991．
胡鞍钢，门洪华．解读美国大战略［M］．杭州：浙江人民出版社，2003．
华庆昭．从雅尔塔到板门店［M］．北京：中国社会科学出版社，1992．
顾明远．中国的文化基础［M］．太原：山西教育出版社，2004．
胡惠林．中国国家文化安全论［M］．上海：上海人民出版社，2005．
胡惠林．中国国家安全报告［M］．太原：山西人民出版社，2005．
黄仁伟．中国崛起的时间和空间［M］．上海：上海社会科学院出版社，2002．
黄硕风．综合国力论［M］．北京：中国社会科学出版社，1992．
金锢．国家安全论［M］．北京：国际图书出版公司，2002．
金耀基．大学之理念［M］．北京：生活·读书·新知三联书店，2001．
李楚材．帝国主义侵华教育史资料［M］．北京：教育科学出版社，1987．
李静杰，郑羽．俄罗斯与当代世界［M］．北京：世界知识出版社，1998．
李少军．国际政治学概论［M］．上海：上海人民出版社，2002．
李涛．借鉴与发展：中苏教育关系研究（1949—1976）［M］．杭州：浙江教育出版社，2006．

李醒民. 爱因斯坦 [M]. 北京：商务印书馆，2005.
李晓东. 全球化与文化整合 [M]. 长沙：湖南人民出版社，2003.
联合国教科文组织，世界文化与发展委员会. 文化多样性与人类全面发展——世界文化与发展委员会报告 [M]. 张玉国，译. 广州：广东人民出版社，2006.
梁守德. 国际政治新论 [M]. 北京：中国社会科学出版社，1996.
梁守德，等. 国际政治学概论 [M]. 北京：中央编译出版社，1994.
林金辉. 中外合作办学教育学 [M]. 厦门：厦门大学出版社，2011.
刘建飞. 美国与反共主义——论美国对社会主义国家的意识形态外交 [M]. 北京：中国社会科学出版社，2001.
刘江永. 跨世纪日本 [M]. 北京：时事出版社，1995.
刘杰. 经济全球化时代的国家主权 [M]. 北京：长征出版社，2001.
刘靖华. 霸权的兴衰 [M]. 北京：中国经济出版社，1997.
刘述礼，黄延复. 梅贻琦教育论著选 [M]. 北京：人民教育出版社，1993.
刘跃进. 国家安全学 [M]. 北京：中国政法大学出版社，2004.
陆忠伟. 非传统安全论 [M]. 北京：时事出版社，2005.
倪健民. 国家安全：中国的安全空间与世纪的国略选择 [M]. 北京：中国国际广播出版社，1997.
倪建民. 国家地理 [M]. 北京：中国国际广播出版社，1997.
潘光. 当代国际危机研究 [M]. 北京：中国社会科学出版社，1989.
潘懋元. 高等教育学 [M]. 福州：福建教育出版社，1995.
潘一禾. 文化安全 [M]. 杭州：浙江大学出版社，2007.
潘一禾. 文化与国际关系 [M]. 杭州：浙江大学出版社，2005.
秦亚青. 霸权体系与国际冲突 [M]. 上海：上海人民出版社，1999.
秦亚青. 权力·制度·文化——国际关系理论与方法研究 [M]. 北京：北京大学出版社，2005.
茹宁. 中国大学百年模式转换与文化冲突 [M]. 北京：知识产权出版社，2012.
沈洪波. 全球化与国家文化安全 [M]. 济南：山东大学出版社，2009.
邵津. 国际法 [M]. 北京：高等教育出版社，2000.
师杰. 与彼为邻——中国对日本说 [M]. 北京：昆仑出版社，1997.
师哲. 在历史巨人身边 [M]. 北京：中央文献出版社，1991.
宋惠昌. 当代意识形态研究 [M]. 北京：中共中央党校出版社，1993.
苏国勋. 全球化：文化冲突与共生 [M]. 北京：社会科学文献出版社，2006.
束必栓. 从三代领导集体看中国国家安全观之演变 [M] // 上海市社会科学界第七届学术年会文集（2009 年度）：世界经济·国际政治·国际关系学科卷. 上海：上海人民出版社，2009.

孙格勤, 等. 遏制中国：神话与现实 [M]. 北京：中国言实出版社, 1996.
孙晶. 文化霸权理论研究 [M]. 北京：社会科学文献出版社, 2004.
孙雷. 现代大学制度下的大学文化透视 [M]. 北京：光明日报出版社, 2010.
孙士海. 南亚的政治、国际关系及安全 [M]. 北京：中国社会科学出版社, 1998.
谈锋剑. 停止下注——新世纪大国博奕与中国勃兴 [M]. 北京：经济日报出版社, 1998.
唐晋. 大国崛起 [M]. 北京：人民出版社, 2006.
唐培吉. 中国近现代对外关系史 [M]. 北京：高等教育出版社, 1994.
腾星. 族群、文化与教育 [M]. 北京：民族出版社, 2002.
田增佩. 改革开放以来的中国外交 [M]. 北京：世界知识出版社, 1993.
涂成林, 史啸虎. 国家软实力与文化安全研究 [M]. 北京：中央编译出版社, 2009.
王德华. 列国争雄与亚太安全 [M]. 上海：上海社会科学院出版社, 1996.
王沪宁. 国家主权 [M]. 北京：人民出版社, 1987.
王辑思. 高处不胜寒 [M]. 北京：世界知识出版社, 1999.
王缉思. 文明与国际政治 [M]. 上海：上海人民出版社, 1995.
王冀生. 大学文化哲学 [M]. 广州：中山大学出版社, 2012.
王联. 世界民族主义论 [M]. 北京：北京大学出版社, 2002.
王凌皓, 高英彤. 经济岛上的挑战——日本的政治大国情结 [M]. 长春：吉林人民出版社, 1998.
王宁. 全球化与文化：西方与中国 [M]. 北京：北京大学出版社, 2002.
王宁, 薛晓源. 全球化与后殖民批评 [M]. 北京：中央编译出版社, 1998.
王锐生. 全球化视野下的文化 [M]. 北京：中央编译出版社, 2000.
王仕民. 德育文化论 [M]. 广州：中山大学出版社, 2006.
王树柏. 全球大调整 [M]. 北京：新华出版社, 1998.
王泰平. 邓小平外交思想研究论文集 [M]. 北京：世界知识出版社, 1996.
王晓德. 美国文化与外交 [M]. 北京：世界知识出版社, 2000.
王晓德. 梦想与现实 [M]. 北京：中国社会科学出版社, 1995.
王正毅. 世界体系论与中国 [M]. 北京：商务印书馆, 2000.
王一炬, 李大军. 俄罗斯军情瞭望 [M]. 北京：国防大学出版社, 1998.
王逸舟. 当代国际政治析论 [M]. 上海：上海人民出版社, 1995.
王逸舟. 全球化时代的国际安全 [M]. 上海：上海人民出版社, 1999.
王英杰. 美国高等教育的发展与改革 [M]. 北京：人民教育出版社, 2002.
王佐书. 中国文化战略与安全研究 [M]. 北京：人民出版社, 2007.
文富德. 印度经济发展经验与教训 [M]. 成都：四川大学出版社, 1994.

吴康宁．教育社会学［M］．北京：人民教育出版社，1998．
吴学文，等．当代中日关系（1945—1994）［M］．北京：时事出版社，1995．
吴宗南．站在新世纪入口的日本［M］．上海：上海教育出版社，1998．
武桂馥，等．太平洋的崛起［M］．北京：人民日报出版社，1991．
夏保成．国家安全论［M］．长春：长春出版社，1999．
谢晓娟．全球化文化冲突与文化安全［M］．沈阳：辽宁大学出版社，2007．
徐以弊．世纪之交的国际关系［M］．上海：上海远东出版社，2001．
熊培云．一个村庄的中国［M］．北京：新星出版社，2011．
宣勇．大学组织结构研究［M］．北京：高等教育出版社，2005．
谢雪峰．从全面学苏到自主选择——中国高等教育与苏联模式［M］．武汉：华中科技大学出版社，2004．
谢益显．中国外交史（1979—1994）［M］．郑州：河南人民出版社，1995．
肖川．教育与文化［M］．长沙：湖南教育出版社，1990．
肖季文，等．日本：一个不肯服罪的国家［M］．南京：江苏人民出版社，1998．
许美德．中国大学：1895—1995［M］．北京：教育科学出版社，2000．
薛澜，等．危机管理：转型期中国面临的挑战［M］．北京：清华大学出版社，2003．
薛君度，陆南泉．新俄罗斯［M］．北京：中国社会科学出版社，1997．
阎学通．美国霸权与中国安全［M］．天津：天津出版社，2000．
阎学通．中国国家利益分析［M］．天津：天津人民出版社，1996．
阎学通．中国崛起：国际战略评估［M］．天津：天津人民出版社，1997．
颜声毅．当代国际关系［M］．上海：复旦大学出版社，1996．
杨冠群．太平洋世纪之谜：论亚太经济合作［M］．北京：对外贸易教育出版社，1994．
杨思信，郭淑兰．教育与国权——1920年代中国收回教育权运动研究［M］．北京：光明日报出版社，2010．
杨松．国际货币基金协定研究［M］．北京：法律出版社，2000．
姚大志．现代意识形态理论［M］．哈尔滨：黑龙江人民出版社，1993．
叶自成．地缘政治与中国外交［M］．北京：北京出版社，1998．
于炳贵，郝良华．中国国家文化安全研究［M］．济南：山东人民出版社，2006．
余起芬．国际战略论［M］．北京：军事科学出版社，1998．
余潇枫，等．非传统安全概论［M］．杭州：浙江大学出版社，2006．
余志和．信息时代纵横［M］．北京：京华出版社，1998．
俞可平．全球化与政治发展［M］．北京：社会科学文献出版社，2003．
俞新天．国际关系中的文化［M］．上海：上海社会科学院出版社，2005．

俞新天．强大的无形力量：文化对当代国际关系的作用［M］．上海：上海人民出版社，2007．

俞正梁，等．大国战略研究［M］．北京：中央编译出版社，1998．

袁明．国际关系史［M］．北京：北京大学出版社，1994．

詹小美．民族精神论［M］．广州：中山大学出版社，2006．

张春江，倪健民．国家信息安全报告［M］．北京：人民出版社，2000．

张岱年，方克立．中国文化概论［M］．北京：北京师范大学出版社，2004．

张骥，刘中民，等．文化与当代国际政治［M］．北京：人民出版社，2003．

张骥，等．国际政治文化学导论［M］．北京：世界知识出版社，2005．

张维华．中国古代对外关系史［M］．北京：高等教育出版社，1993．

章开沅．文化传播与教会大学［M］．武汉：湖北教育出版社，1996．

章开沅．中西文化与教会大学［M］．武汉：湖北教育出版社，1991．

赵飞文，等．大国角逐：20世纪的国际政治图景［M］．北京：经济科学出版社，1999．

郑金州．教育文化学［M］．北京：人民教育出版社，2000．

郑伟民．衰落还是复兴——全球经济中的美国［M］．北京：社会科学文献出版社，1998．

郑永年．保卫社会［M］．杭州：浙江人民出版社，2011．

周洪宇．文化与教育的双重历史变奏［M］．武汉：华中科技大学出版社，2012．

周建明，张曙光．美国安全解读［M］．北京：新华出版社，2002．

周琪．美国人权外交政策［M］．上海：上海人民出版社，2001．

周荣耀．冷战后东西方关系——学者的对话［M］．北京：中国社会科学出版社，1997．

周运来．高校校园文化传承与发展［M］．长沙：岳麓书社，2009．

朱明权．美国国家安全政策［M］．天津：天津人民出版社，1990．

朱威烈．国际文化战略研究［M］．上海：上海外语教育出版社，2002．

庄锡昌．二十世纪的美国文化［M］．杭州：浙江人民出版社，1993．

（三）

阿库斯特．现代国际法概论［M］．汪煊，译．北京：中国社会科学出版社，1981．

阿兰·伯努瓦．面向全球化［M］//王列，杨雪冬．全球化与世界．北京：中央编译出版社，1998．

阿努拉·古纳锡克拉，塞斯·汉弥林克，文卡特·耶尔．全球化背景下的文化权利［M］．张毓强，等译．北京：中国传媒大学出版社，2006．

埃德蒙·福西特，托尼·托马斯．当今美国［M］．北京：光明日报出版社，1998．

爱德华·萨义德. 文化与帝国主义 [M]. 李琨, 译. 北京: 生活·读书·新知三联书店, 2003.
爱因斯坦文集: 第3卷 [M]. 徐良英, 等译. 北京: 商务印书馆, 1979.
安东尼·吉登斯. 现代性的后果 [M]. 田禾, 译. 上海: 译林出版社, 2000.
安东尼·吉登斯. 现代性与自我认同 [M]. 赵旭东, 方文译. 北京: 生活·读书·新知三联书店, 1998.
安乐哲. 全球化的本土化与文化传承——还中国哲学以本来面目 [M]. 汪泓, 译. 南京: 江苏人民出版社, 2006.
奥尔特加·加塞特. 大学的使命 [M]. 徐小洲, 陈军, 译. 杭州: 浙江教育出版社, 2001.
彼得·卡赞斯坦. 国家安全的文化: 世界政治中的规范与认同 [M]. 北京: 北京大学出版社, 2009.
伯顿·克拉克. 高等教育新论: 多学科的研究 [M]. 王承绪, 等译. 杭州: 浙江教育出版社, 2001.
伯顿·克拉克. 探究的场所 [M]. 王承绪, 译. 杭州: 浙江教育出版社, 2001.
布卢姆. 美国的历程: 上册 [M]. 杨国标, 张儒林, 译. 北京: 商务印书馆, 1995.
戴维·霍罗威茨. 美国冷战时期的外交政策: 从雅尔塔到越南 [M]. 上海市"五·七"干校六连翻译组, 译. 上海: 上海人民出版社, 1974.
菲利普·阿特巴赫. 比较高等教育: 知识、大学与发展 [M]. 人民教育出版社教育室, 译. 北京: 人民教育出版社, 2001.
弗朗西斯·福山. 大分裂: 人类本性与社会秩序的重建 [M]. 刘榜离, 等译. 北京: 中国社会科学出版社, 2002.
弗朗西斯·福山. 历史的终结 [M]. 本书翻译组, 译. 北京: 远方出版社, 1998.
弗兰西斯·斯奈德. 欧洲联盟法概论 [M]. 宋英, 编译. 北京: 北京大学出版社, 1996.
哈拉尔德·米勒. 文明的共存 [M]. 郦红, 等译. 北京: 新华出版社, 2002.
汉斯·摩根索. 国际纵横策论 [M]. 卢明华, 等译. 上海: 上海译文出版社, 1995.
赫尔穆特·施密特. 全球化与道德重建 [M]. 柴方国, 译. 北京: 社会科学文献出版社, 2001.
简·奈特. 激流中的高等教育 [M]. 刘东风, 等译. 北京: 北京大学出版社, 2011.
杰西·格·卢茨. 中国教会大学史 (1850—1950年) [M]. 曾钜生, 译. 杭州: 浙江教育出版社, 1987.

理查德·伯恩斯坦，罗斯·芒罗. 即将到来的美中冲突 [M]. 隋丽君，等译. 北京：新华出版社，1997.

赖纳·特茨拉夫. 全球化压力下的世界文化 [M]. 吴志成，译. 上海：江西人民出版社，2001.

迈克尔·亨特. 意识形态与美国外交政策 [M]. 褚律元，译. 北京：世界知识出版社，1999.

尼·瓦·贡恰连科. 精神文化——进步的源泉和动力 [M]. 戴世吉，等译. 北京：求实出版社，1988.

欧文·拉兹洛. 多种文化的星球——联合国教科文组织国际专家小组的报告 [M]. 戴侃，辛未，译. 北京：社会科学文献出版社，2001.

皮特·斯科特. 高等教育全球化理论与政策 [M]. 周倩，高耀丽，译. 北京：北京大学出版社，2009.

让·莫内. 欧洲第一公民——让·莫内回忆录 [M]. 孙慧双，译. 成都：成都出版社，1993.

塞缪尔·亨廷顿. 变化社会中的政治秩序 [M]. 王冠华，等译. 北京：生活·读书·新知三联书店，1989.

塞缪尔·亨廷顿. 文明的冲突与世界秩序的重建 [M]. 周琪，等译. 北京：新华出版社，2002.

塞缪尔·亨廷顿，劳伦斯·哈里森. 文化的重要作用——价值观如何影响人类进步 [M]. 程克雄，译. 北京：新华出版社，2002.

塞缪尔·亨廷顿，彼得·伯杰. 全球化的文化动力：当今世界的文化多样性 [M]. 康敬贻，等译. 北京：新华出版社，2004.

汤因比. 历史研究：上册 [M]. 曹未风，等译. 上海：上海人民出版社，1959.

汤因比，池田大作. 展望二十一世纪 [M]. 荀春生，等译. 北京：国际文化出版公司，1985.

涂尔干. 教育思想的演进 [M]. 李康，译. 上海：上海人民出版社，2003.

威廉·奥尔森. 国际关系的理论与实践 [M]. 王沿，等译. 北京：中国社会科学出版社，1987.

沃尔特·拉弗贝. 美苏冷战史话 [M]. 游燮庭，等译. 北京：商务印书馆，1980.

亚历山大·温特. 国际政治的社会理论 [M]. 秦亚青，译. 上海：上海人民出版社，2008.

伊格尔顿. 文化的观念 [M]. 方杰，译. 南京：南京大学出版社，2000.

约翰·布鲁贝克. 高等教育哲学 [M]. 王承绪，等译. 杭州：浙江教育出版社，2001.

约翰·亨利·纽曼. 大学的理想：节本 [M]. 徐辉，等译. 杭州：浙江教育出版社,2001.
约翰·汤林森.文化帝国主义[M].冯建三,译.上海:上海人民出版社,1999.
约瑟夫·拉彼德,弗里德里希·克拉托赫维尔.文化和认同:国际关系回归理论[M].金烨,译.杭州:浙江人民出版社,2003.
约瑟夫·奈.硬实力与软实力[M].门洪华,译.北京:北京大学出版社,2005.
詹姆斯·罗伯逊.美国神话美国现实[M].贾秀东,等译.北京:中国社会科学出版社,1992.
猪口邦子.后霸权体制与日本的选择[M].杨伯江,译.北京:时事出版社,1991.
兹比格纽·布热津斯基.大棋局[M].中国国际问题研究所,译.上海:上海人民出版社,1998.

(四)

封海清.西南联大的文化选择与文化精神[D].武汉:华中科技大学,2009.
李军.中国教育国际交流中的国家教育安全[D].北京:北京大学,2007.
李敏.教育国际交流:挑战与应答[D].上海:华东师范大学,2008.
张冉.文化自觉论[D].上海:华东师范大学,2010.
陈庆祝.全球化时代文化身份的建构[J].理论学刊,2008(11).
程方平.论西部开发中的教育安全问题[J].教育研究,2001(9).
楚树龙.冷战后中国安全战略思想的发展[J].世界经济与政治,1999(9).
费孝通.反思·对话·文化自觉[J].北京大学学报:哲学社会科学版,1997(3).
何芳川.世纪东亚文化与文化自觉[J].北京大学学报:哲学社会科学版,2006(1).
胡惠林.论20世纪中国文化安全问题的形成与演变[J].社会科学,2006(11).
黄新华.当代意识形态研究:一个文献综述[J].政治学研究,2003(3).
李剑鸣.英国的殖民地政策与北美独立运动的兴起[J].历史研究,2002(1).
李金齐.文化安全释义[J].思想战线,2007(3).
李延勇.美国大学的国际化战略及启示:基于对圣荷西州立大学国际拓展与研究部的考察报告[J].教育研究,2007(2).
潘道兰.建设校园文化增强高校文化软实力[J].中国高等教育,2009(5).
潘懋元.教育主权与教育产权关系辨析[J].中国高等教育,2003(6).
石中英.学校教育与国家文化安全[J].教育理论与实践,2000(6).
王沪宁.文化扩张与文化主权:对主权观念的挑战[J].复旦学报:社会科学版,1994(3).
王冀生.超越象牙塔:现代大学的社会责任[J].高等教育研究,2003(1).
王岳川.全球化与新世纪中国文化身份[J].社会科学战线,2003(6).

文辅相. 文化素质教育应确立全人教育理念 [J]. 高等教育研究, 2002 (1).

吴松. 教育与文化 [J]. 高等教育研究, 2002 (6).

徐广宇. 试论 WTO 背景下的国家教育主权问题 [J]. 教育研究, 2002 (8).

(五)

Akira Arimoto, Futao Huang, Keiko Yokoyama. Globalization and Higher Edueation [C]. Hiroshima: Research Institute for Higher Education of Hiroshima University, 2005.

Anyon J. Ideology and United States History Textbooks [J]. Harvard Educational Review, 1979, 49 (3).

Apple M W. Ideology and Curriculum [M]. London: Routledge & Kegan Paul, 1979.

Augelli E, Craig M. America's Quest for Supremacy and the Third World: A Gramscian Analysis [M] London: Pinter Publishers, 1988.

Ashby E. Universities: British, Indian, African [M]. Cambridge: Harvard University Press, 1966.

Augelli E, Craig M. America's Quest for Supremacy and the Third World: A Gramscian Analysis [M]. London: Pinter Publishers, 1988.

Bu Liping. Making the World Like Us [M]. London: Westport, Conn: Praeger, 2003.

Choi H. An International Scientific Community: Asia Scholars in the United States [M]. London: Westport, Conn: Praeger, 1995.

Coombs P H. The Fourth Dimension of Policy: Educational and Cultural Affairs [M]. New York: Harper and Row, 1964.

Eggins H. Globalization and Reform in Higher Education [C]. Berkshire: Open University Press, 2003.

Evans P M. Studying Asia Pacific Security: The Future of Research Training and Dialogue Activity [M]. Toronto: University of Toronto Press, 1994.

Flemner A. Universities: American, English, German [M]. New York: Oxford University Press, 1968.

Green A. Edueation, Globalization and the Nation State [M]. New York: St. Martin's Press Inc, 1997.

Mazrui A A. Cultural Forces in World Politics [M]. New Hampshire: Heinemann Educational Books Inc, 1990.

Ohin J K, Manieas P R. Globalization and Higher Education [C]. Honolulu: University and Hawai's Press, 2004.

Teasdale G R, MacRhea Z. Local Knowledge and Wisdom in Higher Education [C].

Oxford: Pergamon, 2000.

Torres C A, Antikainen A. The International Handbook on the Sociology of Edueation [C]. Lanham, MD: Rowman and Littlefield, 2003.

Wolfers A. Discord and Collaboration [M]. Baltimore: Johns Hopkins University Press, 1962.

Yoder B L. Globalization of Higher Edueation in Eight Chinese Universities: Incorporation of and strategic Responses to world Culture [D]. Pittsburgh: University of Pittsburgh, 2006.

后 记

教育与文化具有天然的联系，教育安全是文化安全的核心，文化安全是教育安全的前提。文化是国家的希望，是国家的软实力。国家的衰败往往始于文化的衰落。只有文化兴旺发达，国家才能繁荣昌盛；只有文化的兴盛，才有民族的强大。文化不败，民族不灭。习近平总书记在党的十九大报告中指出：没有高度的文化自信，没有文化的繁荣，就没有中华民族伟大复兴。要坚持中国特色社会主义文化发展道路，激发全民族文化创新创造活力，建设社会主义文化强国。这就要求我们把中华优秀传统文化、革命文化和社会主义先进文化进行创造性转化、创新性发展，不断铸就中华文化新辉煌。

习近平总书记指出：国家安全是安邦定国的重要基石，维护国家安全是全国各族人民根本利益所在。高等教育维护国家文化安全是其义不容辞的责任。高等学校要把自身安全放在重要位置，确保自己的办学方向；同时，要加强国家文化安全、国家安全教育，增强全党全国人民国家安全意识，推动全社会形成维护国家安全的强大合力。

和平与发展仍然是世界的主流，但不安全、不稳定、不和谐的因素却暗流涌动。中国把握了和平发展的机遇期，使得中国经济获得了飞速发展。而西方国家总是想尽办法妄图打乱中国发展的步伐，在中国及其周边国家制造事端。这就要求我们保持定力，做好应对之策，有能力随时击败来犯之敌，同时为维护国际社会和平稳定尽大国之责。国家安全是一个综合性的安全，文化安全、教育安全是其重要方面。我们也要保持高度的警惕性，维护国家文化安全，维护意识形态安全，打好打赢这一场没有硝烟的战争。

《教育安全论——基于国家文化安全的视域》是从国家文化安全、教育安全以及两者关系的角度，来系统探讨文化安全问题。教育与文化虽说是研究的两个维度，但其关系确是密不可分，而维系两者的纽带却是安全；文化安全、国家文化安全，这是贯穿研究全过程的理念。因此，把教育安全的研究放在国家文化安全的视域，对教育安全为国家文化安全"可以做""能够做"什么的问题进行先行探索，率先垂范，给其他领域提供示范与启示，就是很有意义的事情。

习近平总书记同时指出：人民有信仰，国家有力量，民族有希望。维护国家文化安全，事涉每一个人。只要中国人民团结起来，觉悟起来，增强自己的责任意识，在习近平新时代中国特色社会主义思想指引下，高举中国特色社会主义伟大旗帜，就一定能够完成祖国统一、维护世界和平与促进共同发展三大历史任务！

在研究和写作本书的过程中，获得许多学者的不吝指教。特别要感谢中山大学郑永廷教授、陈昌贵教授、朱新秤教授、詹小美教授，华南理工大学刘社欣教授，华南师范大学吴坚教授、郑文教授、陈伟教授等；同时，在研究的过程中，借鉴和引用了一些学者的研究成果，虽然尽量标明了出处，但也难免遗漏，在此一并表示感谢！

在研究和写作本书的过程中，虽然使出了洪荒之力，但由于研究涉及面广，研究周期相对较长，研究资料更新恐有不及，研究中也难免会有疏漏，敬请专家、学者和读者批评指正！

感谢中山大学马克思主义学院"意识形态教育与传播研究"团队经费出版资助；感谢广东第二师范学院教授博士科研专项"高校维护国家文化安全：问题与对策研究"和广东省高等学校思想政治教育研究会重点项目"全球化背景下高校维护国家文化安全研究"资助！

作　者

2018 年 3 月 2 日